高等院校计算机任务驱动教改教材

Java高级编程

魏勇 编著

清华大学出版社
北京

内容简介

本书是一本针对 Java 解决方案的书籍。随着开发项目的增大，以及开发团队人员的增加，项目管理显得越来越重要。本书将介绍注释文档自动生成、Java 应用程序转换为操作系统平台直接运行的程序、实时监控程序的 JMX 技术、利用 SVN 版本控制等具有 Java 项目管理特征的技术作为第 1 章的开头。接下来的主要内容是在具有 Java 基础知识的前提下，学习如何利用 Java 类库实现数据结构的主要算法、Java 网络编程、MINA 框架、Java 安全技术、远程对象调用、动态模块等内容。

本书适合软件技术相关专业高年级学生学习，也是 Java 工程师重要的参考资料。

本书封面贴有清华大学出版社防伪标签，无标签者不得销售。
版权所有，侵权必究。举报：010-62782989，beiqinquan@tup.tsinghua.edu.cn。

图书在版编目（CIP）数据

Java 高级编程/魏勇编著．—北京：清华大学出版社，2017（2023.8重印）
（高等院校计算机任务驱动教改教材）
ISBN 978-7-302-45094-8

Ⅰ.①J… Ⅱ.①魏… Ⅲ.①JAVA 语言—程序设计—高等学校—教材 Ⅳ.①TP312.8

中国版本图书馆 CIP 数据核字（2016）第 227217 号

责任编辑：张龙卿
封面设计：徐日强
责任校对：李 梅
责任印制：沈 露

出版发行：清华大学出版社
网 址：http://www.tup.com.cn，http://www.wqbook.com
地 址：北京清华大学学研大厦 A 座
邮 编：100084
社 总 机：010-83470000
邮 购：010-62786544
投稿与读者服务：010-62776969，c-service@tup.tsinghua.edu.cn
质量反馈：010-62772015，zhiliang@tup.tsinghua.edu.cn
课件下载：http://www.tup.com.cn,010-62770175-4278

印 装 者：三河市龙大印装有限公司
经 销：全国新华书店
开 本：185mm×260mm
印 张：21.25
字 数：514 千字
版 次：2017 年 1 月第 1 版
印 次：2023 年 8 月第 6 次印刷
定 价：59.00 元

产品编号：050894-02

前　言

Java 自从诞生以来,一直是编程语言中的"万金油",其使用范围广,市场占有率高。随着全球云计算和移动互联网的发展,Java 进一步表现出其明显的优势和广阔的发展前景。因而 Java 是现在大多数企业在从事电子商务开发、企业信息化建设、Web 应用开发时的首选技术。

实际开发过程中,Java 程序员很少碰到只涉及语言本身的问题。因为 Java 在诸多方面都提供了解决方案。譬如在利用 Java 进行项目开发过程中如何进行有效的项目管理;如何直接利用 Java 类库实现数据结构中的算法;如何依靠典型的通信框架实现稳定的系统及建立安全的通信机制;如何实现远程对象的调用;如何实现动态模块等。随着本书学习的深入,读者会越来越感觉到 Java 不仅是一门编程语言,更重要的是 Java 提供了多种解决方案。

本书每一部分的内容都从提出一个具体的实际工作任务开始,分别通过详细设计、编码实现、源代码、测试与运行、技术分析、问题与思考几个步骤来完成。每个步骤各自需要达到的目的如下。

(1) 详细设计。提出实现本任务的基本程序框架和主要算法等。

(2) 编码实现。用 Java 语句实现详细设计,并对重点语句进行分析和说明。

(3) 源代码。给出实现程序的完整源程序。读者可以逐步尝试并练习如何在前两个步骤的基础上写出自己的源程序,从而达到最终完成设计和编写源程序的目的。

(4) 测试与运行。对以上编写的程序进行测试。有时用几组数据直接运行程序进行测试;有时需要编写测试程序,并对结果进行基本的分析。

(5) 技术分析。该步骤是围绕提出的一个工作任务而进行的,对引出的知识需要系统地整理。如果按学科体系组织教学内容,这个步骤应放在最前面,然后再通过一些例子验证。本书基于工作过程,每个具体内容都先让读者知道如何做,再去梳理设计过程中所涉及的知识。

(6) 问题与思考。这个步骤对学习过程中有疑问的一些问题进行讨论,既可以为以后的知识做一些铺垫,又可以对所学内容起到举一反三的作用。

各章内容如下。

第 1 章主要介绍注释文档自动生成、Java 应用程序转换为操作系统平台直接运行的程序、实时监控程序的JMX技术、利用SVN版本控制等具有Java项目管理特征的技术。

第2章主要介绍标准Java库提供的最基本的数据结构，讲述如何利用Java编程语言实现各种传统的数据结构。

第3章从服务器端和客户端两个角度重点介绍利用Socket实现网络通信的示例。Java中网络程序有TCP和UDP两种协议，TCP通过握手协议进行可靠的连接，UDP则是不可靠的连接。

第4章介绍如何利用MINA框架开发通信软件。MINA封装了TCP/IP、线程等内容，由于其安全、稳定，以及开发人员无须考虑通信细节等特点，广泛应用在Client/Server模式的环境中。成功的案例包括Openfire和Spark搭建的及时通信环境。

第5章在介绍加密/解密基本知识的前提下，向读者展示如何用Java的类库实现私钥加密/解密、公钥加密/解密、数字签名等技术。

第6章介绍RMI框架及EJB框架，让读者能够实现RMI和CORBA编程，能够建立基本的EJB和发布技术。

第7章让读者了解OSGi动态模块——Bundle的基本结构，Bundle之间如何调用以及如何实现OSGi的Web应用等。

书中实例程序都已调试通过，因而读者在上机实践时，不会出现不必要的困惑。

本书在编写过程中得到了清华大学出版社的大力支持，在此表示衷心的感谢！由于时间紧迫，本书难免有不妥之处，欢迎各界专家和读者朋友批评指正，也欢迎读者交流。本人的联系方式为email-weiuser@hotmail.com。

编　者
2016年8月

目 录

第 1 章　Java 开发环境及工具 ………………………………… 1
　1.1　注释文档的生成 …………………………………… 1
　1.2　jar 与可执行文件的制作 …………………………… 12
　1.3　JMX 管理框架 ……………………………………… 24
　1.4　版本控制 …………………………………………… 34

第 2 章　Java 数据结构 ………………………………………… 48
　2.1　顺序存储结构 ……………………………………… 48
　2.2　链式存储结构 ……………………………………… 54
　2.3　树 …………………………………………………… 66
　2.4　Java 工具包 ………………………………………… 72

第 3 章　Java 网络编程 ………………………………………… 85
　3.1　Java 网络编程概述 ………………………………… 85
　3.2　应用案例 …………………………………………… 100
　　3.2.1　通过流套接字连接实现客户机/服务器的交互 ……… 100
　　3.2.2　用 UDP 方式实现聊天程序 ………………………… 108
　3.3　Web 通信 …………………………………………… 112
　　3.3.1　用 Java 实现 Web 服务器 ………………………… 112
　　3.3.2　用 JEditorPane 实现浏览器的功能 ………………… 119
　　3.3.3　WebSocket 通信 …………………………………… 128
　3.4　邮件服务器 ………………………………………… 136

第 4 章　MINA 与通信 ………………………………………… 147
　4.1　MINA 应用程序 …………………………………… 147
　4.2　MINA 的状态机 …………………………………… 160
　4.3　在 Windows 下搭建基于 Jabber 协议的移动即时通信 … 172
　　4.3.1　安装 Openfire ……………………………………… 173
　　4.3.2　Jabber 客户端的安装与配置 ……………………… 181
　　4.3.3　用 Openfire 开发文档 ……………………………… 187

第 5 章 Java 安全技术 203

5.1 类装载器 203
5.2 消息摘要 210
5.3 私钥密码术 219
5.4 用公钥加密数据 226
5.5 数字签名 233
5.6 保护 C/S 通信的 SSL/TLS 242

第 6 章 远程对象 256

6.1 RMI 远程方法的调用 256
6.2 CORBA 268
6.3 开发 EJB 278

第 7 章 OSGi 技术 292

7.1 OSGi 的 Bundle 292
7.2 OSGi 应用程序开发 301
7.3 使用 OSGi 的 HTTP 服务 322

参考文献 333

第 1 章　Java 开发环境及工具

随着项目规模的扩大、开发队伍人数的增加，项目的管理显得更为重要。例如在开发过程中项目成员如何实时地进行版本控制，如何更快地生成注册文档，如何将 Java 的运行包转换为操作系统下可直接运行的文件格式，如何有效地监控程序运行过程等。

本章将学习项目管理中一些带有 Java 开发特征的管理技术。

在 Java 的编写过程中需要对一些程序进行注释，除了自己阅读方便，也便于别人更好地理解自己的程序，所以需要增加一些注释，可以介绍编程思路或者程序的作用，以方便程序员更好地阅读。

用 JDK 提供的 javadoc 工具可自动生成注册文档，当程序修改时可及时更新生成的注释文档。本章将介绍如何使用 javadoc 读取源文件中的文档注释，并按照一定的规则与 Java 源程序一起进行编译，并最终生成文档。

作为跨平台的语言，用户更希望软件以操作系统直接运行的文件形式呈现，本章将介绍一些工具，能把 Java 提供的.jar 运行包转换为操作系统下直接运行的文件格式。

JMX(Java Management Extensions)是一个为应用程序、设备、系统等植入管理功能的框架。JMX 可以跨越一系列异构操作系统平台、系统体系结构和网络传输协议，灵活地开发无缝集成的系统、网络和服务管理应用。JMX 让程序有被管理的功能，如收到了多少数据，有多少人登录等。通过"配置"这个软件，在访问人数比较多时，可以把数据连接池设置得大一些。

SVN(Subversion)是一个开放源代码的版本控制系统，相对于 RCS、CVS，它采用了分支管理系统。SVN 取代了 CVS，互联网上很多版本控制服务已从 CVS 迁移到 SVN。

1.1　注释文档的生成

利用 JDK 的 javadoc 命令可以为类生成高质量的类似 API 的注释文档。

【实例】　代码如下：

```java
package weiyong.demo.javadoc;
public class JavadocDemo {
    public final String message="This is a demo for java doc.";
    public static void main(String[] args) {
        JavadocDemo demo=new JavadocDemo();

        System.out.println(demo.message);
        System.out.println(demo.upcaseMessage());
```

```java
        System.out.println(demo.getChars(2, 6));
    }

    public String upcaseMessage(){
        return message.toUpperCase();
    }

    public String getChars(int beginIndex, int endIndex){
        return message.substring(beginIndex, endIndex);
    }
}
```

操作要求：按照 javadoc 命令的语法要求，为 JavadocDemo 类加上注释，并生成注释文档。

1. 详细设计

在生成 javadoc 文档之前首先要对类进行注释。

注释有如下三种方式：

（1）//注释内容

（2）/*注释内容*/（选中要注释的内容后按"Shift＋Ctrl＋/"快捷键，可以添加注释；取消注释可以按"Shift＋Ctrl＋\"快捷键）

（3）

```
/**
 * 注释内容
 */
```

提示

只有第（3）种方式在使用 javadoc 命令生成文档时才有用。因为只有 public 类型才能被其他类访问，所以只需要对 public 方法和变量进行注释。下面举例说明。

① 在类前面添加类的说明和创作者，如：

```
/**
 * 复制文件。将字符串输入到文件中，将文件内容输出到控制台中
 *
 * @author xiaoxu
 *
 */
```

② 在 public 方法前面用注释来说明方法的作用，如对 public static String readFile(File file)方法的注释如下：

```
/**
 * 读取一个文件中的内容
 *
 * @param file
 * 要读的文件
 * @return 返回读取文件的字符串
 */
```

③ 对 public 变量进行注释,假设有一个表示窗口宽度的变量 WIDTH,则注释如下:

```
/**
 * 主窗口的宽度
 */
public static final int WIDTH=1000;
```

2. 输出文字编码的实现
(1) 对类的注释

语句如下:

```
/**
 * 类的说明
 *
 * <p>
 * JavadocDemo 类演示如何生成类的 API 文档<br>
 *
 * @author weiyong
 * @version 1.0   weiyong 2013.11.12<br>
 * 1.1 water 2013.11.12 增加了说明
 */
```

分析:@anthor 声明作者,@version 声明版本。

(2) 方法的注释

语句如下:

```
/**
 * 从 message 中获取指定的子串
 *
 * @param beginIndex   子串开始的下标
 * @param endIndex   子串结束的下标
 * @return 从 beginIndex 到 endIndex 之间的子串
 */
```

分析:@param 说明方法的参数;@return 说明方法返回的值。

3. 源代码

```
package weiyong.demo.javadoc;
/**
 * 类的说明
 *
 * <p>
 * JavadocDemo 类演示如何生成类的 API 文档<br>
 *
 * @author weiyong
 * @version 1.0   weiyong 2013.11.12<br>
 * 1.1 water 2013.11.12 增加了说明
 */
public class JavadocDemo {
    /* 对于类公有的属性,也要写上相关的注释 */
    /** 用于显示一个提示信息 */
```

```java
    public final String message="This is a demo for java doc.";
    /**
     *
     * 这个方法是程序的入口,虚拟机载入这个类的时候,
     * 将从这个方法开始运行程序
     *
     * @param args    命令行参数<br>
     */
    public static void main(String[] args) {
        JavadocDemo demo=new JavadocDemo();

        System.out.println(demo.message);
        System.out.println(demo.upcaseMessage());
        System.out.println(demo.getChars(2, 6));
    }

    /**
     * 将 message 转换成一个大写的字符串
     *
     * @return   转换成大写字串后的 message
     */
    public String upcaseMessage(){
        return message.toUpperCase();
    }

    /**
     * 从 message 中获取指定的子串
     *
     * @param beginIndex    子串开始的下标
     * @param endIndex    子串结束的下标
     * @return    从 beginIndex 到 endIndex 之间的子串
     */
    public String getChars(int beginIndex, int endIndex){
        return message.substring(beginIndex, endIndex);
    }
}
```

4. 测试与运行

因为 JavadocDemo 类属于 weiyong.demo.javadoc 包,所以先把 JavadocDemo.java 保存在工作目录的 weiyong\demo\javadoc 子目录下,如图 1-1 所示。

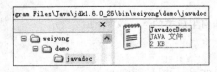

图 1-1 类文件所在目录

接着用 javadoc weiyong.demo.javadoc JavadocDemo.java 命令生成注释文档,如图 1-2 所示。

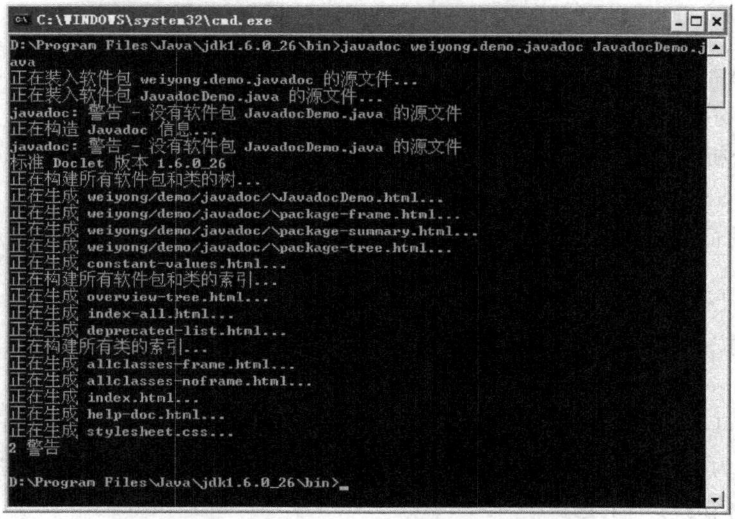

图 1-2 生成注释文档的过程

再看目录 weiyong\demo\javadoc 下的内容,发现多了 4 个文档,表明注释文档生成成功,如图 1-3 所示。

图 1-3 生成的注释文档

用浏览器打开 JavadocDemo.html 文件,效果如图 1-4 所示。

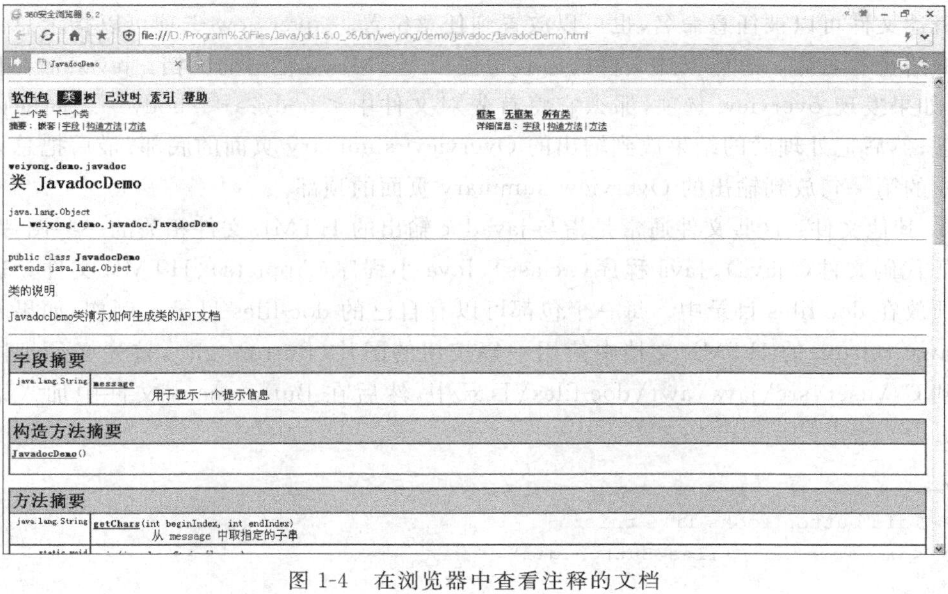

图 1-4 在浏览器中查看注释的文档

> **注意**

用Eclipse很容易生成javadoc文档,方法如下:选中要生成javadoc文档的项目,再选择菜单中的project→Generate Javadoc...→next→finish命令。

5. 技术分析

1) Javadoc的命令行语法

Javadoc的命令行语法如下:

```
javadoc [ options ] [ packagenames ] [ sourcefiles ] [ @files ]
```

参数可以按照任意顺序排列。下面分别对这些参数和相关的一些内容进行说明。

(1) packagenames(包列表)

这个选项可以是一系列的包名(用空格隔开),例如"java.lang java.lang.reflect java.awt"。不过因为javadoc不递归作用于子包,不允许对包名使用通配符,所以必须显式地列出希望建立文档的每一个包。

(2) Sourcefiles(源文件列表)

这个选项可以是一系列的源文件名(用空格隔开),可以使用通配符。javadoc允许使用四种源文件:类源代码文件、包描述文件、总体概述文件、其他文件。

① 类源代码文件:类或者接口的源代码文件。

② 包描述文件:每一个包都可以有自己的包描述文件。包描述文件的名称必须是package.html,与包的.java文件放置在一起。包描述文件的内容通常是使用HTML标记写的文档。javadoc运行时将自动寻找包描述文件,如果找到,javadoc将首先对描述文件中<body></body>之间的内容进行处理,然后把处理结果放到该包的Package Summary页面中,最后把包描述文件的第一句(紧靠<body>)放到输出的Overview summary页面中,并在语句前面加上该包的包名。

③ 总体概述文件:javadoc可以创建一个总体概述文件来描述整个应用或者所有包。总体概述文件可以被任意命名,也可以放置到任意位置。-overview选项可以指示总体概述文件的路径和名称。总体概述文件的内容是使用HTML标记写的文档。javadoc在执行的时候,如果发现-overview选项,那么它将首先对文件中<body></body>之间的内容进行处理;然后把处理后的结果放到输出的Overview summary页面的底部;最后把总体概述文件中的第一句放到输出的Overview summary页面的顶部。

④ 其他文件:这些文件通常是指与javadoc输出的HTML文件相关的一些图片文件、Java源代码文件(.java)、Java程序(.class)、Java小程序(Applets)、HTML文件。这些文件必须放在doc-files目录中。每一个包都可以有自己的doc-files目录。例如,如果希望在java.awt.Button的HTML文档中使用一幅按钮的图片(Button.gif),首先必须把图片文件放到C:\user\src\java\awt\doc-files\目录中,然后在Button.java文件中加入下面的注释。

```
/**
* This button looks like this:
* <img src="doc-files/Button.gif">
*/
```

(3) @files(包含文件)

为了简化javadoc命令,可以把需要建立文档的文件名和包名放在一个或多个文本文件中。例如,为了简化下面的命令:

```
javadoc -d apidoc com.mypackage1 com.mypackage2 com.mypackage3
```

可以建立一个名称为mypackage.txt的文件,其内容如下:

```
com.mypackage1
com.mypackage2
com.mypackage3
```

然后执行下面的命令即可:

```
javadoc -d apidoc @mypackage.txt
```

(4) options(命令行选项)

javadoc使用doclets(doclets是指用doclet API编写的程序)来确定输出的内容和格式。命令行选项中一部分是可用于所有doclet的通用选项,还有一部分是由默认的标准doclet提供的专用选项。下面对一些常用的选项进行介绍。

① 通用选项。

- −1.1　生成与javadoc 1.1版本生成的外观和功能一样的文档。不是所有的参数都可以用于−1.1选项,具体可以使用javadoc −1.1 -help命令查看。
- -help　显示联机帮助。
- -bootclasspath classpathlist　指定"根类"(通常是Java平台自带的一些类。例如java.awt.*等)的路径。
- -sourcepath sourcepathlist　指定包的源文件搜索路径。但是必须注意,只有在javadoc命令中指定了包名的时候才可以使用-sourcepath选项。如果指定了包名而省略了-sourcepath,那么javadoc使用类路径查找源文件。举例说明:假定打算为com.mypackage建立文档,其源文件的位置是C:\user\src,那么可以使用下面的命令:

```
javadoc -sourcepath c:\user\src com.mypackage
```

- -classpath classpathlist　指定用javadoc查找"引用类"的路径。引用类是指带文档的类加上它们引用的任何类。javadoc将搜索指定路径的所有子目录。Classpathlist可以包含多个路径(用";"隔开)。如果省略-classpath选项,则javadoc使用-sourcepath选项查找源文件和类文件。例如,假定打算为com.mypackage建立文档,其源文件的位置是C:\user\src,包依赖于C:\user\lib中的库,那么可以使用下面的命令:

```
javadoc -classpath c:\user\lib -sourcepath c:\user\src com.mypackage
```

- -overview path\filename　告诉javadoc从path\filename所指定的文件中获取概述文档,并且把它放到输出的概述页面(overview-summary.html)中。其中path\filename是相对于-sourcepath的路径。

- -public 只显示公共类以及成员。
- -protected 只显示受保护的公共类以及成员。这也是默认选项。
- -package 只显示包、受保护的和公共的类以及成员。
- -private 显示所有类和成员。
- -doclet class 指定 javadoc 产生输出内容的自定义 doclet 类。如果忽略这个选项，javadoc 将使用默认的 doclet 产生一系列的 HTML 文档。
- -docletpath classpathlist 与-doclet 选项相关，指定自定义的 doclet 类文件的路径。classpathlist 可以包含多条路径（用分号隔开）。
- -verbose 在 javadoc 运行时提供更详细的信息。

② 标准 doclet 专用选项。

- -author 在生成的文档中包含"作者"项。
- -d directory 指定 javadoc 生成的 HTML 文件的保存目录。省略该选项，将把文件保存在当前目录。directory 可以是绝对目录，也可以是相对当前目录的目录。
- -version 在生成的文档中包含"版本"项。
- -use 为类和包生成 use（用法）页面。这些页面描述了该类和包在 javadoc 命令涉及的文件中被使用的情况。例如，对于给定的类 C，在 C 的用法页面中将包含 C 的子类、类型为 C 的域、返回变量类型为 C 的方法以及在参数中有变量类型为 C 的方法和构造器。
- -splitindex 把索引文件按照字母顺序分为多个文件，每一个文件对应一个字母。
- -windowtitle title 指定输出的 HTML 文档的标题。
- -header header 指定输出的 HTML 文档的页眉文本。
- -footer footer 指定输出的 HTML 文档的脚注文本。
- -bottom text 指定输出的 HTML 文档底部的文本。
- -group groupheading packagepatten;packagepatten;... 在总体概述页面中按照命令的指定方式分隔各个包。例如执行下面的命令：

```
javadoc -group "Core Packages" "java.lang*:java.util"
-group "Extension Packages" "javax.*"
java.lang java.lang.reflect java.util javax.servlet java.new
```

在页面中将有如下结果：

```
Core Packages
java.lang
java.lang.reflect
java.util
Extension Packages
javax.servlet
Other Packages
java.new
```

- -noindex 不输出索引文件。
- -help 在文件的导航条中忽略 help 链接。
- -helpfile path\filename 指定导航条中的 help 链接所指向的帮助文件。忽略该选项，javadoc 将生成默认的帮助文件。
- -stylesheetfile path\filename 指定 javadoc 的 HTML 样式表文件的路径。忽略该选项，javadoc 将自动产生一个样式表文件 stylesheet.css。

通过上面的介绍，大家基本了解了 javadoc 的命令行语法。下面介绍 javadoc 文档的注释方法。

2) javadoc 注释

javadoc 注释以"/**"开始，以"*/"结束，里面可以包含普通文本、HTML 标记和 javadoc 标记。javadoc 只处理源文件中在类/接口定义、方法、域、构造器之前的注释，忽略位于其他地方的注释。举例如下：

```
/**
* 第一个程序--<b>Helloworld</b>
* @author 张军
* @version 1.0 2014/10/15
*/
public class myHelloworld{
/**
* 在 main()方法中使用的用于显示字符串的方法
* @see #main(java.lang.String[])
*/
static String SDisp
```

使用下面的命令即可以生成关于 myHelloworld.java 的 API 文档：

```
javadoc -private -d doc -author -version myHelloworld.java
```

上面例子中以@开头的标记就是 javadoc 标记。在 Java 程序中正确使用 javadoc 标记是一个良好的注释习惯，将非常有助于 javadoc 自动从源代码文件生成完整的格式化 API 文档。下面就对各种标记进行详细说明。

(1) @author name-text 指定生成文档中的"作者"项。从 JDK/SDK 1.0 开始引入。name-text 可以指定多个名字(使用","隔开)。文档注释可以包含多个类。

(2) {@docroot} 代表产生文档的根路径。从 JDK/SDK 1.3 开始引入。用法举例如下：

```
/**
* see the <a href={@docroot}/copyright.html>copyright</a>
*/
```

假定生成文档的根目录是 doc，上面注释所在的文件最后生成的文件是 doc\utility\utl.html，那么 copyright 的链接会指向"..\copyright.html"。

(3) @deprecated deprecated-text 添加注释，表明不推荐使用该 API。

(4) @exception class-name description @throw 的同义标记。从 JDK/SDK 1.0 开始引入。

(5) {@link package.class#member label} 插入指向 package.class#member 的内嵌链接。从 JDK/SDK 1.2 开始引入。例如，假定注释中有如下文档：

```
/** Use the {@link #getComponentAt(int, int) getComponentAt} method. */
```

那么 javadoc 最终生成的 HTML 页面中将有如下内容：

```
Use the <a href="Component.html#getComponentAt(int,int)"
>getComponentAt </a>method.
```

（6）@param parameter-name description　描述参数。从 JDK/SDK 1.0 开始引入。

（7）@return description　描述返回值。从 JDK/SDK 1.0 开始引入。

（8）@see reference　添加"引用"标题，其中有指向 reference 的链接或者文本项，从 JDK/SDK 1.0 开始引入。@see 标记有三种形式，下面分别说明。

① @see "string"　为 string 添加文本项，不产生链接。

② @see ＜a href＝"URL♯Value"＞Label＜/a＞　使用 HTML 标记产生链接。

③ @see package　添加包标题。

3）创建自己的类库

方法一：假设现在要创建一个项目 Test，里面要用到自定义类库 tools.jar 中的 S 类。新建一个类 Test.java，里面的 main 方法如下：

```java
public static void main(String[] args) {
    S.pl("java");    //S类中的 S.pl()封装了 System.out.println(obj)
}
```

这时 Eclipse 会报错，会提示 S 这个类不存在，问用户是否要创建这个类。这是因为默认的 JRE 系统库中并不存在 tools.jar 包，如图 1-5 所示。

如何将这个包安装到默认的 JRE 系统库中呢？

选择 Window→Preferences 命令，会打开一个对话框，选择 Java→Installed JREs，如图 1-6 所示。

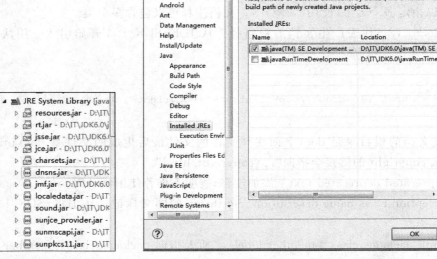

图 1-5　默认包　　　　　　　　　　图 1-6　Preferences 对话框

接下来单击 Add 按钮,添加一个新的 JRE。选择 Standard VM 后单击 Next 按钮,在打开的 Edit JRE 对话框的 JRE home 选项右侧单击 Directory 按钮并选择 JDK 6.0 路径下的 jre 文件夹(即包含 rt.jar 的文件夹。rt.jar 是 jdk 的根文件夹,里面包含了所有的基本类),如图 1-7 所示。然后单击 Add External JARs 按钮,再选择生成好的 tools.jar 文件。

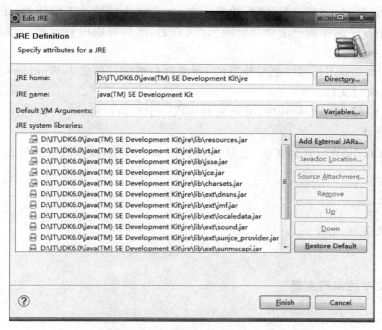

图 1-7　Edit JRE 对话框

单击 Finish 按钮完成操作。

再在 Test 项目中将默认的 JRE System Library 换成刚刚配置好的 JRE,右击 Test,选择 Build Path→Configure Build Path... 命令,在打开的对话框中将原有的 JRE Remove 删除,然后单击 Add Library 命令,再选择 JRE System Library,单击 Next 按钮,单击 Installed JREs 后,选择刚刚配置好的那个 JRE,单击 Finish 按钮。

现在配置好了,此时的 JRE 中就能看到 tools.jar 文件。

方法二:将刚刚生成的自定义的类库 Tools.jar 直接复制到 JDK 和 JRE 安装目录的 jre/lib/ext/中,这时候需要重启一下 Eclipse,这样才能将刚才的那个包加载进自动生成的系统库中。

方法三:除以上方法之外,也可以直接在单个项目中通过 bulid path 命令导入 External jar,即额外的 jar 包。此方法类似于更换新的 JRE。

6. 问题与思考

编写程序,使 javadoc.operation 包中的 Operation 类包含加、减、乘、除 4 种运算的方法。javadoc.area 包中的 Area 接口存在一个求面积的 area() 方法,Circle、Triangle、Rectangle 类都实现了 Area 接口,用于求圆、三角形、长方形的面积。按照 javadoc 命令的语法要求,为包、类、方法加上注释,并生成注释文档。

1.2 jar 与可执行文件的制作

jar 命令可以把一些类进行压缩,放在一个 jar 文件中使用。不仅如此,还可以用 jar 命令把 Java 应用程序制作成一个可执行的 jar 文件包,然后可以用 java 命令或直接双击来运行该 jar 文件。

一些工具如 install4j 可以把可执行的 jar 文件包继续打包成为 Windows、Linux 等各种操作系统的可执行文件。

【实例】 编写 Java 应用程序,并把它制作成一个可执行的 jar 文件包。

1. 详细设计

本程序由 HelloWorld 类实现,它只有一个 main()方法,该方法中就只有一条输出文字的语句。

```
class HelloWorld {
  main(String arg[]) {
    输出文字"Hello, World!";
  }
}
```

2. 输出文字的编码实现

语句如下:

```
System.out.println("Hello, World!");
```

分析:System.out.println 是 Java 输出语句,输出后换行。输出的文字需用双引号括起来。System.out.print 是另一条输出语句,不同之处是它输出后不用换行。

3. 源代码

```
public class HelloWorld {
  public static void main(String arg[]) {
    System.out.println("Hello, World!");
  }
}
```

4. 测试与运行

为方便操作,先在 D 盘创建工作目录 myworkspace。假设 Java_HOME 是 D:\Program Files\Java\jdk1.5.0_08,可以用命令"path=%path%;D:\Program Files\Java\jdk1.5.0_08\bin"和"set classpath=.;D:\Program Files\Java\jdk1.5.0_08\lib\tootls.jar;D:\Program Files\Java\jdk1.5.0_08\lib\dt.jar"设置工作环境。

在工作目录 myworkspace 中创建目录 myrun,把需要打包的 MANIFEST.MF 和 HelloWorld.class 文件保存到该目录中。

MANIFEST.MF 文件内容如下:

```
Manifest-Version: 1.0
Main-Class: HelloWorld
```

Created-By: 1.5.0_08 (Sun Microsystems Inc.)

MANIFEST.MF 文件的第二行表示程序从 HelloWorld 类启动，HelloWorld 必须包含 main()方法。

注意

第二行内容"Main-Class：HelloWorld"中，HelloWorld 前必须有一个空格，否则打包时会显示出错信息"java.io.IOException：invalid header field"。

接着用 jar 命令把 HelloWorld.class 和 MANIFEST.MF 打包成可执行的 jar 文件，并用 java 命令执行该文件，如图 1-8 所示。

图 1-8　运行.jar 文件

接着，用 install4j 命令把 myrun.jar 打包成为 exe 程序。启动 install4j，进入其主界面，如图 1-9 所示。

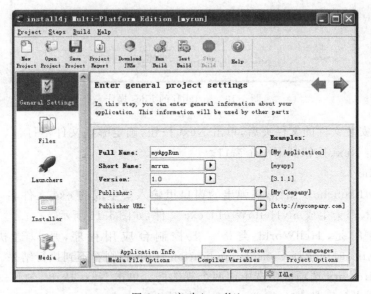

图 1-9　启动 install4j

可以看到，install4j 打包文件中有 General Settings、Files、Launchers、Installer、Media、Bulid 共六个过程，下面分别进行说明。

1) General Settings

设置要打包的工程的名字，如版本号、全称、简称等。如果有中文，会以方框表示，打包后会重新显示中文。

按下右上角的右箭头,跳入下一个窗口。输入最小和最大的 jre 版本号,最大的可以为空。

选择安装界面的语言,跳入下一个窗口,选择生成 exe 文件后所在的路径及生成的 exe 文件名称。

如果没有特别情况,一直单击 next 按钮,直到遇到下一个选项为止。

2) Files

单击 Add Files 按钮,选择要打包的 jar 文件及相关文件所在的路径。这里把 myrun.jar 添加到安装目录,如图 1-10 所示。

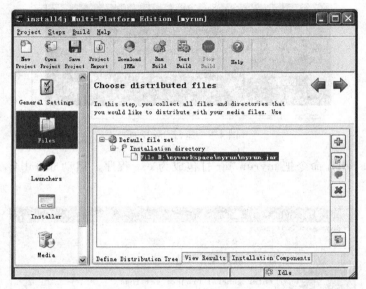

图 1-10　install4j 的 Files 操作

选定了要安装文件的文件夹后,单击 Next 按钮,确定哪些文件不打包。如果没有特别设置,依次单击 Next 按钮到下一个窗口。

3) Launchers

双击 New Launchers 图标,在弹出的窗口里输入要生成的 exe 文件名,这里输入的是 myHelloWorld,则会生成 myHelloWorld.exe 文件,如图 1-11 所示。

需要注意的是,HellWorld 类是一般控制台应用程序,所以选执行文件类型(Executable type)时应选择 Console application 选项,否则看不到执行结果。

下面的 Directory 选项区中选中前两个复选框。单击 Next 按钮,在下一个窗口里输入两个小图标,大小分别是 16×16、32×32,最好是 png 格式。

继续下一步操作,先在 Class Path 列表框里添加 jar 文件,即生成出来的 jar 文件。然后在 Main class 中选择程序的入口,如图 1-12 所示。

如果没有特别设置,一直单击 Next 按钮,直到出现下一个窗口。

4) Installer

单击右上角向右的箭头,跳到 Actions 标签窗口。选中 Create program group,在右边

第 1 章 Java 开发环境及工具

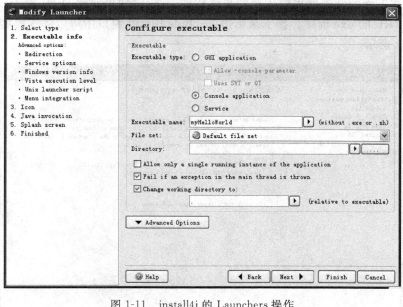

图 1-11 install4j 的 Launchers 操作

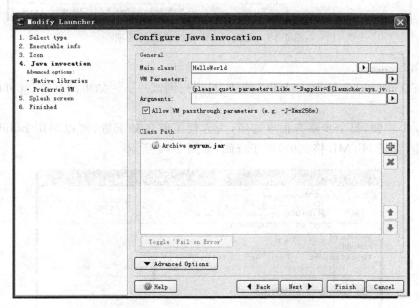

图 1-12 install4j 的 Launchers 配置

Window→Program Group Name 里输入在"程序"组里生成的名称。如果输入的是中文,会以方格形式显示。再单击右箭头,直接将 disc 文件添加进来,即将该目录下的所有文件也打包。一直按右箭头,跳到 Media 步骤。

5) Media

双击 new media file 图标,在新的窗口里选择生成文件的操作平台,选上 Window 选项,再单击 Next 按钮,在第一个文本框里输入"${compiler:sys.fullName}",意思是该文件的全称。在下面的文本框里输入要安装该软件的路径(如果要到 D 盘,输入"D:\"),再生成一个自带 JRE 的 exe 程序。接下来单击 Exclude file,在窗口中可以筛选哪些文件不要生成,如图 1-13 所示。

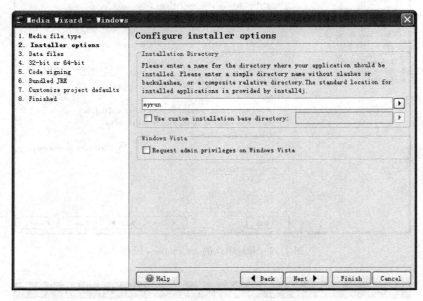

图 1-13　配置 install4j 的安装及选项

6) Bulid

如果有 Test Bulid 和 Start Bulid 功能,可以先测试一下。如果没有错,就可以生成 exe 文件了。

以上 6 个步骤,每个步骤有很多选项,为方便了解各种配置,可以利用 Bulid 的生成项目报告功能,它是 HTML 格式的,便于查阅,如图 1-14 所示。

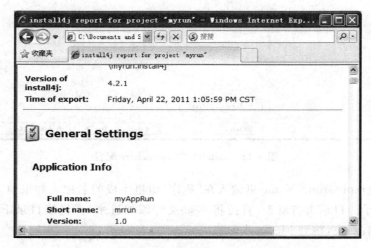

图 1-14　完成 install4j 的配置

最后,运行 install4j 生成的安装程序 mrrun_windows_1_0.exe,把软件安装在 D:\

Program Files\myrun 目录下,在控制台环境运行程序 myHelloWorld.exe,结果如图 1-15 所示。

5. 技术分析

1) jar 文件包

jar 命令可以把一些类进行压缩,放在一个 jar 文件中使用。接下来说明如何压缩 mypackage.creature.Human 类和 mypackage.test.HumanTest 类。

Human 类在 mypackage.creature 包中,程序如下:

```
package mypackage.creature;
public class Human{
  String code;
  String name;
  String birth;
  public Human(String nm){
    name=nm;
  }
  public void introduce(){
    System.out.println("I am "+name);
  }
}
```

测试类 HumanTest 在 mypackage.test 包中,源程序如下:

```
package mypackage.test;
import mypackage.creature.*;
public class HumanTest {
  public static void main(String args[]) {
    Human p=new Human("Smith");
    p.introduce();
  }
}
```

假设工作目录是 D:\myworkspace\mypackage。则在工作目录中建立 mypackage 及子目录 test 和 creature,将以上两个源文件编译后生成的.class 文件复制到正确的目录下,如图 1-16 所示。

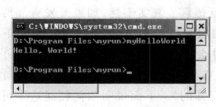

图 1-15 运行.exe 程序

图 1-16 将.class 文件保存在正确目录下

打开 test 子目录,同样有 HumanTest.class 文件存在,在控制台方式下输入命令 jar cvf test.jar mypackage,表示把 mypackage 包下所有文件打包成 test.jar 文件,如图 1-17 所示。

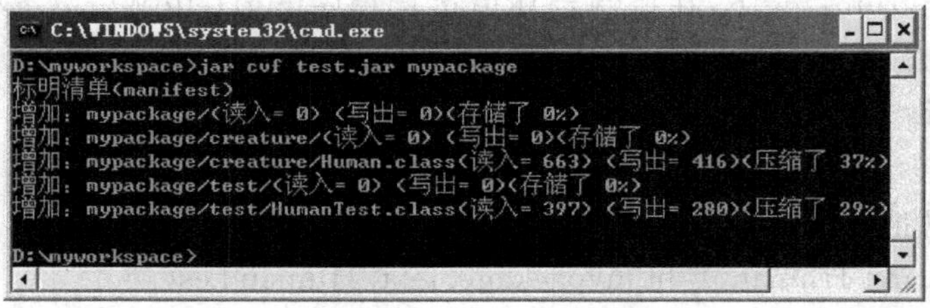

图 1-17　生成.jar 文件

就像常把 tools.jar 和 dt.jar 设置到 CLASSPATH 环境变量中一样，只要把 test.jar 文件设置到 CLASSPATH 环境变量中，程序就可以使用 mypackage.creature.Human 和 mypackage.test.HumanTest 这两个类。

图 1-18　.jar 文件结构

jar(Java Archive File)文件是 Java 的一种文档格式，实质就是 Zip 格式的文件。jar 文件与 Zip 文件唯一的区别就是在 jar 文件中包含了一个 META-INF/MANIFEST.MF 文件，这个文件是在生成 jar 文件的时候自动创建的。

解压缩已生成的 test.jar，可以看到其具有如图 1-18 所示的目录结构的一些文件。

如果把它压缩成 Zip 文件 test.zip，则这个 Zip 文件的内部目录结构中没有 META-INF 目录和 MANIFEST.MF 文件。

注意

在 Eclipse 中通过右击项目文件，选择 Expor 命令，再选择 Java\JAR file 等操作，很容易建立 jar 包，并生成自己的类库。

2) 创建可执行的 jar 文件包

制作一个可执行的 jar 文件包来发布程序是 jar 文件包最典型的用法。

Java 程序是由若干个 .class 文件组成的。这些 .class 文件根据它们所属包的不同而分级分目录存放；运行前需要把所有用到的包的根目录指定给 CLASSPATH 环境变量或者 java 命令的-cp 参数；运行时还要在控制台中使用 java 命令来运行。如果需要直接双击运行，必须编写 Windows 的批处理文件(.bat)或者 Linux 的 Shell 程序。因此许多人说，Java 语言是一种方便开发者而苦了用户的程序设计语言。其实不然，如果开发者能够制作一个可执行的 jar 文件包交给用户，那么用户使用起来就会很方便。在 Windows 下安装 JRE(Java Runtime Environment)的时候，安装文件会将 .jar 文件映射给 javaw.exe 并打开它。那么，对于一个可执行的 jar 文件包，用户只需要双击它就可以运行程序了，与阅读 .chm 文档一样方便(.chm 文档默认是由 hh.exe 打开的)。下面说明如何创建这个可执行的 jar 文件包。

创建可执行的 jar 文件包需要使用带 cvfm 参数的 jar 命令，仍以上述 test 目录为例说明，命令如下：

```
jar cvfm test.jar manifest.mf test
```

这里 test.jar 和 manifest.mf 两个文件对应的参数分别是 f 和 m，重点在 manifest.mf。因为要创建可执行的 jar 文件包，只指定一个 manifest.mf 文件是不够的，因为 MANIFEST 是 jar 文件包的特征，可执行的 jar 文件包和不可执行的 jar 文件包都包含 MANIFEST。关键在于可执行 jar 文件包的 MANIFEST，其内容包含了 Main-Class 一项。在 MANIFEST 中的书写格式如下：

```
Main-Class: 可执行主类全名(包含包名)
```

例如，假设上例中的 Test.class 是属于 test 包的，而且是可执行的类（定义了 public static void main(String[]) 方法），那么这个 manifest.mf 可以编辑如下：

```
Main-Class: test.Test <回车>;
```

manifest.mf 可以放在任何位置，也可以是其他的文件名，只需要有 Main-Class：test.Test 一行，且该行以一个回车符结束即可。

创建了 manifest.mf 文件之后，目录结构变为：

```
==
|--test
|   '--Test.class
'--manifest.mf
```

这时候，需要到 test 目录的上级目录中去使用 jar 命令来创建 jar 文件包，也就是在目录树中使用"＝＝"表示的那个目录中使用如下命令：

```
jar cvfm test.jar manifest.mf test
```

之后在"＝＝"目录中创建了 test.jar，这个 test.jar 就是执行的 jar 文件包。运行时只需要使用 java -jar test.jar 命令即可。

需要注意的是，创建的 jar 文件包中需要包含完整的、与 Java 程序的包结构对应的目录结构，就像上例一样。而 Main-Class 指定的类也必须是完整的、包含包路径的类名，如上例的 test.Test；而且在没有打包成 jar 文件包之前可以使用"java <类名>"来运行这个类，即在上例中 java test.Test 是可以正确运行的（当然要在 CLASSPATH 正确的情况下）。

3）jar 命令详解

jar 是随 JDK 安装的，在 JDK 安装目录下的 bin 目录中，Windows 下的文件名为 jar.exe，Linux 下的文件名为 jar。它的运行需要用到 JDK 安装目录下 lib 目录中的 tools.jar 文件。不过除了安装 JDK 什么也不需要做，因为 SUN 已经做好了。甚至不需要将 tools.jar 放到 CLASSPATH 环境变量中。

jar 命令的一般用法如下：

```
jar {ctxu}[vfm0M] [jar-文件] [manifest-文件] [-C 目录] 文件名 ...
```

- {ctxu}　这是 jar 命令的子命令，每次 jar 命令只能包含 ctxu 中的一个子命令，它们分别表示如下功能。
- -c　创建新的 jar 文件包。
- -t　列出 jar 文件包的内容列表。

- -x 展开jar文件包的指定文件或者所有文件。
- -u 更新已存在的jar文件包(添加文件到jar文件包中)。
- [vfm0M] 其中的选项可以任选,也可以不选,它们是jar命令的选项参数。
- -v 生成详细报告并打印到标准输出中。
- -f 指定jar文件名,通常这个参数是必需的。
- -m 指定需要包含的MANIFEST清单文件。
- -0 只存储,不压缩。这样产生的jar文件包会比不用该参数产生的体积大,但速度更快。
- -M 不产生所有项的清单(MANIFEST)文件,此参数会忽略-m参数。
- [jar-文件] 即需要生成、查看、更新或者解开的jar文件包,它是-f参数的附属参数。
- [manifest-文件] 即MANIFEST清单文件,它是-m参数的附属参数。
- [-C 目录] 表示转到指定目录下去执行这个jar命令的操作。它相当于先使用cd命令转到该目录下再执行不带-C参数的jar命令,它只能在创建和更新jar文件包的时候可用。
- 文件名... 指定一个文件/目录列表,这些文件/目录就是要添加到jar文件包中的文件/目录。如果指定了目录,那么jar命令打包的时候会自动把该目录中的所有文件和子目录打入包中。

下面举一些例子来说明jar命令的用法。

(1) jar cf test.jar test

该命令没有执行过程的显示,执行结果是在当前目录中生成了test.jar文件。如果当前目录已经存在test.jar文件,那么该文件将被覆盖。

(2) jar cvf test.jar test

该命令与(1)中的结果相同,但是由于v参数的作用,显示出了打包过程,具体如下:

标明清单(manifest)

增加:test/(读入=0)(写出=0)(存储了0%)

增加:test/Test.class(读入=7)(写出=6)(压缩了14%)

(3) jar cvfM test.jar test

该命令与(2)中结果类似,但在生成的test.jar中没有包含META-INF/MANIFEST文件,打包过程的信息也略有差别。

增加:test/(读入=0)(写出=0)(存储了0%)

增加:test/Test.class(读入=7)(写出=6)(压缩了14%)

(4) jar cvfm test.jar manifest.mf test

运行结果与(2)中相似,显示信息也相同,只是生成jar包中的META-INF/MANIFEST内容不同,是包含了manifest.mf的内容。

(5) jar tf test.jar

在test.jar已经存在的情况下,可以查看test.jar中的内容,如对于(2)和(3)生成的test.jar分别应该用此命令,结果如下。

对于(2):

```
META-INF/
META-INF/MANIFEST.MF
test/
test/Test.class
```

对于(3)：

```
test/

test/Test.class
```

(6) jar tvf test.jar

除显示(5)中显示的内容外，还包括包内文件的详细信息，如：

```
0 Wed Jun 19 15:39:06 GMT 2002 META-INF/
86 Wed Jun 19 15:39:06 GMT 2002 META-INF/MANIFEST.MF
0 Wed Jun 19 15:33:04 GMT 2002 test/
7 Wed Jun 19 15:33:04 GMT 2002 test/Test.class
```

(7) jar xf test.jar

解压 test.jar 文件到当前目录中，不显示任何信息，对于(2)中生成的 test.jar，解压后的目录结构如下：

```
==
|--META-INF
|   '--MANIFEST
'--test
    '--Test.class
```

(8) jar xvf test.jar

运行结果与(7)中相同，解压过程有详细信息显示，例如。

```
创建:META-INF/
展开:META-INF/MANIFEST.MF
创建:test/
展开:test/Test.class
```

(9) jar uf test.jar manifest.mf

在 test.jar 中添加了 manifest.mf 文件，此时使用 jartf 来查看 test.jar，可以发现 test.jar 中比原来多了一个 manifest。这里顺便提一下，如果使用-m 参数并指定 manifest.mf 文件，那么 manifest.mf 是作为 MANIFEST 清单文件来使用的，它的内容会被添加到 MANIFEST 中；但是，如果作为一般文件添加到 jar 文件包中，它跟一般文件无异。

(10) jar uvf test.jar manifest.mf

与(9)中结果相同，同时有详细信息显示，如：

增加：manifest.mf(读入＝17)(写出＝19)(压缩了－11％)

4) 关于 jar 文件包的一些技巧

(1) 使用 unzip 来解压 jar 文件

在介绍 jar 文件的时候就已经说过了，jar 文件实际上就是 ZIP 文件，所以可以使用常见的一些解压 ZIP 文件的工具来解压 jar 文件,如 Windows 下的 WinZip、WinRAR 等和 Linux 下的 unzip 等。使用 WinZip 和 WinRAR 等来解压是因为比较直观、方便。而使用 unzip,则是因为它解压时可以使用-d 参数指定目标目录。

在解压一个 jar 文件的时候是不能使用 jar 的-C 参数来指定解压的目标的,因为-C 参数只在创建或者更新包的时候可用。那么需要将文件解压到某个指定目录下的时候就需要先将这具 jar 文件复制到目标目录下再进行解压,比较麻烦。如果使用 unzip,就不需要这么麻烦了,只需要指定一个-d 参数即可。如:

```
unzip test.jar -d dest/
```

(2) 使用 WinZip 或者 WinRAR 等工具创建 jar 文件

上面提到 jar 文件就是包含了 META-INF/MANIFEST 的 ZIP 文件,所以,只需要使用 WinZip、WinRAR 等工具创建所需要的 ZIP 压缩包,再向这个 ZIP 压缩包中添加一个包含 MANIFEST 文件的 META-INF 目录即可。对于使用 jar 命令的 -m 参数指定清单文件的情况,只需要将这个 MANIFEST 按需要修改即可。

(3) 使用 jar 命令创建 ZIP 文件

有些 Linux 提供了 unzip 命令,但没有 zip 命令,所以不能创建 ZIP 文件。如要创建一个 ZIP 文件,使用带 -M 参数的 jar 命令即可,因为 -M 参数表示制作 jar 包的时候不添加 MANIFEST 清单,那么只需要在指定目标 jar 文件的地方将 .jar 扩展名改为 .zip 扩展名,创建的就是一个不折不扣的 ZIP 文件了。

5) 将 Java 的 class 文件转为 EXE 文件的其他方法

除 Install4J 外,还有一些方法用于生成 EXE 文件。

(1) TowerJ

从 www.towerj.com 获得一个 TowerJ 编译器,该编译器可以将 CLASS 文件编译成 EXE 文件。

(2) jexegen.exe

利用微软的 SDK-Java 4.0 所提供的 jexegen.exe 创建 EXE 文件,这个软件可以从微软的网站免费下载,地址如下:

http://www.microsoft.com/java/download/dl_sdk40.htm

jexegen 的语法如下:

```
jexegen /OUT:exe_file_name
/MAIN:main_class_name main_class_file_name.class
[and other classes]
```

(3) Visual Cafe

Visual Cafe 提供了一个能够创建 EXE 文件的本地编译器。需要安装该光盘上提供的 EXE 组件。

(4) InstallAnywhere

使用 InstallAnywhere 创建安装盘。

(5) IBM 的 Java 编译器

IBM 的 AlphaWorks 提供的一个高性能 Java 编译器,该编译器可以从下面的地址

获得:

  http://www.alphaworks.ibm.com/tech/hpc

 (6) JET

  JET 是一个优秀的 Java 语言本地编译器,该编译器可以从如下网站获得一个测试版本:

  http://www.excelsior-usa.com/jet.html

 (7) JOVE

  Instantiations 公司的 JOVE 的下载地址是:

  http://www.instantiations.com/jove/…ejovesystem.htm

  JOVE 公司合并了以前的 SuperCede,是一个优秀的本地编译器,现在 SuperCede 已经不存在了。

 (8) JToEXE

  这是 Bravo Zulu Consulting,Inc 开发的一款本地编译器,可以从该公司的网页上免费下载。

 (9) Exe4j

  同 install4j 一样,对于想生成 EXE 文件的程序来说,Eex4j 也是很不错的选择。

 (10) JBuilder

  JBuilder 7.0 可以生成 exe 文件,这是 Borland 公司未公开的使用技巧,可以通过 JBuilder 制作 exe 文件来启动 Java 文件。

6. 问题与思考

 (1) Human 类在 mypackage.creature 包中,程序如下:

```java
package mypackage.creature;
public class Human{
  String code;
  String name;
  String birth;
  public Human(String nm){
    name=nm;
  }
  public void introduce(){
    System.out.println("I am "+name);
  }
}
```

测试类 HumanTest 在 mypackage.test 包中,源程序如下:

```java
package mypackage.test;
import mypackage.creature.*;
public class HumanTest {
  public static void main(String args[]) {
    Human p=new Human("Smith");
    p.introduce();
  }
}
```

可以尝试将以上两个类编译后打包成可以执行的 jar 文件。

> **提示**
> 先建立 MANIFEST.MF 文件（在 D:\test 目录下），以下为该文件的内容：

```
Manifest-Version: 1.0
Main-Class: mypackage.test.HumanTest
Created-By: 1.5.0_08 (Sun Microsystems Inc.)
```

建立 mypackage 目录及子目录 test 和 creature，把两个类复制到正确的目录下。再将整个 mypackage（含子目录及文件）复制到工作目录 D:\test 中，在控制台中进行如下操作。

输入 d:<回车>
输入 cd d:\test <回车>
输入 jar cvfm test.jar MANIFEST.MF *.*　　<回车>

然后就能看到 test 目录下有一个 test.jar 文件，双击可以运行它。jar 包的名字可按需修改。
注意，进行以上操作前应保证 jdk 环境变量配置正确。

（2）用 install4j 工具将上面的可执行 .jar 包转换为 Windows 或 Linux 下的可执行文件。

1.3　JMX 管理框架

JMX（Java Management Extensions）是一个为应用程序、设备、系统等植入管理功能的框架。

JMX 可以跨越一系列异构操作系统平台、系统体系结构和网络传输协议，可灵活地开发无缝集成的系统、网络和服务管理应用。JMX 是一种应用编程接口、可扩充对象和方法的集合体，它提供了用户界面指导、Java 类和开发集成系统、网络及网络管理应用的规范。

JMX 可以非常容易地使应用程序具有被管理的功能；提供具有高度伸缩性的架构；提供接口，允许有不同的实现。

【实例】 编写一个类，包含一个 name 属性，以及 setName(String name)、getName()、sayHello()、sayHello(String name) 四个方法，用 JMX 对该类进行管理。

1. 分析与设计

MBeanServer 是一个包含所有注册 MBean 的仓库，它是 JMX 代理层的核心，JMX 1.0 规范提供一个接口叫 javax.management.MBeanServer，所有管理 MBean 的操作通过 MBeanServer 执行。每一个 MBean 具有一个唯一标识叫作 ObjectName。

ObjectName(javax.management.ObjectName) 是一个类，唯一标识一个在 MBeanServer 中的 MBean，这个对象名称包含两部分：域名称和没有经过排序的一个或者多个关键属性集，语法如下：

```
[domain name]:property=value[,property=value]
```

AdaptorServer 类将决定 MBean 的管理界面，这里用最普通的 HTML 界面。AdaptorServer 其实也是一个 MBean。

2. 实现过程

获得 MBeanServer 实例。语句如下：

```
MBeanServer server=MBeanServerFactory.createMBeanServer();
```

或

```
MBeanServer server=ManagementFactory.getPlatformMBeanServer();
```

分析：MBeanServer 是 MBean 的容器，可以通过多种方式获得 MBeanServer 的实例。其中，通过第二种方式获得的实例能在 jconsole 中使用，而第一种方式不能。

3. 源代码

1) 建立一个需要被 JMX 管理的 Hello 类

```java
package jmx;
public class Hello implements HelloMBean {
  private String name;
  public String getName() {
    return name;
  }
  public void sayHello() {
    System.out.println("Hello, "+name);
  }
  public void sayHello(String theName) {
    System.out.println("Hello, "+theName);
  }
  public void setName(String name) {
    this.name=name;
    System.out.println("name has been changed.");
  }
}
```

2) 建立 Hello 类的 MBean 接口，接口名必须是"管理的类名＋MBean"

```java
package jmx;
public interface HelloMBean {
  public String getName();
  public void setName(String name);
  public void sayHello();
  public void sayHello(String theName);
}
```

3) 创建一个 Agent 类

```java
package jmx;

import javax.management.MBeanServer;
import javax.management.MBeanServerFactory;
import javax.management.ObjectName;

import com.sun.jdmk.comm.HTMLAdaptorServer;
```

```java
public class HelloAgent {
  public static void main(String[] args) throws Exception {
    MBeanServer server=MBeanServerFactory.createMBeanServer();
    ObjectName helloName=new ObjectName("jmxdemo:name=HelloWorld");
    server.registerMBean(new Hello(), helloName);
    ObjectName adapterName=new ObjectName("HelloAgent:name=htmladapter,port=8091");
    HTMLAdaptorServer adapter=new HTMLAdaptorServer();
    server.registerMBean(adapter, adapterName);
    adapter.setPort(8091);
    adapter.start();
    System.out.println("start...");
  }
}
```

4. 测试与运行

1）利用 HTTP 协议监控

HTMLAdaptorServer 在 jmxtools.jar 包中，如果选择 HTTP 协议来监控管理对象时，需引入 jmxtools.jar 包。

运行 HelloAgent，打开浏览器并输入 http://localhost：8091，就可以看到注册的 MBean，在控制台中可以看到 saytHello 的输出结果，如图 1-19 所示为注册的 MBean。

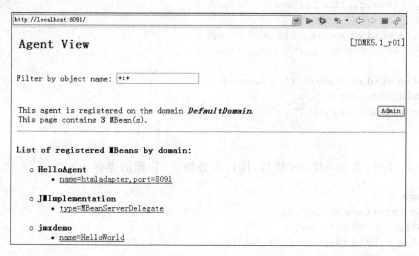

图 1-19　注册的 MBean

从图 1-19 中可以看到有 3 个 MBean。为查看 jmxdemo，单击链接"name = HelloWorld"或通过过滤器"Filter by object name"，可以看到 bcndyl 信息的 name 属性和两个 sayHello()方法。

如图 1-20 所示，其中一个 sayHello()方法需要参数，在其对应的文本框中输入文字 World，单击 sayHello 按钮，会看到 sayHello 方法成功运行的页面，如图 1-21 所示。

同时在控制台输出如下内容：

```
Hello, World!
```

也可以通过 JMX 改变 name 属性的值，如图 1-22 所示。

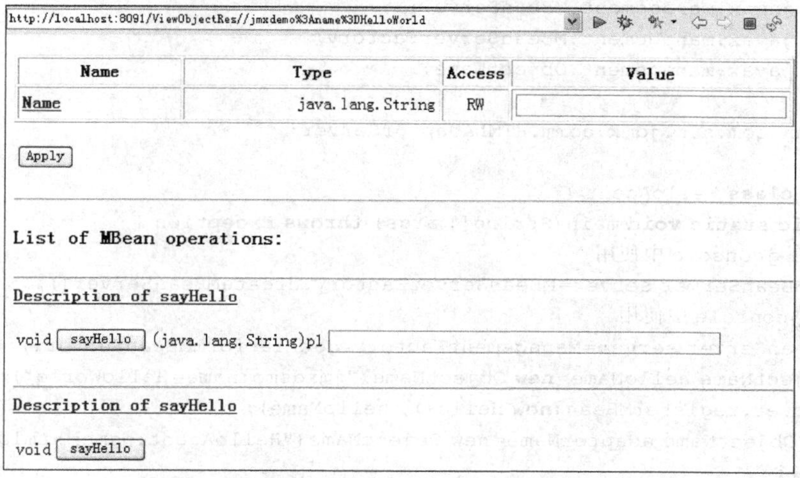

图 1-20 bcndyl 信息

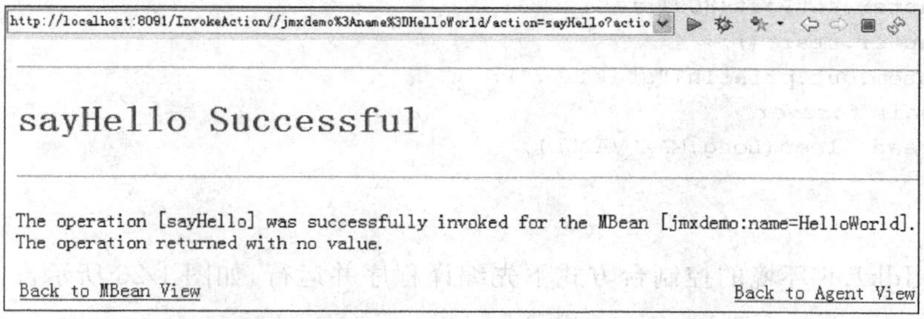

图 1-21 sayHello 成功运行

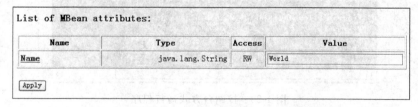

图 1-22 修改 name 属性

单击 Apply 按钮后,控制台输出为:

name has been changed.

2) 控制台方式监控

控制台方式需要用 ManagementFactory.getPlatformMBeanServer() 方法生成一个 MBeanServer 对象,所以 HelloAgent 类作了以下一些修改:

package jmx;

import java.lang.management.ManagementFactory;

```java
import javax.management.MBeanServer;
import javax.management.MBeanServerFactory;
import javax.management.ObjectName;

//import com.sun.jdmk.comm.HTMLAdaptorServer;

public class HelloAgent {
  public static void main(String[] args) throws Exception {
//不能在jconsole中使用
    //MBeanServer server=MBeanServerFactory.createMBeanServer();
//能在jconsole中使用
    MBeanServer server=ManagementFactory.getPlatformMBeanServer();
    ObjectName helloName=new ObjectName("jmxdemo:name=HelloWorld");
    server.registerMBean(new Hello(), helloName);
    /* ObjectName adapterName=new ObjectName("HelloAgent:name=htmladapter,port=8091");
    HTMLAdaptorServer adapter=new HTMLAdaptorServer();
    server.registerMBean(adapter, adapterName);
    adapter.setPort(8091);
    adapter.start();*/
    System.out.println("start...");
    //wait forever
    Thread.sleep(Long.MAX_VALUE);
  }
}
```

本例在Jdk1.6环境的控制台方式下先编译程序并运行,如图1-23所示。

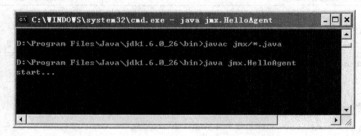

图1-23 控制台方式运行程序

另外开启一个命令行窗口,运行jconsole,效果如图1-24所示。

连接正确的进程,就可以进行管理了,如图1-25所示。

修改属性的值,刷新后可以在程序运行的窗口中看到修改属性已生效的提示,如图1-26所示。

读者还可以尝试在控制台方式下运行sayHello()方法。

5. 技术分析

JMX可用来管理网络、设备、应用程序等资源,它描述了一个可扩展的管理体系结构,并且提供了JMX API和一些预定义的Java管理服务。

通过JMX可以轻松地为应用程序添加管理功能,即可以在尽可能少地改变原有系统的代码基础上实现对原有系统的管理。

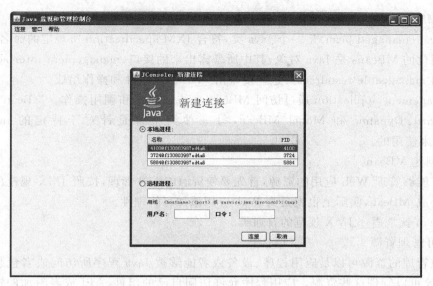

图 1-24　启动 JConsole

图 1-25　管理控制台

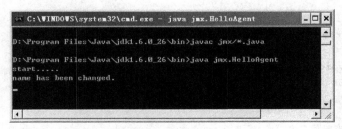

图 1-26　属性被改变

1) MBean

MBean(managed bean)是一个 Java 类,符合 JXM specification 所规定的命名和继承规范。实例化的 MBeans 是 Java 对象,其中所暴露出来的接口(management interface)能够操作和访问 manageable resources。这些接口由 MBean 的属性和操作组成。

management application 通过访问 MBean 来访问属性和调用操作。MBean 分三种类型 Standard、Dynamic 和 Model MBean,每一种类型都是针对于特定的 manageable resource 来使用的。

2) 创建 MBean

为了能够管理 Web 应用的资源,首先要使资源能够被管理,按照 JMX 规范的要求,将资源封装成 MBean,实际上也就是为 Web 应用添加可管理性。

MBean 就是遵守 JMX 规范的普通类。

3) 可管理资源

可被管理的资源可以是应用程序、设备或者能够被 Java 程序所访问或者包装的实体。通过 JMX 可以管理这些资源。应用程序允许访问自己的组件、API 或者附加的资源,使得 JMX 能够管理应用程序。被管理的资源甚至可以是网络上的设备,例如打印机。可被管理的资源作为一个实体被 JMX MBean 所管理。

4) JMX agent

JMX agent 是一个 Java 进程,能够为管理 MBean 的集合提供服务,它是 MBean Server 的容器。这些服务可以建立 MBean 之间的关系,动态加载类,监控服务,或作为计时器。

5) management application

一个 management application 可以是任何的用户程序,用于和任意的 JMX agent 之间建立接口。对于一些设计好的符合 JMX 技术的 management appliction,JMX agents 能够建立和该 management application 的联系,JMX agents 也能够建立和那些先前没有考虑用 JMX 技术的 management application 建立联系。

6) 传输和安全性

JMX 指定了在 MBeanServer 和 JMX 客户之间通信所使用的协议,协议可以在各种传输机制上运行。可以使用针对本地连接的内置传输,及通过 RMI、Socket 或 SSL 的远程传输(可以通过 JMX Connector API 创建新的传输)。认证是由传输执行的;本地传输允许用相同的用户 ID 连接到运行在本地系统上的 JVM;远程传输可以用口令或证书进行认证。本地传输在 Java 6 下默认是启用的。但是要在 Java 5.0 下启用它,需要在 JVM 启动时定义系统属性 com.sun.management.jmxremote。

下面再给出一个 JMX 开发示例程序,首先定义一个 MBean 接口。

```
package jmx;
public interface ControllerMBean {
    //属性
    public void setName(String name);
    public String getName();
    //操作
    /**
     * 获取当前信息
```

```java
     * @return
     */
    public String status();
    public void start();
    public void stop();
}
```

然后实现这个接口：

```java
package jmx;
public class Controller implements ControllerMBean {

    public void setName(String name) {
        this.name=name;
    }

    public String getName() {
        return this.name;
    }

    private String name;

    public String status() {
        return "this is a Controller MBean,name is "+this.name;
    }

    public void start() {
        //TODO Auto-generated method stub
    }

    public void stop() {
        //TODO Auto-generated method stub
    }
}
```

在被管理的程序中加入这个管理对象：

```java
package jmx;
import java.lang.management.ManagementFactory;

import javax.management.InstanceAlreadyExistsException;
import javax.management.MBeanRegistrationException;
import javax.management.MBeanServer;
import javax.management.MBeanServerFactory;
import javax.management.MalformedObjectNameException;
import javax.management.NotCompliantMBeanException;
import javax.management.ObjectName;
import javax.swing.JDialog;

import jmx.Controller;
import jmx.ControllerMBean;
```

```java
import com.sun.jdmk.comm.HTMLAdaptorServer;

public class Main {
    /**
     * @param args
     * @throws NullPointerException
     * @throws MalformedObjectNameException
     * @throws NotCompliantMBeanException
     * @throws MBeanRegistrationException
     * @throws InstanceAlreadyExistsException
     */
    public static void main(String[] args) throws InstanceAlreadyExistsException,
MBeanRegistrationException,
        NotCompliantMBeanException, MalformedObjectNameException, NullPointerException {
        //获得 MBeanServer 实例
        //MBeanServer mbs=MBeanServerFactory.createMBeanServer();//不能在 jconsole 中使用
        MBeanServer mbs=ManagementFactory.getPlatformMBeanServer();//可在 jconsole 中使用
        //创建 MBean
        ControllerMBean controller=new Controller();
        //将 MBean 注册到 MBeanServer 中
          mbs.registerMBean(controller, new ObjectName("MyappMBean:name=controller"));

        //创建适配器,以便能够通过浏览器访问 MBean
        HTMLAdaptorServer adapter=new HTMLAdaptorServer();
        adapter.setPort(9797);
        mbs.registerMBean(adapter, new ObjectName("MyappMBean:name=htmladapter,port=9797"));
        adapter.start();

        //由于是为了演示,所以保持程序处于运行状态,并创建一个图形窗口
        javax.swing.JDialog dialog=new JDialog();
        dialog.setName("jmx test");
        dialog.setVisible(true);
    }
}
```

可在控制台方式下运行上面的程序。在 Windows 下进入控制台,输入 jconsole 命令,稍等片刻打开 jconsole 的图形界面,在"本地"目录中选择运行的程序,然后进入 MBean 面板,即可看到 MyappMBean 一项。下面就是具体的 MBean,可展开这些 MBean 并对其操作。

由于上面的程序启用了 HTML 协议适配器,因此可以在浏览器中执行类似 jconsole 的操作,在浏览器中输入"http://localhost:9797"即可,如图 1-27 所示。

6. 问题与思考

下面是一个需要被管理类的接口 HelloMBean.java:

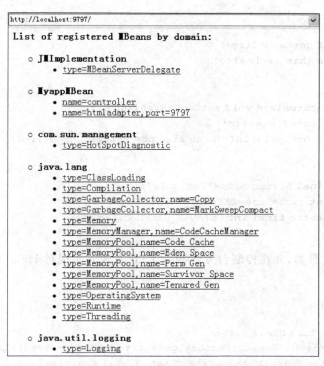

图 1-27　浏览器方式下的管理平台

```java
package com.example.mbeans;
public interface HelloMBean {
    //operations
    public void sayHello();
    public int add(int x, int y);
    //attributes
    //a read-only attribute called Name of type String
    public String getName();
    //a read-write attribute called CacheSize of type int
    public int getCacheSize();
    public void setCacheSize(int size);
}
```

下面是需要管理的类 Hello.java：

```java
package com.example.mbeans;
public class Hello implements HelloMBean {
    public void sayHello() {
        System.out.println("hello, world");
    }
    public int add(int x, int y) {
        return x+y;
    }

    public String getName() {
        return this.name;
```

```java
    }

    public int getCacheSize() {
        return this.cacheSize;
    }

    public synchronized void setCacheSize(int size) {
        this.cacheSize=size;
        System.out.println("Cache size now "+this.cacheSize);
    }

    private final String name="Reginald";
    private int cacheSize=DEFAULT_CACHE_SIZE;
    private static final int DEFAULT_CACHE_SIZE=200;
}
```

编写代理或注册类,并在控制台方式和 HTTP 方式下实现对 Hello 类的监控。

> **提示**

参考代码如下:

```
//Get the Platform MBean Server
MBeanServer mbs=ManagementFactory.getPlatformMBeanServer();
//Construct the ObjectName for the MBean we will register
ObjectName name=new ObjectName("com.example.mbeans:type=Hello");
//Create the Hello World MBean
Hello mbean=new Hello();
//Register the Hello World MBean
mbs.registerMBean(mbean, name);
//Wait forever
System.out.println("Waiting forever...");
Thread.sleep(Long.MAX_VALUE);
```

1.4 版本控制

最常用的版本控制工具有 SVN 和 Git。

SVN 是一种集中式文件版本管理系统。集中式代码管理的核心是服务器,所有开发者在开始新一天的工作之前必须从服务器中获取代码,然后开发,最后解决冲突并进行内容的提交。所有的版本信息都放在服务器上。如果脱离了服务器,开发者基本上是不可以工作的。

Git 是一个分布式版本控制系统,操作命令包括 clone、pull、push、branch、merge、rebase。Git 擅长的是程序代码的版本化管理。

【实例】 在 Windows 环境下安装 SVN 服务,并在 MyEclipse 中测试如何共享资源文件。

1. 问题分析

随着 Subversion 越来越稳定,吸引了越来越多的用户开始使用 TortoiseSVN 作为 Subversion 客户端。

通常，用来存放上传档案的地方称为 Repository。通常第一次需要有一个新增（add）档案的动作，将想要备份的档案放到 Repository 上面。以后当有任何修改时，都可以上传到 Repository 上面，上传已经存在且修改过的档案就叫作 commit，也就是提交修改给 SVN Server 的意思。针对每次的 commit，SVN Server 都会赋予它一个新的版本。同时，也会把每次上传的时间记录下来。日后因为某些原因，如果需要从 Repository 下载曾经提交的档案，可以直接选取最新的版本，也可以选取任何一个之前的版本。如果忘记了版本，还是可以靠记忆尝试取得某个日期的版本。

2. 实现方法

1) 安装 SVN 服务

软件：Setup-Subversion-1.7.4.msi

说明：Setup-Subversion-1.7.4.msi 是 SVN 服务器。可以从 http://subversion.tigris.org 下载最新版本。

2) 安装服务器客户端

软件：TortoiseSVN-1.7.6.22632-win32-svn-1.7.4.msi

说明：TortoiseSVN-1.7.6.22632-win32-svn-1.7.4 是 SVN 版本控制系统的一个免费开源客户端，可以从 http://tortoisesvn.net/downloads 下载到。

3) MyEclipse 插件包

软件：site-1.6.18.zip

说明：site-1.6.18.zip 是 MyEclipse 的插件包，可以在 http://subclipse.tigris.org 中下载。

3. 实验过程

该实验需要 2 个安装程序和 1 个解压包，它们是 Setup-Subversion-1.7.4.msi、TortoiseSVN-1.7.6.22632-win32-svn-1.7.4.msi 和 site-1.6.18.zip。

1) 安装 SVN 服务器

首先安装 SVN 服务器，运行 Setup-Subversion-1.6.6.msi，按照常规安装就可以了。

然后安装 TortoiseSVN，运行 TortoiseSVN-1.6.10.19898-win32-svn-1.6.12.msi 即可。

实验中 Subversion 安装在 D:\Program Files\Subversion 目录，TortoiseSVN 安装在 D:\Program Files\TortoiseSVN 目录。

2) 建立 SVN 资源库（Repository）

创建目录 svnroot 作为 SVN 资源库的根目录，再创建子目录 repos。下面的操作把 repos 设为资源库。右击子目录 repos 并选择 TortoiseSVN→Create repository here，把 svnroot 目录下的子目录 repos 创建为 SVN 资源库根目录，如图 1-28 所示。

用 TortoiseSVN 把 repos 转为 repository 目录后，TortoiseSVN 会在 repos 中建立如图 1-29 所示的目录结构。

当看到被建立的 repos 目录中多了一些文件夹后，证明资源库创建成功。

注意

也可以用 cmd 命令来创建资源目录，如 svnadmin create D:\svnroot\repos。

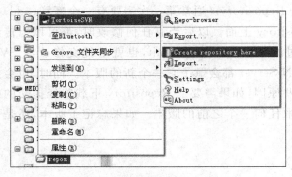

图 1-28 建立资源库

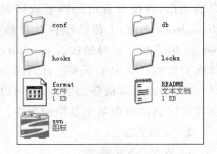

图 1-29 资源库目录结构

3）配置用户和权限

（1）SVNserve.conf 的设置

打开建立的资源库文件夹 svnroot\repos，里面有一个名为 conf 的文件夹，这个文件夹里都是 SVN 的配置信息。首先打开 SVNserve.conf 文件，这里行前凡是有♯的都等于是被注释忽略了，可以把♯去掉让那一行生效，或者自己新添加行。这里对这个文件主要修改 4 处。

① 把"♯anon-access=read"改为"anon-access=none"

此项表示没有经过验证的用户无任何权限，之前的意思是没经过验证的用户可以进行读操作。

② 把"♯auth-access=write"改为"auth-access=write"

此项表示通过验证的用户有写操作，写操作是包含读操作的。

③ 把"♯password-db=passwd"改为"password-db=passwd"

此项表示密码数据存放到 passwd 文件中。

④ 把"♯authz-db=authz"改为"authz-db=authz"

此项表示 authz 文件针对不同的目录会给用户分配不同的权限，所有用户的权限均在该文件中设置。

（2）passwd 的设置

打开 passwd 文件，设置几个用户及密码，如：

```
[users]
wei=123456
zhang=654321
wang=666666
```

（3）authz 文件的设置

接下来在 authz 文件中设置其权限，如：

```
[groups]
team1=wei,zhang
```

以上操作表示划定一个小组，组员有 wei 和 zhang 两个用户。

```
[repository:/baz/fuz]
```

```
@team1=rw
*=r
```

表示 team1 这个组对资源有读写权限，资源对所有人有读权限。

```
[/foo/bar]
wang=rw
*=r
```

也可以像以上这样对个人设置权限。wang 有读写权限，该资源对所有人有读权限。

通过修改以上 3 个文件，再根据个人需要配置用户和权限。

4）运行 SVN 服务器

在安装的 Subversion 目录下的 bin 目录里有个文件为 SVNserve.exe，直接运行这个文件是无效的。需要在控制台中启动它。直接在 cmd 命令中输入 SVNserve -d -r D:\svnroot，这样服务就启动了。

注意

这里需要指定的是资源根目录 svnroot，而不是资源目录 repos。

关闭 dos 窗口的时候，SVN 服务也就关闭了。SVN 的所有操作都需要在这个服务器启动的基础上进行。

5）项目设置

选择项目并右击，再选择 Team→Share Projects，然后选择 SVN，按照一般提示操作即可，填入 SVN://localhost/repos，输入用户名及密码，如图 1-30 所示。

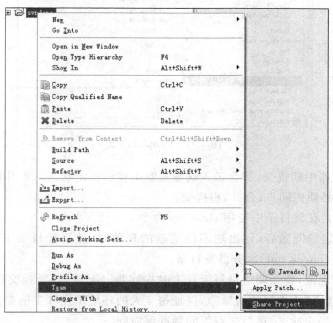

图 1-30　项目的设置

6）基本操作

提交（commit）就是将本地客户端的修改上传到服务器端。

更新(update)就是将服务器端的最新文件保存到本地客户端。

(1) check out(下载)

建一个空文件,右击并选择 SVN check out,即可从 SVN 下载一份副本。

(2) check in(上传)

选择项目并右击,再选择 share projects→update。

(3) commit(上传确认)

选择项目并右击,再选择 share projects→commit,如图 1-31 所示。

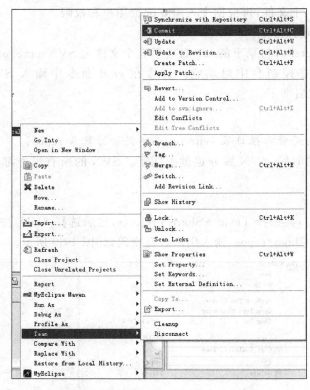

图 1-31　Commit 命令

很多操作,例如中断提交,都会进入这种复制工作的锁定状态。常用的解决办法有:

① 开发人员必须先同步、合并,再提交。

② 操作后经常在父目录中使用 clean up 命令。

③ 解决了锁定的问题后,还出现不能更新的现象时,就删除目录下的所有文件,包括 SVN,再重新检查(check out)服务器及目录。

总之,操作要规范,要强调组员每天开工时先同步。下班时,要提交(提交前,先在文件夹的右键菜单中选择"小组"→"清除"),保证每个人的环境里在开工前都是最新版本。否则会因为版本冲突、提交冲突、更新失败等问题耽误时间。

4. 技术分析

1) SVN 简介

SVN 全称为 Subversion,即版本控制系统。

SVN 与 CVS 一样，是一个跨平台的软件，支持大多数常见的操作系统。作为一个开源的版本控制系统，Subversion 管理着随时间改变的数据。这些数据放置在一个中央资料档案库（repository）中。这个档案库很像一个普通的文件服务器，不过它会记住每一次文件的变动。这样就可以把档案恢复到旧的版本，或是浏览文件的变动历史。Subversion 是一个通用的系统，可用来管理任何类型的文件，其中包括了程序源码。

SubVersion：实现服务系统的软件。

TortoiseSVN：SVN 客户端程序，作为 Windows 外壳程序集成到 Windows 资源管理器和文件管理系统的 Subversion 客户端。

SVNService.exe：专为 SubVersion 开发的一个用来作为 Win32 服务挂接的入口程序。

AnkhSVN：一个专为 Visual Studio 提供 SVN 的插件。

下面介绍安全领域的 SVN。

SVN 站在更高层次上从系统和控制的角度对现在的安全产品进行了"有机"和"无隙"的整合。

SVN 是一个安全虚拟网络系统，它将系统整体的信息安全功能均衡合理地分布在不同的子系统中，使各子系统的功能得到最大限度的发挥，子系统之间互相补充，系统整体性能大于各子系统功能之和，用均衡互补的原则解决了"木桶原理"的问题。

SVN 能在跨接 Internet、Intranet、Extranet 间的网络中的所有端点实现全面的安全，而且还能提供基于企业策略的信息管理机制以充分有效地利用有限的带宽。SVN 可以满足各种企业 VPN 的要求，能为公司内部网络、远程和移动用户、分支机构和合作伙伴提供基于 Internet 的安全连接。所以，可以将 SVN 看成是 VPN、防火墙、基于企业策略的信息管理软件集成在一起的 Internet 安全的综合解决方案。在这样一个网络系统中，所有互联网服务器端和客户端都是安全的，并有一个信息管理机制不断地通过这个外部网络环境动态地分析及满足客户的特定带宽需求。SVN 提供了目前基于网络实现的 eBusiness 应用的安全服务，它包含：

- 对多种应用进行全面地安全认证；
- 支持多种认证及 PKI；
- 功能强大并对用户透明的通信加密；
- 面向用户的集中安全策略管理；
- 统一跨接 Internet、Intranet、Extranet 的通信。

完整的 SVN 体系结构应包括以下部分。

- 带有防火墙的 VPN 网关：它是一个将防火墙和 VPN 技术紧密结合的网关产品。
- SVN 安全远程客户端软件包：这是一个功能强大的 VPN 客户端软件，支持台式机用户、远程用户和移动用户，具有集中化管理的个人防火墙功能和 VPN 用户的安全认证功能。
- SVN 证书管理模块：一个用于 SVN 的完整 PKI 解决方案，它将完善的 CA 和 LDAP 目录服务器技术集成在一起。
- SVN 硬件加密卡：可以通过硬件技术实现功能强大的各种算法以提高 VPN 的速度和性能。

- SVN智能带宽管理模块：一个基于企业策略的带宽管理解决方案，可以智能地管理有限的带宽资源，以确保用于企业重要应用的VPN性能可靠。
- SVN冗余管理模块：通过冗余网关集群和防火墙VPN内的SVN冗余模块，对执行重要任务的VPN和防火墙应用在出现故障时实现无缝切换。
- 自动地址转换模块：一个自动管理IP地址和命名的解决方案，通过提供IP地址服务的跟踪和集中化管理，确保可靠地控制地址分配和提高TCP/IP管理效率。
- SVN安全服务器软件包：专门保护单个应用服务器安全的VPN网关软件，它可以保护进行敏感操作的服务器免受攻击和未授权的访问，使客户端建立与服务器间的安全认证和支持交换加密数据的连接。
- SVN安全客户端软件包：它将基于状态检测的防火墙和基于IPSec的VPN客户端软件集成在客户端机器上，通过提供集中管理的个人防火墙和对所有企业VPN用户的安全认证，增强客户端机器的安全性。它与SVN安全远程客户端软件功能相比，增强了客户端的安全功能，如访问控制和安全初始化控制等。

2) TortoiseSVN成为Subversion客户端，有下面一些特性

(1) 外壳集成

TortoiseSVN与Windows外壳（例如资源管理器）可以无缝集成，可以保持在熟悉的工具上工作，不需要在每次使用版本控制功能时切换应用程序。

不一定必须使用Windows资源管理器。TortoiseSVN的右键菜单可以工作在其他文件管理器中，以及打开文件的对话框等标准的Windows应用程序中。TortoiseSVN是有意作为Windows资源管理器的扩展功能而开发的，因此在其他程序可能集成得并不完整，例如重载图标可能不会显示。

(2) 重载图标

每个版本控制的文件和目录的状态使用小的重载图标表示，可以立刻看出工作副本的状态。

(3) 简便访问

所有的Subversion命令存在于资源管理器的右键菜单中，TortoiseSVN在那里添加子菜单，可以进行简便访问。

(4) 目录版本控制

CVS只能追踪单个文件的历史，但是Subversion实现了一个"虚拟"文件系统，可以追踪整个目录树的修改，文件和目录都是要进行版本控制的，结果就是可以在客户端对文件和目录执行移动和复制操作。

(5) 原子提交

提交要么完全进入版本库，要么一点都没有，这允许开发者以一个逻辑块提交修改。

> 提示

每个文件和目录都有一组附加的"属性"，可以发明和保存任意的键/值对，属性是用于版本控制的，就像文件的内容一样。

(6) 可选的网络层

Subversion在版本库访问方面有一个抽象概念，利于人们去实现新的网络机制，Subversion的"高级"服务器是Apache网络服务器的一个模块，使用HTTP的变种协议

WebDAV/DeltaV 进行通信，这在稳定性和交互性方面给了 Subversion 很大的好处，可以直接使用服务器的特性，例如认证、授权、传输压缩和版本库浏览等。也有一个轻型的、单独运行的 Subversion 服务器，这个服务器使用自己的协议，可以轻松地用 SSH 封装。

（7）一致的数据处理

Subversion 使用二进制文件差异算法展现文件的区别，对于文本（可读）和二进制（不可读）文件具备一致的操作方式，两种类型的文件都压缩并存放在版本库中。在网络上双向传递时会有差异。

（8）高效的分支和标签

分支与标签的代价不与工程的大小成比例，Subversion 建立分支与标签时只是复制项目，使用了一种类似于硬链接的机制，因而这类操作通常只会花费很少并且相对固定的时间，以及很小的版本库空间。

（9）良好的维护能力

Subversion 没有历史负担，它由一系列良好的共享 C 库实现，具有定义良好的 API，这使 Subversion 非常容易维护，可以轻易地被其他语言和程序使用。

3）SVN 服务器与客户端配置与应用

Subversion 是一个自由/开源的版本控制系统。也就是说，在 Subversion 管理下，文件和目录可以穿越时空。Subversion 将文件存放在中心版本库里，这个版本库很像一个普通的文件服务器，但与文件服务器不同的是，它可以记录每一次文件和目录的修改情况。于是就可以借此将数据恢复到以前的版本，并可以查看数据的更改细节。正因为如此，许多人将版本控制系统当作一种神奇的"时间机器"。

Subversion 的版本库可以通过网络进行访问，从而使用户可以在不同的计算机上进行操作。从某种程度上来说，允许用户在各自的空间里修改和管理同一组数据，可以促进团队协作。因为修改不再是单线进行（单线进行也就是必须一个一个进行），开发进度会进展迅速。此外，由于所有的工作都已版本化，也就不必担心由于错误地更改而影响软件的质量。如果出现不正确的更改，只要撤销该次的更改操作即可。

4）Git 与 SVN 的区别

Git 和 SVN 都有提交、合并等操作，这是源码管理工具的基本操作。它们的主要区别如下。

（1）Git 是分布式的；SVN 是集中式的，其优点是多人可以同时工作而互不影响，自己写的代码放在自己电脑上，一段时间之后再提交、合并，也可以不用联网而在本地提交。

（2）Git 下载下来后，在本地不必联网就可以看到所有的日志，很便于学习；SVN 却需要联网才能看到相关日志。

（3）SVN 在提交之前，建议先更新一下，保证本地的代码编译没问题，并确保开发的功能正常后再提交，操作起来比较麻烦，否则会发生一些错误。Git 类似情况会少一些。

5）Windows 中使用 Git

Msysgit 的下载地址为 https://git-for-windows.github.io/，当前最新版本是 Git-2.9.3-32-bit.exe。

TortoiseGit 的下载地址为 https://download.tortoisegit.org/tgit/。可以根据自己的

操作系统下载32位或64位TortoiseGit,如果不喜欢英文,可以下载对应的中文语言包。然后进行相关程序的安装。

(1) 安装Git-2.9.3-32-bit.exe。

(2) 安装TortoiseGit-2.2.0.0-32bit.exe。

(3) 安装TortoiseGit-LanguagePack-2.2.0.0-32bit-zh_CN.msi。

(4) 汉化TortoiseGit。进入D盘,创建一个文件夹git,在git文件夹空白处右击,并选择TortoiseGit→Settings→General,如图1-32所示。

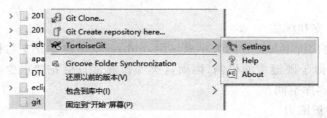

图1-32　进行TortoiseGit的设置

在对话框右侧更改Language下拉列表中将选项English替换为"中文(简体)(中华人民共和国)",确认后即完成了汉化,如图1-33所示。

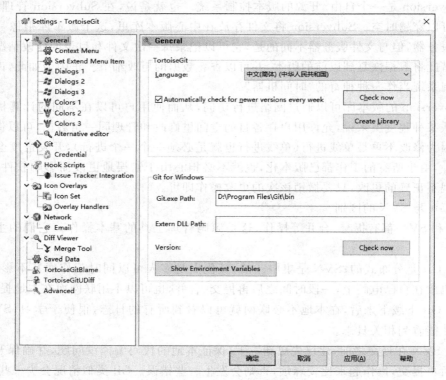

图1-33　汉化设置

(5) 设置用户信息。可以设置TortoiseGit的"名称"和"Email"等用户信息,如图1-34所示。

第 1 章 Java 开发环境及工具

图 1-34　设置用户的信息

（6）生成 TortoiseGit 能用的密匙，选择"开始"→"所有程序"→TortoiseGit→Puttygen 命令。

单击 Generate 按钮生成密钥。如图 1-35 所示。

图 1-35　生成密钥

如图 1-36 所示，在此需要等待一下，创建密钥花的时间比较长。注意要在空白处拖动

43

鼠标，这样会加快速度。

图 1-36　密钥生成的过程

此处创建的是 ssh-2 RSA 和 2048bit 内容的密钥，也可以自己定义。一般在工作中都是使用该类型的密钥。

密钥创建完成之后的效果如图 1-37 所示。

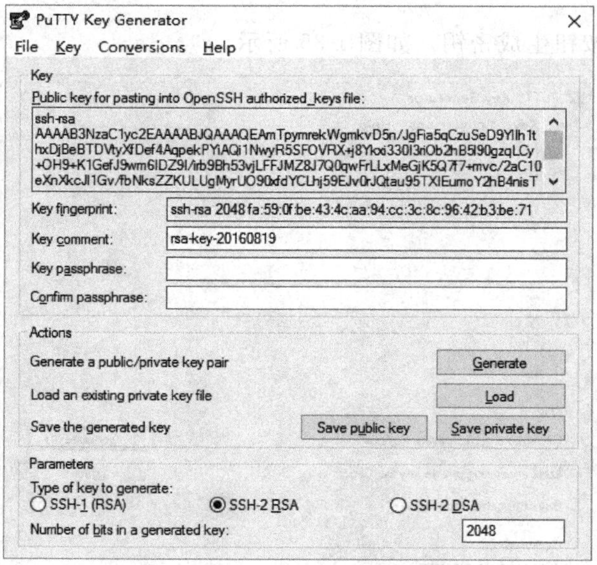

图 1-37　密钥生成结束

还可以根据自己的需求修改一下备注信息。如图 1-38 所示。

这时就可以导出公钥与密钥了，建议把公钥复制到一个 txt 文本里面。这里使用的公钥文件为 public.txt，密钥文件是 id_rsa.ppk。

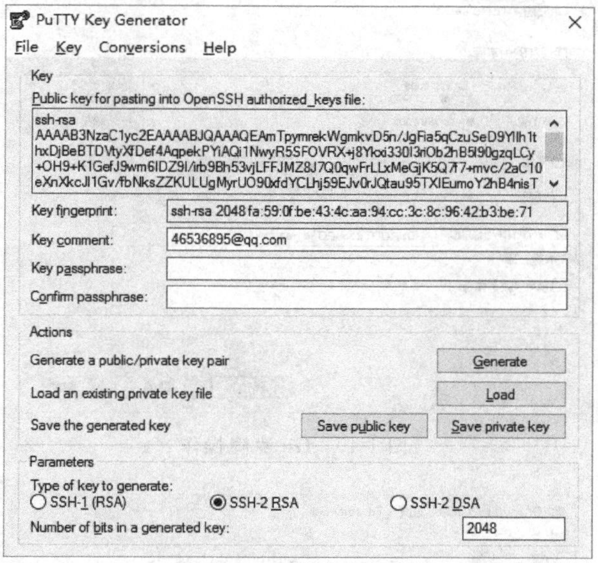

图 1-38 修改备注信息

下次安装时就可以用 Load 命令将文件装入。单击界面中的 Load 按钮,然后选择下载回来的 id_rsa,最后单击 Save private key 按钮保存密匙,这里保存为 id_rsa.ppk。

(7) Git 克隆操作。接下来可以将指定的版本库创建一个克隆文件到指定工作目录中。版本库一般是远程的,为简化实验,下面先用 git init 命令建立一个本地版本库。

用 git init 命令可以把任何目录创建成一个本地化的 Git 仓库,比如创建 gitrepos 项目,如图 1-39 所示。

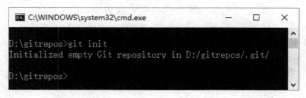

图 1-39 创建本地的 Git 仓库

右击创建好的文件夹 mydir,然后选择"Git 克隆"命令,即开始创建版本了,如图 1-40 所示。出现如图 1-41 所示的界面时,表示克隆成功。

工作实践中,Git 仓库一般是远程的,其 URL 填写格式为"ssh://用户名@服务器 IP 地址:端口(不填就用默认的 22)/服务器绝对路径",例如,"ssh://git@127.0.0.1/git"。要加载 putty 密匙,选中刚才生成的 id_rsa.ppk,单击"确定"按钮,就可以开始复制数据了。

(8) 在工作目录中试着新建一个文件 update.sql,内容随便填写,然后右击该文件并选择"Git 提交"→"推送"命令,在打开的界面中单击"确定"按钮,如图 1-42 所示。

注意

(1) 提交时一般需要添加标注文字,否则会出现异常。例如在 git commit 命令后面可以加如下标注:

图 1-40　Git 克隆操作

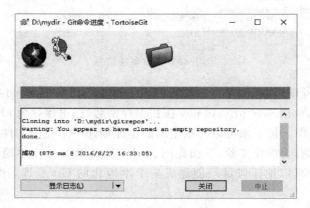

图 1-41　克隆成功

图 1-42　上传到 Git 服务器

```
$ git commit-m "hello,i will commit"
```

（2）推送时往往被拒绝，提示内容为"[remote rejected] master -> master (branch is currently checked out)"，这是由于 Git 默认拒绝了 push 操作，需要进行设置。修改 .git/config 并添加如下代码：

```
[receive]
denyCurrentBranch=ignore
```

一旦推送成功，表明 update.sql 文件就上传到 Git 服务器上了，这里需要说明的是，如果之前没有往 hooks 里添加 post-receive 文件，Git 目录是不会自动显示 update.sql 文件的，必须手动执行 git reset – hard 命令。

至此，Git 服务器搭建完成。该操作其实并不是很困难，关键是后期的使用、维护。

5. 问题与思考

创建一个系统服务，开机后系统自动启动 SVN 服务。

> **提示**
>
> 为 SVNserver 创建一个系统服务，在 cmd 命令行输入如下内容：
>
> ```
> sc create SVNServer binpath="D:\SVN\Subversion\bin\svnserve.exe--service-r D:\SVN\svnroot"
> displayname="SVNServer" depend=Tcpip start=auto
> pause
> ```
>
> binpath 指 svnserve.exe 的路径。如果路径里有空格，记得要在 binpath 的头尾用转义字符"/"""把整个 binpath 包括起来。
>
> "D:\SVN\svnroot"指 SVN 资源库根目录。
>
> displayname 指服务名称。
>
> depend 指协议是 tcpid。
>
> start 指开机自动启动。
>
> 另外，以上的"="后面的一个空格千万不要丢掉。
>
> 执行命令后打开服务，可以看到已经自动启动了。

第 2 章　Java 数据结构

"数据结构"是计算机专业的一门重要课程,Java 的数据结构有自身的特点。首先不像 C 语言或其他语言,Java 没有提供指针,实现链式存储结构是用自引用类实现的。其次 Java 提供的类已经实现了很多数据结构的内容,程序员可以直接使用。

本章主要介绍标准 Java 库提供的最基本的数据结构,讲述如何利用 Java 编程语言实现各种传统的数据结构。

2.1　顺序存储结构

本节讨论在 Java 中是如何实现队列、栈的顺序存储结构的。

【实例】　在生产者和消费者程序中,用队列保存产品,需判断队列空和满的操作。

1. 详细设计

该程序由 Factory、Producer、Consumer 和 WorksVector 四个类构成。生产和消费过程的 putMessage() 和 getMessage() 方法在 Factory 类中定义,Proceducer 和 Consumer 是两个线程,分别通过调用 Factory 的 putMessage() 和 getMessage() 来实现生产和消费过程。

2. 编码实现

(1) 生产过程

代码如下：

```java
while(messages.size()==MAXQUEUE){
  System.out.println("队列已满,不能入队!");
    wait();
}
in=new java.util.Date().toString();
messages.addElement(in);//把 in 插到向量的最后面
System.out.println(in+"入队!");
notify();
```

分析：生产者过程由 putMessaage() 同步方法实现,当队列不满时产品才能进入队列,否则等待消费。

(2) 消费过程

代码如下：

```java
while(messages.size()==0){
```

```
        System.out.println("队列已空,不能出队!");
            wait();
    }
    out=(String)messages.firstElement();//获取向量最前面的元素
    messages.removeElement(out);//把元素 out 删掉
    System.out.println(out+"出队!");
    notify();
```

分析：消费过程由 getMessage()同步方法实现。当队列空时才能消费,否则等待生产。

3. 完整源代码

```
import java.util.Vector;
//创建一个工厂
class Factory {
static final int MAXQUEUE=5;//向量的最大长度
    private Vector messages=new Vector();
    private String in,out;
    //生产者过程
public synchronized  void putMessage() throws InterruptedException{
        while(messages.size()==MAXQUEUE){
            System.out.println("队列已满,不能入队!");
            wait();
        }
        in=new java.util.Date().toString();
        messages.addElement(in);//把 in 插到向量的最后面
        System.out.println(in+"入队!");
        notify();
    }
    //消费者过程
    public synchronized void getMessage() throws InterruptedException{
        while(messages.size()==0){
            System.out.println("队列已空,不能出队!");
            wait();
        }
        out=(String)messages.firstElement();//获取向量最前面的元素
        messages.removeElement(out);//把元素 out 删掉
        System.out.println(out+"出队!");
        notify();
    }
}
//生产者类
class Producer extends Thread{
    Factory t;
    public Producer(Factory s){
        t=s;
    }
    public void run(){
        try{
            while(true){
                t.putMessage();
```

```
                    sleep(2000);
                }
            }catch(InterruptedException e){}
        }
    }
//消费者类
class Consumer extends Thread{
    Factory t;
    public Consumer(Factory s){
        t=s;
    }

    public void run(){
        try{
            while(true){
                    t.getMessage();
                    sleep(1000);
            }
        }
        catch(InterruptedException e){}
    }
}
//启动生产者和消费者类
public class WorksVector{
    public static void main(String[] args){
        Factory work=new Factory();//工厂对象
        Producer l1=new Producer(work);//生产者对象
        Consumer l2=new Consumer(work);//消费者对象
        l1.start();//启动生产者
        l2.start();//启动消费者
    }
}
```

4. 测试与运行

最后由 WorksVector 定义一个 Producer 和 Consumer 对象，启动线程序。运行程序的结果如图 2-1 所示。

```
Fri Feb 28 10:03:56 CST 2014入队!
Fri Feb 28 10:03:56 CST 2014出队!
队列已空，不能出队!
Fri Feb 28 10:03:58 CST 2014入队!
Fri Feb 28 10:03:58 CST 2014出队!
队列已空，不能出队!
Fri Feb 28 10:04:00 CST 2014入队!
Fri Feb 28 10:04:00 CST 2014出队!
队列已空，不能出队!
Fri Feb 28 10:04:02 CST 2014入队!
Fri Feb 28 10:04:02 CST 2014出队!
队列已空，不能出队!
Fri Feb 28 10:04:04 CST 2014入队!
Fri Feb 28 10:04:04 CST 2014出队!
队列已空，不能出队!
```

图 2-1　实例运行的结果

由于生产者每隔 2000ms 生产一个产品，而消费者每隔 1000ms 消费一个产品，消费比生产快，所以看到队列出现空的情况。反过来，如果生产过程比消费过程快，会看到队列出现满的情况。请读者思考如何修改程序，才能实现生产过程比消费过程快的操作。

5. 技术分析

1）队列

队列是一种“先进先出”(FIFO，First In First Out)的数据结构：即插入在表一端进行，而删除在表的另一端进行，将这种数据结构称为队或队列，把允许插入的一端叫队尾(rear)，把允许删除的一端叫队头(front)。图 2-2 所示是一个有 5 个元素的队列。入队的顺序依次为 a_1、a_2、a_3、a_4、a_5，出队时的顺序依然是 a_1、a_2、a_3、a_4、a_5。

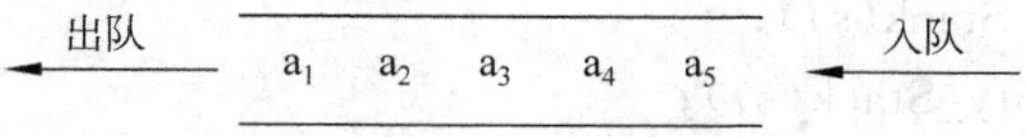

图 2-2 队列示意图

在日常生活中队列的例子很多，如排队买东西，排头的人买完后走掉，新来的人排在队尾。在队列上进行的基本操作如下。

（1）操作 1

队列初始化：Init_Queue(q)。

初始条件：队列 q 不存在。

操作结果：构造了一个空队列。

（2）操作 2

入队操作：In_Queue(q,x)。

初始条件：队列 q 存在。

操作结果：在已存在的队列 q 中插入一个元素 x 到队尾，队列发生变化。

（3）操作 3

出队操作：Out_Queue(q,x)。

初始条件：队列 q 存在且非空。

操作结果：删除队列的首元素，并返回其值，队列会发生变化。

（4）操作 4

读队头元素：Front_Queue(q,x)。

初始条件：队列 q 存在且为非空。

操作结果：读队头的元素，并返回其值，队列不变。

（5）操作 5

判断队空操作：Empty_Queue(q)。

初始条件：队列 q 存在。

操作结果：若 q 为空队列则返回 1，否则返回 0。

下面看看在 Java 中如何实现队列的顺序存储结构。回到第 1 章生产者消费者的例子中，Factory 类中 Vector 类型的变量 messages 实际上实现了一个队列。生产者不断将生产的产品放入队列尾，消费者不断从队列头取出产品，生产者和消费者之间实现了一个先进先出的过程。

2）堆栈

堆栈是限制在表的一端进行插入和删除的线性表。允许插入、删除的这一端称为栈顶，另一个固定端称为栈底。当表中没有元素时称为空栈，如图 2-3 所示。栈中有三个元素，进栈的顺序是 a_1、a_2、a_3，当需要出栈时其顺序为 a_3、a_2、a_1，所以栈又称为后进先出的线性表（Last In First Out），简称 LIFO 表。

在日常生活中有很多后进先出的例子，读者可以列举。在程序设计中，常常需要栈这样的数据结构，使得与保存数据时采用的相

图 2-3 堆栈示意图

反顺序来使用这些数据,这时就需要用一个栈来实现。对于栈,常做的基本运算有:

(1) 栈初始化(Init_Stack(s));

(2) 判断栈空(Empty_Stack(s));

(3) 入栈(Push_Stack(s,x));

(4) 出栈(Pop_Stack(s));

(5) 读栈顶元素(Top_Stack(s))。

同样可以利用 Vector 来实现堆栈的顺序存储结构。幸运的是 Java 本身已经提供了实现堆栈的 Stack 类。Stack 类扩展了 Vector 类来实现栈结构。与 Vector 类相同,Stack 类存储对 Object 类的引用。若要存储基本数据类型,必须使用相应的类型包装类(Boolean、CHaracter、Integer、Byte、Short、Long、Float 和 Double)来创建包含基本数据类型值的对象。

Stack 的 push 和 pop 方法分别实现对堆栈的压入和弹出操作,size 方法可以用于判断栈是否为空或满。以下是 Stack 常用的一些方法。

(1) stack():构造空栈。

(2) void push(object item):插入元素 item 作为新的栈顶元素。参数 item 为待插入的元素。

(3) Object pop():弹出并返回栈顶元素。如果栈空,则不能调用本方法。

(4) Object peek():返回栈顶元素但并不弹出它。如果栈空,则不能调用本方法。

(5) empty():判断栈空。

(6) search():检查堆栈是否有元素。

【例 2-1】 编写程序,用堆栈保存生产者及消费者程序中的产品。

编写 WorksStack 类的源代码如下:

```java
import java.util.Stack;
//创建一个工厂
class Factory {
static final int MAXQUEUE=5;//堆栈的最大长度
    private Stack stack=new Stack();
    private String in,out;
    //生产者
public synchronized  void putMessage()throws InterruptedException{
        while(stack.size()==MAXQUEUE){
            System.out.println("栈已满,不能入栈!");
            wait();
        }
        in=new java.util.Date().toString();
        stack.push(in);//把 in 压入栈顶
        System.out.println(in+"入栈!");
        notify();
    }
    //消费者
    public synchronized void getMessage()throws InterruptedException{
        while(stack.size()==0){
            System.out.println("栈已空,不能出栈!");
            wait();
```

```java
        }
        out=(String)stack.peek();//查看栈顶的对象
        stack.pop();//删除栈顶的对象
        System.out.println(out+"出栈!");
        notify();
    }
}

class Producer extends Thread{
    Factory t;
    public Producer(Factory s){
        t=s;
    }

    public void run(){
        try{
            while(true){
                t.putMessage();
                sleep(1000);
            }
        }catch(InterruptedException e){}
    }
}

class Consumer extends Thread{
    Factory t;
    public Consumer(Factory s){
        t=s;
    }

    public void run(){
        try{
            while(true){
                t.getMessage();
                sleep(2000);
            }
        }
        catch(InterruptedException e){}
    }
}

public class WorksStack{
    public static void main(String[] args){
        Factory works=new Factory();
        Producer l1=new Producer(works);
        Consumer l2=new Consumer(works);
        l1.start();
        l2.start();
    }
}
```

程序的运行结果如图 2-4 所示。

```
Fri Feb 28 10:17:55 CST 2014入栈!
Fri Feb 28 10:17:55 CST 2014出栈!
Fri Feb 28 10:17:56 CST 2014入栈!
Fri Feb 28 10:17:57 CST 2014入栈!
Fri Feb 28 10:17:57 CST 2014出栈!
Fri Feb 28 10:17:58 CST 2014入栈!
Fri Feb 28 10:17:59 CST 2014入栈!
Fri Feb 28 10:17:59 CST 2014出栈!
Fri Feb 28 10:18:00 CST 2014入栈!
```

图 2-4 顺序栈的运行结果

6. 问题与思考

任意输入一个十进制数，输出其八进制数。

提示

将十进制数 N 转换为 r 进制的数，其转换方法为辗转相除法。下面以 $N=3261, r=8$ 为例进行说明。转换方法如下：

N	N/r(整数)	$N\%r$(求余)
3261	407	5
407	50	7
50	6	2

所以

$(3261)_{10}=(6275)_8$

程序主要代码如下：

```
⋮
while (result>7){
    push(result%8);
    result=result/8;
    }
```

2.2 链式存储结构

数组和矢量都存在着一个重大缺陷，删除数组中的某个元素开销非常昂贵，因为所有被删除元素后面的元素必须依次向前移动一个位置。在数组中插入元素时也存在着类似的情况。对数组和矢量进行插入、删除操作时需要通过移动数据元素来实现，影响了运行效率。

链表(linked list)也是一种大家熟知的数据结构，它可以解决上述问题。数组是用一组地址连续的存储单元依次存储对象地址，而链表则是把每个对象储存在一个节点(link)中，每个节点也储存它后继的地址。

删除链表中的一个元素很方便，开销也很低——只需修改被删除元素前后节点的指针即可。

【实例】 在生产者和消费者实例中，用链表实现判断队列空和满的操作。

1. 详细设计

很显然，与前面生产者和消费者例子的区别在于本程序采用了一个链表队列。Factory 类中的 putMessage()方法具体实现生产过程，它总是把产品不断插入队列尾。如果队列已满，提示不能插入，并进入等待状态。

getMessage()方法不断从队列头取出产品并显示。如果队列已空，提示不能取出，进入等待状态。

2. 编码实现

(1) 自引用类实现链表

语句：

```java
class ListNode{
  Object data;
  ListNode nextNode;
  //建立最后一个节点
  ListNode(Object object){
      this(object,null);
  }
  //建立一个节点
  ListNode(Object object,ListNode node){
      data=object;
      nextNode=node;
  }
  //获取一个节点中的数据
  Object getObject(){
      return data;
  }
  //获取下一个节点
  ListNode getNext(){
      return nextNode;
  }
}
```

分析：在实现 ListNode 类时，又引用了 ListNode 类自己，把 ListNode 的对象一个一个链接起来实现链表格式。这种自引用类似 C 语言的指针。

(2) 生产过程

语句：

```java
while(size()==MAXQUEUE){
    System.out.println("队列已满,不能入队!");
    wait();
}
in=new java.util.Date().toString();
//把 in 插到链表的最后面
if(firstNode==null){
    firstNode=lastNode=new ListNode(in);
}else{
    lastNode=lastNode.nextNode=new ListNode(in);
}
System.out.println(in+"入队!");
notify();
```

分析：生产者过程由 putMessaage() 同步方法实现，当队列不满时产品才能加入队列，否则等待消费。注意这里的队列用链表实现。

(3) 消费过程

语句：

```java
while(size()==0){
```

```java
        System.out.println("队列已空,不能出队!");
        wait();
    }
    //把链表最前面的节点删除
    out=firstNode.data;
    if(firstNode==lastNode){
        firstNode=lastNode=null;
    }else{
        firstNode=firstNode.nextNode;
    }
    System.out.println(out+"出队!");
    notify();
}
```

分析：消费过程由 getMessage()同步方法实现。当队列为空时才能消费,否则等待生产。注意这里的队列用链表实现。

3. 源代码

```java
//创建一个自引用类
class ListNode{
    Object data;
    ListNode nextNode;
    //建立最后一个节点
    ListNode(Object object){
        this(object,null);
    }
    //建立一个节点
    ListNode(Object object,ListNode node){
        data=object;
        nextNode=node;
    }
    //获取一个节点中的数据
    Object getObject(){
        return data;
    }
    //获取下一个节点
    ListNode getNext(){
        return nextNode;
    }
}
//创建一个工厂
class Factory {
    static final int MAXQUEUE=5;//链表的最大长度
    private ListNode firstNode,lastNode;
    private Object in,out;
    //计算链表的长度
    public synchronized  int size(){
        int length=0;
        ListNode current=firstNode;
        while(current !=null){
            current=current.nextNode;
            length++;
```

```java
        }
        return length;
    }
    //生产者
    public synchronized  void putMessage() throws InterruptedException{
        while(size()==MAXQUEUE){
            System.out.println("队列已满,不能入队!");
            wait();
        }
        in=new java.util.Date().toString();
        //把 in 插到链表的最后面
        if(firstNode==null){
            firstNode=lastNode=new ListNode(in);
        }else{
            lastNode=lastNode.nextNode=new ListNode(in);
        }
        System.out.println(in+"入队!");
        notify();
    }
    //消费者
    public synchronized void getMessage() throws InterruptedException{
        while(size()==0){
            System.out.println("队列已空,不能出队!");
            wait();
        }
        //把链表最前面的节点删除
        out=firstNode.data;
        if(firstNode==lastNode){
            firstNode=lastNode=null;
        }else{
            firstNode=firstNode.nextNode;
        }
        System.out.println(out+"出队!");
        notify();
    }
}

class Producer extends Thread{
    Factory t;
    public Producer(Factory s){
        t=s;
    }

    public void run(){
        try{
            while(true){
                t.putMessage();
                sleep(1000);
            }
        }catch(InterruptedException e){}
    }
```

```
    }

    class Consumer extends Thread{
        Factory t;
        public Consumer(Factory s){
            t=s;
        }

    public void run(){
        try{
                while(true){
                            t.getMessage();
                            sleep(2000);
                }
            }
            catch(InterruptedException e){}
        }
    }

    public class WorksList{
        public static void main(String[] args){
            Factory works=new Factory();
            Producer l1=new Producer(works);
            Consumer l2=new Consumer(works);
            l1.start();
            l2.start();
        }
    }
```

4. 测试与运行

程序运行结果如图 2-5 所示。

读者可以根据本案例实现一个链式栈。

```
Fri Feb 28 11:13:22 CST 2014入队!
Fri Feb 28 11:13:22 CST 2014出队!
Fri Feb 28 11:13:23 CST 2014入队!
Fri Feb 28 11:13:23 CST 2014出队!
Fri Feb 28 11:13:24 CST 2014入队!
Fri Feb 28 11:13:25 CST 2014入队!
Fri Feb 28 11:13:24 CST 2014出队!
Fri Feb 28 11:13:26 CST 2014入队!
Fri Feb 28 11:13:27 CST 2014入队!
```

图 2-5　链式队列程序运行的结果

5. 技术分析

顺序表的存储特点是用物理上的相邻实现了逻辑上的相邻,它要求用连续的存储单元顺序存储线性表中各个元素。

(1) 单向链表

链表是通过一组任意的存储单元来存储线性表中的数据元素,那么怎样表示出数据元素之间的线性关系呢?

为建立起数据元素之间的线性关系,对每个数据元素 a_i,除了存放数据元素自身的信息 a_i 之外,还需要和 a_i 一起存放其后继 a_{i+1} 所在的存储单元的地址,这两部分信息组成一个"节点",节点的结构如图 2-6 所示,每个元素都如此。存放数据元素信息的称为数据域,存放其后继地址的称为指针域。因此 n 个元素的线性表通过每个节点的指针域拉成了一个"链子",称之为链表。因为每个节点中只有一个指向后继的指针,所以称其为单链表。

data	next

图 2-6　单链表节点结构

在 C 语言或 PASCAL 语言中,通过指针很容易实现这种结构。Java 中没有指针，它是通过自引用类来实现的。自引用类包含一个指向同一个类型对象的实例变量。例如：

```
public class Node {
    public int data;
    public Node next;
}
```

这一段代码中，next 实现了自引用来实现线形表中各个数据的逻辑关系。

Java 的自引用对象连接起来形成有用的数据结构，如链表、队列、队栈和树。下面的程序可以实现两个对象 a、b 的链接：

```
⋮
Node a, b;
a=new Node(); b=new Node();
a.data=10; a.next=b;
b.data=20; b.next=null;
⋮
```

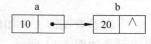

图 2-7 连接在一起的两个自引用对象

图 2-7 表示 a、b 两个节点的链接。

链表与顺序表不同，它是一种动态管理的存储结构，链表中的每个节点占用的存储空间不是预先分配，而是运行时系统根据需求而生成的，因此建立单链表从空表开始，每读入一个数据元素则申请一个节点，然后插在链表的头部。因为是在链表的头部插入，读入数据的顺序和线性表中的逻辑顺序是相反的。

头节点的加入完全是为了运算的方便，它的数据域没有定义，指针域中存放的是第一个数据节点的地址，空表时为空。

图 2-8(a)、(b)分别是带头节点的单链表空表和非空表的示意图。

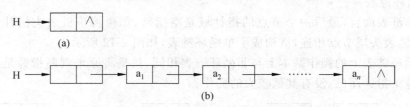

图 2-8 带头节点的单链表

如何在一个链表中插入一个节点。设 p 指向单链表中某节点，s 指向待插入的值为 x 的新节点，将 s 插入到 p 的后面，插入示意见图 2-9。

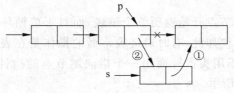

图 2-9 在 p 之后插入 s

操作如下：

① s.next=p.next;
② p.next=s;

> **注意**
> 两个指针的操作顺序不能交换。

图 2-10 是在 p 之前插入节点的示意图。

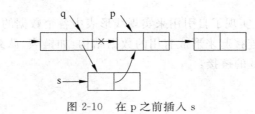

图 2-10　在 p 之前插入 s

下面看看在链表中如何实现删除操作功能。设 p 指向单链表中某个节点,然后删除 p,操作示意如图 2-11 所示。

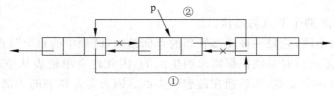

图 2-11　删除 p

通过示意图可见,要实现对节点 p 的删除,首先要找到 p 的前驱节点 q,然后完成指针的操作即可。指针的操作由语句 q.next=p.next 实现。

(2) 循环链表

对于单链表而言,最后一个节点的指针域是空指针,如果将该链表头指针置入该指针域,则使得链表头尾节点相连,就构成了单循环链表,如图 2-12 所示。

在单循环链表上的操作基本上与非循环链表相同,只是将原来判断指针是否为 NULL 变为是否是头指针而已,没有其他较大的变化。

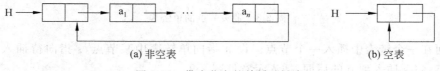

图 2-12　带头节点的单循环链表

对于单链表只能从头节点开始遍历整个链表,而对于单循环链表则可以从表中任意节点开始遍历整个链表。不仅如此,有时对链表常做的操作是在表尾、表头进行,此时可以改变一下链表的标识方法,不用头指针而用一个指向尾节点的指针 R 来标识,可以使得操作效率得以提高,如图 2-13 所示。

(3) 双向链表

以上讨论的单链表的节点中只有一个指向其后继节点的指针域 next,因此若已知某节点的指针为 p,其后继节点的指针则为 p.next,而找其前驱则只能从该链表的头指针开始,

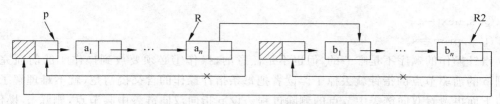

图 2-13　两个用尾指针标识的单循环链表的连接

prior	data	next

图 2-14　双向链表的节点

顺着各节点的 next 域进行。每个节点再加一个指向前驱的指针域，节点的结构图如图 2-14 所示，用这种节点组成的链表称为双向链表。

与单链表类似，双向链表通常也是用头指针标识，也可以带头节点或做成循环结构，图 2-15 是带头节点的双向循环链表示意图。显然通过某节点的指针 p 即可以直接得到它的后继节点的指针 p. next，也可以直接得到它的前驱节点的指针 p. prior。这样在有些操作中需要找前驱时，则无须再用循环。从下面的插入删除运算中可以看到这一点。

设 p 指向双向循环链表中的某一节点，即 p 中是该节点的指针，则 p. prior. next 表示的是 p 节点之前驱节点的后继节点的指针，即与 p 相等。类似地，p. next. prior 表示的是 p 节点之后继节点的前驱节点的指针，也与 p 相等，所以有以下等式：

```
p.prior.next=p=p.next.prior
```

(a) 非空表

(b) 空表

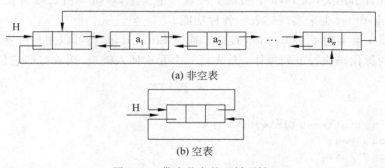

图 2-15　带头节点的双循环链

双向链表中节点的插入要稍微复杂点。设 p 指向双向链表中某节点，s 指向待插入的值为 x 的新节点，将 ∗s 插入到 ∗p 的前面，插入示意图如图 2-16 所示。

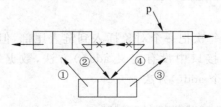

图 2-16　双向链表中的节点插入

操作如下：

① s. prior＝p. prior；

② p. prior. next＝s；

③ s.next=p;
④ p.prior=s。

指针操作的顺序不是唯一的,但也不是任意的,操作①必须要放到操作④的前面完成,否则p的前驱节点的指针就丢掉了。读者把每条指针操作的含义搞清楚,就不难理解了。

下面再看看双向链表中节点的删除过程。设p指向双向链表中某节点,删除p,操作示意图如图2-17所示。

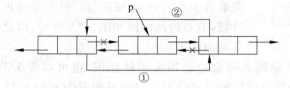

图 2-17 双向链表中删除节点

操作如下:
① p.prior.next=p.next;
② p.next.prior=p.prior;
③ free(p)。

(4) LinkedList 类

前面通过自引用类,在 Java 中实现了链表。事实上,Java 本身已经提供了一个处理非常方便的 LinkedList 类来实现链表的各种功能。

LinkedList 类实现了 Collection 接口。通过 LinkedList 类可以用自己熟悉的方法遍历链表。下面的源代码执行下列操作:首先把三个元素插入链表,接着打印它们,最后删除第三个元素。

```
⋮
LinkedList staff=new LinkedList () ;
staff.add ("Wang");
staff.add ("Zhang");
staff.add ("Liu");
Iterator iter=staff.iterator();
for (int i=0; i<3; i++)
    System.out.println (iter.next());
iter.remove () ; //删除最后一个元素
⋮
```

LinkedList.add()方法每次把一个对象插入到链表尾部,但通常想把对象插入到链表的某个指定位置。Iterator 接口中没有定义 add()方法,数据结构库提供了一个子接口 ListIterator,由它定义了一个 add()方法:

```
interface ListIterator extends Iterator {
    void add(Object);
}
```

与 Collection.add()方法不同,这个方法不返回一个布尔值——它假定 add 操作总是成功的。ListIterator 接口还定义了以下两种方法:

```
object previous()
boolean hasPrevious()
```

与 next() 方法一样,previous() 方法返回它刚跳过的对象。LinkedList 类的 ListIterator()方法返回一个实现了 ListIterator 接口的对象。

```
ListIterator iter=staff.listIterator();
```

add()方法把新元素插入到指针指示的位置前面。例如,以下源代码会跳过链表的第一个元素,把"Ma"插入到第二个元素前面。

```
ListIterator iter=staff.listIterator();
iter.next();
iter.add("Ma");
```

如果多次调用 add() 方法,元素将以提供的顺序被依次插入到当前指针指示的位置前面。

假设 ListIterator()方法刚返回的指针指向链表头,这时调用 add()方法插入一个新元素,则刚插入的元素成为新的链表头;当指针跳过链表的最后一个元素(即 hasNext()方法返回 false)时,这时调用 add()方法加入的新元素成为链表的最后一个元素。

现在已经了解了 LinkedList 类的基本方法。可以用一个实现了 ListIterator 接口的指针从正反两个方向遍历链表中的元素。可以插入和删除元素。

Collection 接口定义了许多其他应用于链表的实用方法。它们中的大部分是在 LinkedList 类的 AbstractCollection 超类中实现的。例如,toSiring()方法调用返回包含所有元素名的字符串,串的格式为[A,B,C]。这便于调试。用 contains()方法可以检测某个元素是否在链表中。例如,如果链表中有一个元素串等于 Harry,则调用 staff.contains("Harry")返回 true。但这些方法都不返回指示位置的指针,如果除了想知道某个元素是否在链表中,还想对这个元素施加其他操作,就得自己编写一个使用指针的循环。

为进一步理解 LinkedList 类,来看一个例子。

【例 2-2】 用 LinkedList 类实现一个单链表,先向该链表中随即增加 10 个元素,然后在第二个元素前面插入 100,并删除最后一个元素。

程序由 LinkedListTest 类实现,代码如下:

```
import java.util.*;

public class LinkedListTest {
  private List list=new LinkedList();
  //给 list 添加 10 个元素
  public void createList(){
    for(int i=0; i<10; i++){
      list.add(String.valueOf((int)(Math.random() * 10)));
    }
  }
  //输出 list
  public void showList(){
    ListIterator iter=list.listIterator();
    while(iter.hasNext()){
```

```java
      System.out.print(iter.next()+" ");
    }
    System.out.println("\n\n");
}
//在list的第二个元素前面插入100
public void addList(){
  ListIterator additer=list.listIterator();
  additer.next();
  additer.add("100");
}
//删掉list最后的一个元素
public void removeList(){
  ListIterator removeiter=list.listIterator();
  while(removeiter.hasNext()){
    removeiter.next();
  }
  removeiter.remove();
}

public static void main(String[] args) {
  LinkedListTest linkedlist=new LinkedListTest();

  linkedlist.createList();
  System.out.println("原list为:");
  linkedlist.showList();

  linkedlist.addList();
  System.out.println("插入100后的list为:");
  linkedlist.showList();

  linkedlist.removeList();
  System.out.println("删掉list最后一个元素后的list为:");
  linkedlist.showList();
 }

}
```

程序运行的结果如图2-18所示。

```
原list为:
9 7 1 5 2 0 8 6 5 8

插入100后的list为:
9 100 7 1 5 2 0 8 6 5 8

删除list最后一个元素后的list为:
9 100 7 1 5 2 0 8 6 5
```

图2-18 用LinkedList类实现单链表程序运行的结果

在生产者及消费者的例子中,用链表实现了一个链式队列。链表是用自引用类来实现的,这里直接用 LinkedList 类来实现链式队列。

【例 2-3】 用 LinkedList 类实现链式队列。

程序由 WorksLinkedList 类实现,代码如下:

```java
import java.util.*;
//创建一个工厂
class Factory{
static final int MAXQUEUE=5;//LinkedList 的最大长度
    private List messages=new LinkedList();
    private String in,out;
    //生产者
public synchronized void putMessage() throws InterruptedException{
        while(messages.size()==MAXQUEUE){
            System.out.println("队列已满,不能入队!");
            wait();
        }
        in=new java.util.Date().toString();
        messages.add(in);//把 in 插到 LinkedList 的最后面
        System.out.println(in+"入队!");
        notify();
    }
    //消费者
    public synchronized void getMessage() throws InterruptedException{
        while(messages.size()==0){
            System.out.println("队列已空,不能出队!");
            wait();
        }
        ListIterator iter=messages.listIterator();
        out=(String)iter.next();//获取 LinkedList 最前面的元素
        iter.remove();//把元素 out 删除
        System.out.println(out+"出队!");
        notify();
    }
}

class Producer extends Thread{
    Factory t;
    public Producer(Factory s){
        t=s;
    }

public void run(){
    try{
        while(true){
            t.putMessage();
            sleep(1000);
        }
    }catch(InterruptedException e){}
}
}
```

```java
class Consumer extends Thread{
    Factory t;
    public Consumer(Factory s){
        t=s;
    }

    public void run(){
        try{
            while(true){
                t.getMessage();
                sleep(2000);
            }
        }
        catch(InterruptedException e){}
    }
}

public class WorksLinkedList{
    public static void main(String[] args){
        Factory works=new Factory();
        Producer l1=new Producer(works);
        Consumer l2=new Consumer(works);
        l1.start();
        l2.start();
    }
}
```

本程序的运行结果和前面链式队列的例子的结果应该一致，只不过这里是用 LinkedList 类直接实现了链式队列。

6．问题与思考

（1）逐一向一个单向链表插入 10 个整数，并输出结果。然后删除第 3 个插入的整数，再输出链表的结果。

（2）用链式堆栈方式实现实例中的生产和消费过程。

2.3 树

树是一种数据结构，它是由 $n(n \geq 1)$ 个有限节点组成一个具有层次关系的集合。把它叫作"树"是因为它看起来像一棵倒挂的树，也就是说它是根朝上而叶朝下的。它具有以下的特点：

- 每个节点有零个或多个子节点；
- 没有父节点的节点称为根节点；
- 每一个非根节点有且只有一个父节点；
- 除了根节点外，每个子节点可以分为多个不相交的子树。

【实例】 编写程序 Tree.java，先按图 2-24 生成一棵二叉树，然后按照前序、中序和后续遍历这棵树。

1. 详细设计

程序用 Tree 类实现,二叉树的二叉链表可描述为:

```
public class TreeNode{
    TreeNode leftNode;
    Object data;
    TreeNode rightNode;
}
```

即将 TreeNode 定义为指向二叉链表节点结构的指针类型,再用递归算法分别实现先根、中根和后根算法。

2. 编码实现

(1) 先根递归

语句如下:

```
private void preorderHelper(TreeNode node){
    if(node==null){
        return;
    }else{
        System.out.print(node.data+",");
        preorderHelper(node.leftNode);
        preorderHelper(node.rightNode);
    }
}
```

分析:递归调用 preorderHelper()方法,先处理根,再处理左子树,然后处理右子树。

(2) 中根递归

语句如下:

```
private void inorderHelper(TreeNode node){
    if(node==null){
        return;
    }else{
        inorderHelper(node.leftNode);
        System.out.print(node.data+",");
        inorderHelper(node.rightNode);
    }
}
```

分析:递归调用 inorderHelper()方法,先处理左子树,再处理根,然后处理右子树。

(3) 后根递归

语句如下:

```
private void postorderHelper(TreeNode node){
    if(node==null){
        return;
    }else{
        postorderHelper(node.leftNode);
```

```
      postorderHelper(node.rightNode);
      System.out.print(node.data+",");
    }
  }
```

分析：递归调用 inorderHelper() 方法，先处理左子树，再处理右子树，然后处理根。

3. 源代码

```
class TreeNode {
  TreeNode leftNode;
  Object data;
  TreeNode rightNode;
  public TreeNode(Object nodeData) {
    data=nodeData;
    leftNode=rightNode=null;
  }
}

public class Tree{
  private TreeNode root,a,b,c,d,e,f,g;
  //创建空树
  public Tree(){
    a=new TreeNode("A");
    b=new TreeNode("B");
    c=new TreeNode("C");
    d=new TreeNode("D");
    e=new TreeNode("E");
    f=new TreeNode("F");
    g=new TreeNode("G");

    a.leftNode=b;
    a.rightNode=c;

    b.leftNode=d;

    c.leftNode=e;
    c.rightNode=f;

    d.rightNode=g;

    root=a;
  }
  //树的遍历
  //先根
  public synchronized void preorderTraversal(){
    preorderHelper(root);
  }

  private void preorderHelper(TreeNode node){
    if(node==null){
      return;
```

```java
      }else{
        System.out.print(node.data+",");
        preorderHelper(node.leftNode);
        preorderHelper(node.rightNode);
      }
    }
    //中根
    public synchronized void inorderTraversal(){
      inorderHelper(root);
    }

    private void inorderHelper(TreeNode node){
      if(node==null){
        return;
      }else{
        inorderHelper(node.leftNode);
        System.out.print(node.data+",");
        inorderHelper(node.rightNode);
      }
    }
    //后根
    public synchronized void postorderTraversal(){
      postorderHelper(root);
    }

    private void postorderHelper(TreeNode node){
      if(node==null){
        return;
      }else{
        postorderHelper(node.leftNode);
        postorderHelper(node.rightNode);
        System.out.print(node.data+",");
      }
    }

    public static void main(String[] args) {
      Tree tree=new Tree();
      //树的遍历
      System.out.println("\n\n树的遍历\n先根遍历:");
      tree.preorderTraversal();//先根
      System.out.println("\n中根遍历:");
      tree.inorderTraversal();//中根
      System.out.println("\n后根遍历:");
      tree.postorderTraversal();//后根
    }
}
```

4. 测试与运行

程序运行的结果如图 2-19 所示。

图 2-19 二叉树遍历结果

```
树的遍历
先根遍历:
A,B,D,G,C,E,F,
中根遍历:
D,G,B,A,E,C,F,
后根遍历:
G,D,B,E,F,C,A,
```

5. 技术分析

1) 树的基本概念

在数据结构中,树(Tree)是 $n(n \geqslant 0)$ 个有限数据元素的集合。当 $n=0$ 时,称这棵树为空树。在一棵非空树 T 中:

(1) 有一个特殊的数据元素称为树的根节点,根节点没有前驱节点。

(2) 若 $n>1$,除根节点之外的其余数据元素被分成 $m(m>0)$ 个互不相交的集合 T_1, $T_2, \ldots, T_m$,其中每一个集合 $T_i(1 \leqslant i \leqslant m)$ 本身又是一棵树。树 $T_1, T_2, \ldots, T_m$ 称为这个根节点的子树。

可以看出,在树的定义中用了递归概念,即用树来定义树。因此,树结构的算法与二叉树结构的算法雷同,也可以使用递归方法。

树的定义还可形式化地描述为二元组的形式:

$$T=(D,R)$$

其中,D 为树 T 中节点的集合,R 为树中节点之间关系的集合。

当树为空树时,$D=\Phi$。当树 T 不为空树时有:

$$D=\{\text{Root}\} \cup D_F$$

其中,Root 为树 T 的根节点,D_F 为树 T 的根 Root 的子树集合。D_F 可由下式表示:

$$D_F = D_1 \cup D_2 \cup \ldots \cup D_m \text{ 且 } D_i \cap D_j = \Phi (i \neq j, 1 \leqslant i \leqslant m, 1 \leqslant j \leqslant m)$$

当树 T 中节点个数 $n \leqslant 1$ 时,$R=\Phi$。

当树 T 中节点个数 $n>1$ 时有:

$$R=\{<\text{Root}, r_i>, i=1,2,\ldots,m\}$$

其中,Root 为树 T 的根节点,r_i 是树 T 的根节点 Root 的子树 T_i 的根节点。

树定义的形式化,主要用于树的理论描述。

图 2-20 是一棵具有 9 个节点的树,即 $T=\{A,B,C,\ldots,H,I\}$,节点 A 为树 T 的根节点,除根节点 A 之外的其余节点分为两个不相交的集合:$T_1=\{B,D,E,F,H,I\}$ 和 $T_2=\{C,G\}$,T_1 和 T_2 构成了节点 A 的两棵子树,T_1 和 T_2 本身也分别是一棵树。例如,子树 T_1 的根节点为 B,其余节点又分为两个不相交的集合:$T_{11}=\{D\}$,$T_{12}=\{E,H,I\}$ 和 $T_{13}=\{F\}$。T_{11}、T_{12} 和 T_{13} 构成了子树 T_1 的根节点 B 的三棵子树。如此可继续向下分为更小的子树,直到每棵子树只有一个根节点为止。

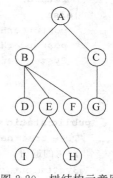

图 2-20 树结构示意图

从树的定义和图 2-20 的示例可以看出,树具有下面两个特点:

(1) 树的根节点没有前驱节点,除根节点之外的所有节点有且只有一个前驱节点。

(2) 树中所有节点可以有零个或多个后继节点。

二叉树(Binary Tree)是个有限元素的集合,该集合或者为空,或者由一个称为根(root)的元素及两个不相交的、被分别称为左子树和右子树的二叉树组成。当集合为空时,称该二叉树为空二叉树。在二叉树中,一个元素也称作一个节点。

二叉树是有序的,即若将其左、右子树颠倒,就成为另一棵不同的二叉树。即使树中节点只有一棵子树,也要区分它是左子树还是右子树。因此二叉树具有五种基本形态,如图 2-21 所示。

图 2-21 二叉树的五种基本形态

2) 二叉树的存储

（1）顺序存储结构

所谓二叉树的顺序存储，就是用一组连续的存储单元存放二叉树中的节点，如图 2-22 所示。一般是按照二叉树节点从上至下、从左到右的顺序存储。这样节点在存储位置上的前驱后继关系并不一定就是它们在逻辑上的邻接关系，然而只有通过一些方法确定某节点在逻辑上的前驱节点和后继节点，这种存储才有意义。因此，依据二叉树的性质，完全二叉树和满二叉树采用顺序存储比较合适，树中节点的序号可以唯一地反映出节点之间的逻辑关系，这样既能够最大可能地节省存储空间，又可以利用数组元素的下标值确定节点在二叉树中的位置，以及节点之间的关系。

一棵深度为 k 的右单支树，只有 k 个节点，却需分配 2^k-1 个存储单元。

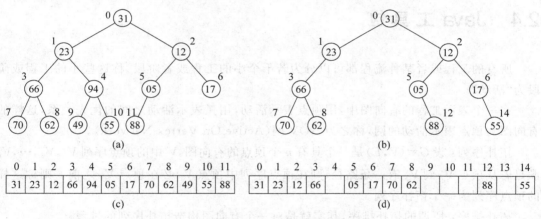

图 2-22 二叉树的顺序存储示意

（2）链式存储结构

所谓二叉树的链式存储结构是指用链表来表示一棵二叉树，即用链来指示元素的逻辑关系。

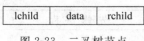

图 2-23 二叉树节点

链表中每个节点由三个域组成，除了数据域外，还有两个指针域，分别用来给出该节点左孩子和右孩子所在的链节点的存储地址。节点的存储结构如图 2-23 所示。

其中，data 域存放某节点的数据信息；lchild 与 rchild 分别存放指向左孩子和右孩子的指针，当左孩子或右孩子不存在时，相应指针域值为空（用符号 ∧ 或 NULL 表示）。图 2-24 给出了一棵二叉树的二叉链表。

6. 问题与思考

（1）在本节实例的基础上，读取 7 个字符，按照先根顺序保存到二叉树中，再以后根顺序输出这些字符。

(2) 用链式存储结构表示图 2-25 的一棵二叉树。

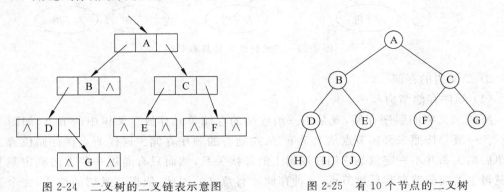

图 2-24　二叉树的二叉链表示意图　　图 2-25　有 10 个节点的二叉树

并用前序、中序或后序算法输出该树的节点。

(3) 如果已知某二叉树的前、中、后遍历结果，请思考是否可以唯一确定一棵二叉树。

2.4　Java 工具包

所有的工程或者某种流程都可以分为若干个小的工程或者阶段，称这些小的工程或阶段为"活动"。

在一个表示工程的有向图中，用顶点表示活动，用弧表示活动之间的优先关系，这样的有向图为顶点表示活动的网，称之为 AOV 网（Active On Vertex Network）。

拓扑序列：设 $G=(V,E)$ 是一个具有 n 个顶点的有向图，V 中的顶点序列 $V_1,V_2,\cdots,V_n$ 满足若从顶点 V_i 到 V_j 有一条路径，则在顶点序列中顶点 V_i 必在顶点 V_j 之前。则称这样的顶点序列为一个拓扑序列。

拓扑排序：所谓的拓扑排序，其实就是对一个有向图构造拓扑序列的过程。

例如计算机专业的学生必须完成一系列规定的专业基础课和专业课才能毕业，这个过程就可以被看成是一个大的工程，而活动就是学习每一门课程。不妨把这些课程的名称与相应的代号列于表 2-1 中。

表 2-1　课程关系

课程编号	课程名称	先修课程
C_1	高等数学	无
C_2	程序设计基础	无
C_3	离散数学	C_1,C_2
C_4	数据结构	C_2,C_3
C_5	算法语言	C_2
C_6	编译技术	C_4,C_5
C_7	操作系统	C_4,C_9

续表

课 程 编 号	课 程 名 称	先 修 课 程
C_8	普通物理	C_1
C_9	计算机原理	C_8

这个表转换为 AOV 网如图 2-26 所示。

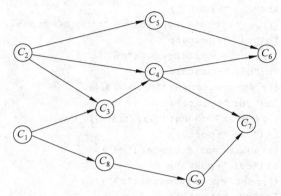

图 2-26 表示课程之间优先关系的有向无环图

在有向图 $G=(V,\{E\})$ 中，V 中顶点的线性序列 $(V_{i1},V_{i2},V_{i3},\ldots,V_{in})$ 称为拓扑序列，序列必须满足如下条件：

对序列中任意两个顶点 V_i、V_j，在 G 中有一条从 V_i 到 V_j 的路径，则在序列中 V_i 必排在 V_j 之前。

如图 2-26 所示的一个拓扑序列为：C_1、C_2、C_3、C_4、C_5、C_8、C_9、C_7、C_6。另一个序列：C_2、C_5、C_1、C_8、C_9、C_3、C_4、C_7、C_6。

在数据结构中表示图一般有邻接表和邻接矩阵两种方式。下面讨论如何用哈希表数据结构表示图。

Java 中提供了哈希表数据结构 Hashtable 类。Hashtable 对象可以把一个 key 和一个 value 结合起来，并用 put() 方法把这对 key/value 输入到表中。然后通过调用 get() 方法，把 key 作为参数来得到这个 value(值)。只要满足两个基本的要求，key 和 value 可以是任何对象。

> **注意**
>
> 因为 key 和 value 必须是对象，所以原始类型(primitive types)必须通过运用诸如 Integer(int) 的方法转换成对象。

【实例】 编写程序，用 Hashtable 类表示如图 2-26 所示的 AOV 图，并输出结果。

1. 详细设计

程序用一个 Hashtable 对象 graph 表示该图，其中 key 表示某节点，value 表示该节点的后续节点。某节点如果有多个后续节点，它们之间用空格隔开。

2. 编码实现

(1) 生成各个节点的后续节点

语句如下：

```
post1=new String(); post1=post1.concat("c3 ");post1=post1.concat("c8 ");//后续节
点之间用空格隔开
System.out.println("c1: "+post1);
post2=new String();post2=post2.concat("c3 ");post2=post2.concat("c4 ");post2=
post2.concat("c5 ");
System.out.println("c2: "+post2);
post3=new String();post3=post3.concat("c4 ");
System.out.println("c3: "+post3);
post4=new String();post4=post4.concat("c6 ");post4=post4.concat("c7 ");
System.out.println("c4: "+post4);
post5=new String();post5=post5.concat("c6 ");
System.out.println("c5: "+post5);
post6=new String();//post6.concat("");//没有后续节点
System.out.println("c6: "+post6);
post7=new String();//post7.concat(e);//没有后续节点
System.out.println("c7: "+post7);
post8=new String();post8=post8.concat("c9 ");
System.out.println("c8: "+post8);
post9=new String();post9=post9.concat("c7 ");
System.out.println("c9: "+post9);
```

分析：post1、post2、……、post9 分别表示 c1、c2、……、c9 节点的后续节点字符串，它们之间用空格隔开。

（2）把每个节点加入到图中

语句如下：

```
graph.put("c1",post1);
graph.put("c2",post2);
graph.put("c3",post3);
graph.put("c4",post4);
graph.put("c5",post5);
graph.put("c6",post6);
graph.put("c7",post7);
graph.put("c8",post8);
graph.put("c9",post9);
```

分析：graph 是一个 Hashtable 对象，key 表示某节点，value 表示该节点的后续节点。

3. 源代码

```
import java.util.Hashtable;
/**
 * @version 20140208
 * @author weiyong
 *
 */
public class TopologicalSort {
    public static void main(String[] arg){
        Hashtable<String,String> graph=new Hashtable<String,String>();//graph
表示该 TOP 图
        String post1,post2,post3,post4,post5,post6,post7,post8,post9;
```

```
            post1=new String(); post1=post1.concat("c3 ");post1=post1.concat("
c8 ");//后续节点之间用空格隔开
            System.out.println("c1: "+post1);
            post2=new String();post2=post2.concat("c3 ");post2=post2.concat("c4 ");
post2=post2.concat("c5");
            System.out.println("c2: "+post2);
            post3=new String();post3=post3.concat("c4");
            System.out.println("c3: "+post3);
            post4=new String();post4=post4.concat("c6 ");post4=post4.concat("c7 ");
            System.out.println("c4: "+post4);
            post5=new String();post5=post5.concat("c6 ");
            System.out.println("c5: "+post5);
            post6=new String();//post6.concat("");//没有后续节点
            System.out.println("c6: "+post6);
            post7=new String();//post7.concat(e);//没有后续节点
            System.out.println("c7: "+post7);
            post8=new String();post8=post8.concat("c9");
            System.out.println("c8: "+post8);
            post9=new String();post9=post9.concat("c7");
            System.out.println("c9: "+post9);

            graph.put("c1",post1);
            graph.put("c2",post2);
            graph.put("c3",post3);
            graph.put("c4",post4);
            graph.put("c5",post5);
            graph.put("c6",post6);
            graph.put("c7",post7);
            graph.put("c8",post8);
            graph.put("c9",post9);
    }
}
```

4．测试与运行

程序运行的结果如图 2-27 所示。

```
c1: c3 c8
c2: c3 c4 c5
c3: c4
c4: c6 c7
c5: c6
c6:
c7:
c8: c9
c9: c7
```

图 2-27　程序运行的结果

5．技术分析

1）Enumeration 接口

传统数据结构用 Enumeration 接口遍历元素序列。Enumeration 接口有两个方法：hasMoreElements()和 nextElement()。它们和 Iterator 接口的 hasNext()和 next()方法功能相同。

例如，Hashtable 类的 elements()方法返回一个可枚举表中元素的对象：

```
⋮
Enumeration e=staff.elements();
    while (e.hasMoreElements()) {
        Employee e=(Employee)e.nextElement();
⋮
```

}
⋮

有时会碰到用枚举对象作参数的传统方法。静态方法 Collections.enumeration 产生一个枚举数据结构元素的对象。例如：

⋮
```
ArraySet streams=...//一个输入流
  SequenceInputStream in
    =new SequenceInputStream(Collections.enumeration(streams));
      //用一个枚举对象作参数
```
⋮

2) Hashtable 类

在链表和数组中可以指定以何种方式安排元素,但如果要查找某个特定元素却不知道它的位置,就需要从头开始访问元素直到找到相匹配的元素;如果数据结构中包含许多元素,这种方法很浪费时间。

哈希表(hash table)就是一种可快速查找元素的数据结构。对应于每个元素,哈希表算出一个称为哈希码(hash code)的整数。

哈希表,是线性表中一种重要的存储方式和检索方法。在哈希表中,可以对节点进行快速检索。哈希表算法的基本思想是：由节点的关键码值决定节点的存储地址,即以关键码值 k 为自变量,通过一定的函数关系 h(称为散列函数),计算出对应的函数值 $h(k)$,将这个值解释为节点的存储地址,将节点存入该地址中,检索时,根据要检索的关键码值,用同样的散列函数计算出地址,然后,到相应的地址中去获取要找的节点数据。因此,哈希表有一个重要特征：平均检索的长度不直接依赖于表中元素的个数。

一个哈希表由一组哈希表元(bucket)组成,每个表元是一个由零个或多个哈希表项组成的链表,参见图 2-28,每个表元收集具有相同哈希值的对象,每个哈希表项由一关键字/元素对组成,其中关键字和元素都不能为空。为了找到一个对象在表中的位置,先算出它的哈希码 n,然后取 n 以表元总数为模的值,这个值就是包含该对象的表元的索引。例如,如果一个对象的哈希码是 345,共有表元 97 个,那么这个对象在索引为 48 的表元中(因为 345/97 的整除余数为 54)。如果这个表元中没有其他对象,那么只需把该对象插入这个表元即可;当然不可避免地有

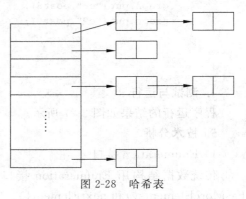

图 2-28 哈希表

时会碰到已经有对象的表元,这就是所谓的哈希冲突(hash collision)。这时新对象就需要和表元中的所有对象做比较,看表元中是否有和它相等的对象。假设随机分布的哈希码是合理的,表元足够多,那么只需几次比较即可。

哈希表最重要的一个指标是装载因子,即哈希表中节点数目与表中能容纳的总节点数的比值,它描述了哈希表的饱和程度,装载因子越接近 1.0,内存的使用效率越高,元素的寻找时间越长,同样,装载因子越接近 0.0,元素的寻找时间越短,但内存的浪费越大。

Hashtable 类默认的装载因子为 0.75。

如果想提高哈希表的性能,可以指定表元初始值。表元初始值给出了表元的数目。如果一个哈希表中的元素过多,就会导致冲突次数增加,检索性能下降。

如果大约知道哈希表中最终会插入多少元素,可把表元初始值设置为这些待插入元素的 1.5 倍。为避免关键字的聚集,哈希表长度最好取为一个质数。例如,如果要在哈希表中储存 100 个表项,表元初始值应置为 151。

当一个哈希表储存元素过多时,需再哈希它。再哈希一个表时,需创建一个表元数目更多的哈希表,然后把原表中的所有元素插入新表中,并放弃原表。Java 语言中,由装填因子决定什么时候再哈希一个表。例如,如果哈希表装填因子是 0.75(默认值)且它的装满程度已经超过 75%,那么它就会自动地被再次哈希,新表的表元初始值是原表的表元初始值的两倍。对于大多数应用程序来说,装填因子设置为 0.75 是合适的。

哈希表可以实现几种重要的数据结构,如集合(set)。集合是没有重复元素的数据结构。当向集合中添加元素时,首先检查集合中是否存在和待添加元素相等的元素,如果没有才把它插入集合。

Java 中的 java.util.Hashtable 类,从广义上来看,指的是一种数据结构,即哈希表。Hashtable 把键映射到值。任何非 null 的对象可用作键或值。为成功地从哈希表中存储和检索对象,用作键的对象必须执行 hashCode 方法和 equals 方法。

传统的 Hashtable 类与 HashMap 类的用途一样,实际上它们连接的是同一个接口。与 Vector 类的方法一样,Hashtable 类的方法都是被同步的。

一个 Hashtable 的实例有两个参数影响它的效率:它的容量和装载因子。装载因子应介于 0.0~1.0。当哈希表的入口数超过装载因子和当前容量的乘积,容量通过调用 rehash 方法来增加。更大的装载因子可以更有效地使用存储器,但这是以每个查找用更大的期望时间为代价的。

Hashtable 的具体方法实现如下。

- Hashtable():用默认的容量和装载因子构造一个新的空哈希表。
- Hashtable(int):用指定的初始的容量和默认的装载因子构造一个新的空哈希表。
- Hashtable(int, float):用指定的初始的容量和指定的装载因子构造一个新的空哈希表。
- clear():清除该哈希表,使它不包含键。
- clone():创建该哈希表的影子复制。
- contains(Object):检测在该哈希表中某些键是否映射到指定值。
- containsKey(Object):检测指定的对象是否是该哈希表中的一个键。
- elements():返回该哈希表中的值的一个枚举。
- get(Object):返回指定的键在这个哈希表中的映射值。
- isEmpty():检测哈希表是否没有把键映射到值。
- keys():返回该哈希表中的一个键枚举。
- put(Object, Object):在该哈希表中映射指定的键到指定的值。
- rehash():把哈希表再散列到更大容量的哈希表中。
- remove(Object):从该哈希表中删除键(和它的相应值)。

- size()：返回该哈希表中的键数。
- toString()：返回该哈希表的一个相当长的字符串表示。

下面通过一个实例来说明 Hashtable 的用法。

【例 2-4】 将四个键/值对保存在一个哈希表中，再通过一个循环输出它们的键/值以及键、值的哈希值。

实现的代码如下：

```java
import java.util.*;
public class HashtableTest {
    public static void main(String[] args){
        Hashtable ht=new Hashtable();
        ht.put("sichuan","chengdu");
        ht.put("hunan","changsha");
        ht.put("beijing","beijing");
        ht.put("anhui","hefei");

        Enumeration e=ht.keys();
        while(e.hasMoreElements()) {
            Object key=e.nextElement();
            Object value=ht.get(key);
            System.out.println(key+" "+value+" "+key.hashCode()+" "+value.hashCode());
        }
    }
}
```

本例中的 hashCode 是 Object 的一个方法，它返回该对象的哈希码。不管调用它多少次，hashCode 方法始终返回同一个整数。当同一应用程序从一个执行转到另一个执行时，该整数不必保持一致。如果两个对象按照 equals 方法相等，那么每个对象调入 hashCode 方法必须产生相同的整数结果。运行程序，得到如图 2-29 所示的结果。

```
hunan changsha 99640558 1432430903
anhui hefei 92962223 99156333
sichuan chengdu 2084411463 742637738
beijing beijing -227176258 -227176258
```

图 2-29 HashtableTest 类的运行结果

与 Hashtable 有类似功能的还有 HashMap 类。不同之处在于：

（1）Hashtable 类是基于 Dictionary 类的，HashMap 类是 Java 1.2 引进的 Map 接口的一个实现。

（2）Hashtable 类的方法是同步的，而 HashMap 类的方法不是。

（3）HashMap 类可以将空值作为一个表的条目的 key 或 value。HashMap 类中只有一条记录可以是一个空的 key，任意数量的条目可以是空的 value。这就是说，如果在表中没有发现搜索键，或者如果发现了搜索键，但它是一个空的值，那么 get()方法将返回 null。如果有必要，可用 containKey()方法来区别这两种情况。

3）Porperties 类

Properties 类表示了一个持久的属性集。Properties 类可保存在流中或从流中加载。

属性列表中每个键及其对应值都是一个字符串。

一个属性列表可包含另一个属性列表作为它的"默认值";如果未能在原有的属性列表中搜索到属性键,则搜索第二个属性列表。下面是对 Properties 类的说明。

- Properties():创建一个空属性列表。
- Properties(Properties defaults):创建一个有默认值的空属性列表。
- String getProperty(String key):从属性列表中查找属性名为 key 的属性并以字符串形式返回其属性值;如果 key 不在主属性列表中,则查找同该属性表相关的默认属性表并返回属性名为 key 的字符串形式的属性值。
- StringetProperty(String key,String defaultValue):从属性列表中查找属性名为 key 的属性并以字符串形式返回其属性值,如果 key 不在主属性列表中,返回 defaultValue。
- void load(InputStream in) throws IOException:从 in 中装载一个属性集,参数 in 为输入流。

因为 Properties 类继承自 Hashtable,所以可对 Properties 对象应用 put 和 putAll 方法。但不建议使用这两个方法,因为它们允许调用者插入其键或值不是 String 的项。相反,应该使用 setProperty 方法。如果在"不安全"的 Properties 对象(即包含非 String 的键或值)上调用 store 或 save 方法,则该调用将失败。类似地,如果在"不安全"的 Properties 对象(即包含非 String 的键)上调用 propertyNames 或 list 方法,则该调用将失败。

在 Windows 开发中,可以使用 *.ini 文件来保存程序的状态或设置数据,并且一般都提供了操作 ini 文件的 API。但在 Java 中怎么实现类似的功能呢?比如,在程序中,需要保存一个窗口的位置,让程序在下次启动的时候仍然保持在上一次关闭时候的位置,或者程序需要将数据库连接的设置保存下来。

这里使用 Properties 文件来保存。Properties 文件的本质就是一个文本文件,文件中使用属性和值来保存数据,如:abc.name=Colin。使用 Porperites 文件来保存,实际上就是创建一个 Properites 文件,在程序关闭的时候,将数据写入文件。然后等程序启动的时候,从这个 Properties 文件中读出数据。

假设有一个对象 frame,在启动的时候要从一个 Properties 文件中读取数据。再根据读取的数据来设置其位置及大小,在 frame 关闭的时候将位置、大小等数据保存到 Properties 文件中。

当程序启动且创建 frame 时,执行下面的程序:

```
try{
  Properties property=new Properties();
  property.load(new FileInputStream("mysave.properties"));
  frame.setSize(property.getProperty("frame.height"),property.getProperty("frame.width"));
  frame.setLocation(property.getProperty("frame.left"),property.getProperty("frame.top"));
}
```

当 frame 被关闭的时候,执行下面的程序:

```
try{
  Properties property=new Properties();
  property.setProperty("frame.height",frame.getHeight());
  property.setProperty("frame.width",frame.getWidth());
  property.setProperty("frame.left",frame.getX());
  property.setProperty("frame.top",frame.getY());
  property.store(new FileOutputStream("mysave.properties"),"mysave.properties");
}
```

其中,mysave.properties 是被保存的文件。

PC 中的 AUTOEXEC.BAT 文件可能包含下列配置:

```
SET PROMPT=$ p$ g
SET TEMP=C:\Mindows\Temp
SET CLASSPATH=C:\jdk\lib;
```

下面的源代码表示在 Java 编程语言中如何设置这些属性:

```
⋮
Properties settings=new Properties();
settings.put("PROMPT","$ p$ g");
settings.put("TEMP","C:\\windows\\Temp");
settings.put{"CLASSPATH","C:\\jdk\\lib;;"));
⋮
```

用 store()方法可把这个属性列表储存到一个文件中,这里只把它在屏幕上显示出来。第二个参数是文件内包含的说明文字。

```
settings.store (System.out, "Environment settings");
```

屏幕会显示如下信息:

```
#Environment Settings
#Sun Jan21 07:22:52  2007
CLASSPATH=C:\\jdk\\lib;
TEMP=c:\\Windows\\Temp
PROMPT=$ p$ g
```

下面是另一个属性集的例子,系统信息保存在一个 Properties 对象中,这个对象是由 System 类的某个方法返回的。

【例 2-5】 编写程序,打印出一个储存系统属性的 Properties 对象的关键字/值对。

程序由 SystemInfo 类实现,代码如下:

```
import java.util.*;
public class SystemInfo{
  //Enumeration emu;
  public static void main(String  args[]) {
    Properties sysProp=System.getProperties();
    Enumeration enumeration=sysProp.propertyNames();
    while(enumeration.hasMoreElements()) {
      String key= (String) enumeration.nextElement();
      System.out.println (key+"="+sysProp.getProperty(key));
```

            }
        }
}

程序运行后得到的结果如图 2-30 所示。

```
java.runtime.name=Java(TM) SE Runtime Environment
sun.boot.library.path=D:\Users\Administrator\AppData\
java.vm.version=11.3-b02
java.vm.vendor=Sun Microsystems Inc.
java.vendor.url=http://java.sun.com/
path.separator=;
java.vm.name=Java HotSpot(TM) Client VM
file.encoding.pkg=sun.io
user.country=CN
sun.java.launcher=SUN_STANDARD
sun.os.patch.level=Service Pack 1
java.vm.specification.name=Java Virtual Machine Speci
user.dir=D:\Users\Administrator\Workspaces\MyEclipse
java.runtime.version=1.6.0_13-b03
java.awt.graphicsenv=sun.awt.Win32GraphicsEnvironment
java.endorsed.dirs=D:\Users\Administrator\AppData\Loca
os.arch=x86
java.io.tmpdir=C:\Users\ADMINI~1\AppData\Local\Temp\
line.separator=
```

图 2-30 输出的系统属性

4) BitSet 类

Java 平台的 BitSet 类储存位串。如果需有效储存位串，可用位数组，位数组把位串组成字节，用位数字比用布尔对象的 ArrayList 有效得多。

BitSet 类提供了一个方便的接口，通过这个接口，可以有效地读取、设置或再设置各个位的值。利用这个接口可以避免在用 int 或 long 变量储存位串时出现的屏蔽现象及其他无足轻重的位操作。

- BitSet(int nbits)：创建一个位数组。参数 nbits 为位长初始值。
- int length()：返回位数组的"逻辑长度"，即实际长度加 1。
- boolean get(int bit)：返回一位。参数 bit 为要返回位的索引。
- void set(int bit)：设置一位。参数 bit 为要设置位的索引。
- void clear(int bit)：清除一位。参数 bit 为要清除位的索引。
- void and(BitSet set)：这个位数组和参数 set 执行按位与操作。参数 set 是和这个位数组进行按位与的位数组。
- void or (BitSet set)：这个位数组和参数 set 执行按位或操作。参数 set 是这个位数组进行按位或的位数组。
- void xor(BitSet set)：这个位数组和参数 set 执行按位异或操作。参数 set 是和这个位数组进行按位异或的位数组。
- void andNot(BitSet set)：清除这个位数组和 set 相同位置上值也相同的所有位。参数 set 是和这个位数组进行上述运算的位数组。

例如，要创建一个初始时为空的 BitSet()：

```
BitSet bs=new BitSet();
```

创建一个含有 1024 位的 BitSet,语句如下:

`BitSet bs=new BitSet(1024);`

将 BitSet bs 的第 2 位置 1(即 on):

`bs.set(2);`

注意

BitSet 各个位的默认值为 0。

同 Vector 一样,将 BitSet 对象 bs 的第 3 位置为 0(即 off),使用以下语句:

`bs.clear(3);`

若要取 BitSet 对象 bs 的 4 个位,可用如下语句:

`bs.get(4);`

如果这个位为 1,则返回结果为 true;如果这个位为 0,则返回结果为 false。在 BitSet 对象 b1 和 b2 之间要进行按位逻辑,应使用如下语句:

`b1.and(b2);`

下面的语句分别进行按位逻辑或和按位逻辑异或的操作:

`b1.or(b2);`
`b1.xor(b2);`

要得到 BitSet 的大小,可用如下表达式:

`b.size()`

要知道两个 BitSet 对象是否相等,可用如下表达式:

`b1.equals(b2)`

将 BitSet bs 转换成一个 String 对象,用如下表达式:

`bs.toString()`

【例 2-6】 找出 2～100 之间的所有素数。

程序由 PrimeNumber 类实现,代码如下:

```
import java.util.*;
public class PrimeNumber{
  public static void main(String args[]){
  int i,j;
  BitSet bs;
  bs=new BitSet(100);
  for (i=2;i<100;i++)
    for (j=2;j<i;j++)
      if (i%j==0) {bs.set(i);break;}
  for (i=2;i<100;i++)
    if (!bs.get(i)) System.out.print(" "+i);
```

}
}

程序运行结果如图 2-31 所示。

| 2 | 3 | 5 | 7 | 11 | 13 | 17 | 19 | 23 | 29 | 31 | 37 | 41 | 43 | 47 | 53 | 59 | 61 | 67 | 71 | 73 | 79 | 83 | 89 | 97 |

图 2-31　2~100 之间的所有素数

6. 问题与思考

对 AOV 网进行拓扑排序的方法和步骤如下：
(1) 从 AOV 网中选择一个没有前趋的顶点（该顶点的入度为 0）并且输出它。
(2) 从网中删去该顶点，并且删去从该顶点发出的全部有向边。
(3) 重复上述两步，直到剩余网中不再存在没有前趋的顶点为止。
在本节实例的基础上，利用以上算法找到一个 TOP 序列。

提示

下面的方法返回图 g 的无前序节点的节点数组。

```java
/**
 * 找出图 g 中所有无前序节点的节点,保存在一个数组中
 * @param Hashtable 类的 top 图
 * @return 无前序节点的节点向量
 */
public Vector<String>findNoPreNode(Hashtable<String,String>g){
    Vector<String>allnodes=new Vector<String>();
    Set<String>set;
    set=g.keySet(); //取所有的节点集合
    //修改 set 会牵动 graph,所以保存到一个 Vector 中再修改
    allnodes=toVector(set.toArray(new String[0]));

    //查找没有前序节点的节点
    Enumeration<String>e=g.keys();//得到 top 图
    while(e.hasMoreElements()) {
        Object key=e.nextElement();
        System.out.println(key.toString()+"节点正在处理...");
        Object value=g.get(key);
        Collection<String>c=Arrays.asList(value.toString().split("\\s"));
        //把字符串数组转换为 Collection
        //输出所有的后续节点
        System.out.print(key.toString()+"的后续节点: ");
        System.out.println(c);
        System.out.print("节点集减去后续节点");
        allnodes.removeAll(c);//集合减

        System.out.print("余下: ");
        System.out.println(allnodes);
    }

    return allnodes;//余下的节点都没有前序节点
}
```

其中,toVector()方法把一维数组转换成 Vector 向量。定义如下:

```
/**
 * 一维数组转换成一维向量
 * @param 字符串数组
 * @return Vector 向量
 */
public static Vector<String>toVector(String[] arr1_obj){
    Vector<String>vec1_obj=new Vector<String>();
    for(String obj:arr1_obj){
        vec1_obj.add(obj);
    }
    return vec1_obj;
}
```

把一个节点从图中删除,可以用以下代码实现:

```
graph.remove(node);
```

其中 node 是 String 类型,表示要删除的节点。

第 3 章 Java 网络编程

在 Internet 被广泛使用的今天,网络编程就显得尤为重要。网络应用是 Java 语言取得成功的领域之一,Java 现在已经成为 Internet 上最流行的一种编程语言。

网络编程似乎需要面对复杂的网络知识。然而,用 Java 进行网络编程没有那么复杂。因为 Java 已经封装了网络底层技术、协议等。只需了解基本网络结构,就可轻松地用 Java 语言编写网络程序。

本章将从服务器端和客户端重点介绍利用 Socket 实现网络通信的示例。通信前需要先创建一个连接,由客户端程序发起;而服务器端的程序需要一直监听着主机的特定端口号,等待客户端的连接。连接成功后收发数据。

Java 中的网络程序有 TCP 和 UDP 两种协议,TCP 通过握手协议进行可靠的连接,UDP 则是不可靠连接。

3.1 Java 网络编程概述

Java 语言的网络功能非常强大,其网络类库不仅可以开发、访问 Internet 应用层程序,而且还可以实现网络底层的通信。

【实例】 编写程序,利用 ServerSocket 和 Socket 创建进行通信的简单程序。一旦建立通信连接后,仅由服务端向客户端发送一个字符串。

1. 详细设计

程序由服务端程序 SimpleServer 和客户端程序 SimpleClient 实现。服务端程序 SimpleServer 开放端口 5432,并等待客户端连接,一旦有客户端连接过来,发出字符串"Hello Net World!"到客户端。客户端连接服务端成功后,接受服务端发来的字符串并进行显示。

2. 编码实现

(1) 等待与客户端连接

语句如下:

```
Socket socket=serversocket.accept();
//Get output stream associated with the socket
OutputStream outputstream=socket.getOutputStream();
DataOutputStream dataoutputstream=new DataOutputStream(outputstream);
```

分析:serversocket 是 ServerSocket 对象,其 accept()方法等待客户端连接。一旦连接成功,利用 Socket 对象生成数据输出流,以便向客户端输出数据。

（2）发送数据

语句如下：

```
dataoutputstream.writeUTF("Hello Net World!");
//Close the connection, but not the server socket
dataoutputstream.close();
socket.close();
```

分析：通过数据输出流对象向客户端发送数据。

（3）客户端接收数据

语句如下：

```
Socket socket=new Socket("127.0.0.1", 5432);

//Get an input stream from the socket
InputStream inputstream=socket.getInputStream();
//Decorate it with a "data" input stream
DataInputStream datainputstream=new DataInputStream(inputstream);

//Read the input and print it to the screen
System.out.println(datainputstream.readUTF());

//When done, just close the steam and connection
datainputstream.close();
socket.close();
```

分析：客户端首先通过 socket 连接服务端，再通过数据输入流接收服务端发来的数据。

3．源代码

服务端 SimpleServer 类源代码如下：

```
import java.net.*;
import java.io.*;

public class SimpleServer {
  public static void main(String args[]) {
    ServerSocket serversocket=null;
    try {
      serversocket=new ServerSocket(5432);
    } catch (IOException e) { }

    while (true) {
      try {
            //等待与客户端连接
            Socket socket=serversocket.accept();
            //Get output stream associated with the socket
            OutputStream outputstream=socket.getOutputStream();
            DataOutputStream dataoutputstream=new DataOutputStream(outputstream);
            //发送数据
            dataoutputstream.writeUTF("Hello Net World!");
            //Close the connection, but not the server socket
```

```
            dataoutputstream.close();
            socket.close();
        } catch (IOException e) { }
    }
}
```

> **注意**

如果用 writeUTF 发送数据,在接收端必须用 readUTF 读数据。

客户端 SimpleClient 代码如下:

```java
import java.net.*;
import java.io.*;

public class SimpleClient {
    public static void main(String args[]) {
        try {
            //Open your connection to a server, at port 5432
            //localhost used here
            Socket socket=new Socket("127.0.0.1", 5432);

            //Get an input stream from the socket
            InputStream inputstream=socket.getInputStream();
            //Decorate it with a "data" input stream
            DataInputStream datainputstream=new DataInputStream(inputstream);

            //Read the input and print it to the screen
            System.out.println(datainputstream.readUTF());

            //When done, just close the steam and connection
            datainputstream.close();
            socket.close();
        } catch (ConnectException connExc) {
            System.err.println("Could not connect to the server.");
        } catch (IOException e) {  }
    }
}
```

> **注意**

UTF 表示 UCS(Universal Character Set)传输格式。它是一种跨平台数据格式,在网络中进行数据交换一般采用这种格式。

4. 测试与运行

运行时先启动服务端程序 SimpleServer,再启动客户端程序 SimpleClient,看到客户端接收到服务端发来的字符串,如图 3-1 所示。

5. 技术分析

1) 网络基础

一般情况下,在进行网络编程之前,程序员应该掌握与网络

图 3-1 客户端接收服务端字符串

有关的知识,甚至对细节也应该非常熟悉。由于篇幅有限,这里只介绍必备的网络基础知识,详细内容请参看相关的书籍。

(1) OSI 网络结构

计算机网络是建立在结构化软件基础上的。计算机网络是按功能分级(LEVEL)或层(LAYER)的方式来组织的,下层为上层提供服务,如图 3-2 所示为层协议和接口。

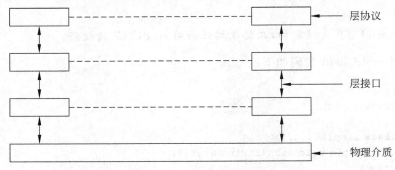

图 3-2 层协议和接口

网络通信协议是计算机间进行通信所要遵循的各种规则的集合。OSI 七层结构是国际标准化组织制定的计算机网络的体系结构参考模型,如图 3-3 所示。

① 应用层:应用层包含大量应用服务的协议。

② 表示层:完成某些特定的功能,它只关心语法和语艺。

③ 会话层:会话层允许不同的机器上的用户建立会话层关系。

④ 传输层:从上一层接收数据,必要时把它们分成适当的段传给网络层,并保证这些段可正确到达目的地。

图 3-3 计算机网络体系结构的参考模型

⑤ 网络层:可将数据分组从源路由到目的地。

⑥ 数据链路层:提供一条可以无差错传输比特流的链路。

⑦ 物理层:在信道上传输原始的比特流。

(2) TCP/IP 协议

TCP/IP(Transport Control Protocol/Internet Protocol)是 Internet 的主要协议,定义了计算机和外设进行通信所使用的规则。TCP/IP 网络参考模型包括四个层次:链路层、网络层、传输层、应用层。

Internet 的主要协议有:网络层的 IP 协议,传输层的 TCP 和 UDP 协议,应用层的 FTP、HTTP、SMTP 等协议。每一层负责不同的功能,下面分别进行介绍。

① 链路层:也称为数据链路层或网络接口层。通常包括操作系统中的设备驱动程序和计算机中对应的网络接口卡。它们一起处理与电缆(或其他任何传输媒介)的物理接口细节。

② 网络层:网络层对 TCP/IP 网络中的硬件资源进行标识。连接到 TCP/IP 网络中的每台计算机(或其他设备)都有唯一的地址,这就是 IP 地址。IP 地址实际上是一个 32 位整数,通常以"%d.%d.%d.%d"的形式表示,其中,每个 d 都是一个 8 位整数。

③ 传输层：在 TCP/IP 网络中，不同的机器之间进行通信时，数据的传输是由传输层控制的，这包括数据要发往的目标机器及应用程序，以及数据的质量控制等。TCP/IP 网络中最常用的传输协议——TCP(Transport Control Protocol)和 UDP(User Datagram Potocol)就属于这一层。传输层通常以 TCP 和 UDP 协议来控制端点到端点的通信。用于通信的端点是由 Socket 来定义的，而 Socket 是由 IP 地址和端口号组成的。

TCP 协议是通过在端点与端点之间建立持续的连接而进行通信的。建立连接后，发送端对要发送的数据印记序列号和错误检测代码，并以字节流的方式发送出去；接收端则对数据进行错误检查并按序列顺序将数据整理好，在需要时可以重新发送数据，因此，整个字节流到达接收端时完好无缺。这与两个人打电话的情形类似。

TCP 协议具有可靠性和有序性等特性，并且以字节流的方式发送数据，通常被称为流通信协议。与 TCP 协议不同，UDP 协议是一种无连接的传输协议。利用 UDP 协议进行数据传输时，首先需要将要传输的数据定义成数据报(Datagram)，在数据报中指明数据所要达到的 Socket(主机地址和端口号)，其次再将数据报发送出去。

这种传输方式是无序的，也不能确保绝对安全可靠，但它非常简单，也具有比较高的效率，这与通过邮局发送邮件的情形非常相似。

TCP 协议和 UDP 协议各有各的用处。当对所传输的数据有时序性和可靠性等要求时，应使用 TCP 协议；当传输的数据比较简单、对时序等无要求时，UDP 协议能发挥更好的作用。

④ 应用层：大多数基于 Tnternet 的应用程序都被看作 TCP/IP 的最上层协议——应用层协议，例如 ftp、http、smtp、pop3、telnet 等协议。

(3) 通信端口

一台机器只通过一条链路连接到网络上，但一台机器中往往有很多应用程序需要进行网络通信，如何区分呢？这就要用到网络端口号(port)了。

端口号是一个标记机器的逻辑通信信道的正整数，端口号不是物理实体。IP 地址和端口号组成了所谓的 Socket，Socket 是网络上运行的程序之间双向通信链路的最后终节点，是 TCP 和 UDP 的基础。

IP 协议使用 IP 地址使数据投递到正确的计算机上，TCP 和 UDP 协议使用端口号将数据投递给正确的应用程序。

端口号是用一个 16 位的整数来表示的，其范围为 0～65535，其中，0～1023 被系统保留，专门用于那些通用的服务(well-known service)。例如，HTTP 服务的端口号为 80，Telnet 服务的端口号为 21，FTP 服务的端口号为 23 等。因此，当编写通信程序时，应选择一个大于 1023 的数作为端口号，以免发生冲突。

(4) URL 概念

URL 是统一资源定位器(Uniform Resource Locator)的简称，它表示 Internet 上某一资源的地址。Internet 上的资源包括 HTML 文件、图像文件、声音文件、动画文件以及其他任何内容(并不完全是文件，也可以是对数据库的一个查询等)。

通过 URL，就可以访问 Internet。浏览器或其他程序通过解析给定的 URL 就可以在

89

网络上查找相应的文件或其他资源。

URL 包括两部分内容，即协议名称和资源名称，中间用冒号隔开。

协议名://资源名

例如，http://www.sohu.com。协议名称指的是获取资源时所使用的应用层协议，如 http、ftp 等。资源名称则是资源的完整地址，包括主机名、端口号、文件名或文件内部的一个引用。当然，并不是所有的 URL 都必须包含这些内容。一个完整的 URL 如下：

http://home.netscape.com:80/home/white_paper.HTML#intro_l

包括以下几部分：协议主机域名(IP 地址)、端口号、目录文件名、HTML、参考点。

(5) Java 与网络编程

Java 的 java.net 包中提供了直接在程序中实现网络通信的类，主要有三类。

① 面向的是 IP 层。面向 IP 层的 InetAddress 类。

② 面向的是传输层。

• TCP 协议相关类 Socket、ServerSocket。

可以把 Socket 想象成两个不同的程序通过网络的通道，这是网络程序中常用的方法。TCP/IP 协议下的客户服务器程序也采用 Socket 作为交互的方式。

• UDP 协议相关类 DatagramPacket、DatagramSocket、MulticastSocket。

UDP 是另一种网络传输方式，Java 中以 Datagram 的方式传送数据时，只是把数据的目的地记录在数据包中，然后就直接放在网络上进行传输，系统不保证数据一定能够安全送到，也不能确定什么时候可以送到。

③ 面向应用层的类。主要有 URL、URLConnection 两个类。通过 URL 的网络资源表达方式，很容易确定网络上数据的位置。Java 程序可以直接送出或读入网络上的数据。

2) InetAddress 编程

java.net.InetAddress 类是 Java 的 IP 地址封装类，它不需要用户了解如何实现地址的细节。

InetAddress 类没有构造方法，可以直接调用该类的静态方法，这些静态方法如下。

```
public static InetAddress getLocalHost()
```

getLocalHost()方法获得本地机的 InetAddress 对象，当查找不到本地机器的地址时，抛出一个 UnknownHostException 异常。代码如下：

```
try {
    InetAddress address=InetAddress.getLocalHost();
    …
    }
    catch(UnknownException e) {
}
public static InetAddress getByName (String host)
```

getByName(String host)方法获得由 host 指定的 InetAddress 对象。host 可以是一个机器名，也可以是一个形如"%d.%d.%d.%d"的 4 个十进制数的 IP 地址或一个 DSN 域名，其作用跟 IP 地址一样，只不过用域名标识计算机比 IP 标识计算机更易于记忆。如果找不到主机会触发 UnknownHostException 异常。示范代码如下：

```
try {
    InetAddress  address=InetAddress.getByName(host);
     ⋮
}
catch(UnknownException e) {
     ⋮
}
```

```
public static InetAddress[] getAllByName(String host)
```

在 Internet 上不允许多台计算机共用一个名字（或者说是 IP 地址），但是在 Web 中，可以用相同的名字代表一组计算机。通过 InetAddress[] getAllByName(String host) 方法可以获得具有相同名字的一组 InetAddress 对象。出错了同样会抛出 UnknownException 异常。示例代码如下：

```
try {
    InetAddress  address=InetAddress.getAllByName(host);
     ⋮          //其他处理代码
}
catch(UnknownException e) {
     ⋮          //异常处理代码
}
```

InteAddress 类有一个 getAddress() 方法获得本对象的 IP 地址（存放在字节数组中）。该方法将 IP 地址以网络字节顺序作为字节数组返回。当前 IP 只有 4 字节，但是当实行 IPv6 时，就有 16 字节了。如果需要知道数组的长度，可以用数组的 length 字段。使用 getAddress() 方法的一般性用法如下所示：

```
     ⋮
InetAddress inetaddress=InetAddress.getLocalHost();
byte[] address=inetaddress.getAddress();
     ⋮
```

【例 3-1】 编写程序，查询 IP 地址是 IPv4 还是 IPv6，以及 IP 的类别。

程序由 IPversion 类实现，代码如下：

```
import java.net.*;
import java.io.*;
public class IPversion {
  public static void main(String args[]){
    try {
        InetAddress inetadd=InetAddress.getLocalHost();
        byte[] address=inetadd.getAddress();
        if (address.length==4){
            System.out.println("The IP version is IPv4");
        } else if(address.length==16)
            System.out.println("The IP version is IPv6");
```

```
        catch (Exception e){ };
    }
}
```

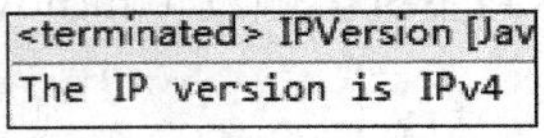

> `<terminated> IPVersion [Jav`
> `The IP version is IPv4`
>
> 图 3-4 判断是否为 IPv4

程序运行结果如图 3-4 所示。

程序用 getLocalHost() 方法得到本地的 InetAddress 对象 inetadd，然后调用 getAddress() 方法返回 IP 字节数组。如果是 4 字节的，就是 IPv4；如果是 16 字节的，就是 IPv6。

public String getHostName()

getHostName() 方法以字符串类型返回主机名。如果该本机没有主机名，则返回 IP 地址。使用方法如下所示：

```
InetAddress inetadd=InetAddress.getLocalHost();
String localname=inetadd.getHostName();
public String toString()
```

toSring() 方法得到主机名和 IP 地址的字符串，其具体形式为：

主机名/IP 地址

【例 3-2】 编写程序，输出计算机的主机名和 IP 地址。

程序由 Readaddr 类实现，代码如下：

```
import java.net.*;
import java.io.*;
class Readaddr{
  public static void main(String args[])  {
    try {
      InetAddress inetadd;
      inetadd=InetAddress.getLocalHost();
      System.out.println(inetadd.toString());
    }
    catch(Exception e) {
      System.out.println(e);
    }
  }
}
```

程序运行的结果如图 3-5 所示。

其中 OPI1JTYGR5GZB0F 是主机名。

3) Socket 通信

Socket 通信属于网络底层通信。Socket 最先应用于 UNIX 操作系统。如果了解 UNIX 系统的输入/输出(I/O)，就很容易掌握 Socket，因为 Socket 数据传输其实就是一种特殊的 I/O。

> `<terminated> Readaddr [Java Applic`
> `OPI1JTYGR5GZB0F/192.168.140.1`
>
> 图 3-5 计算机名和 IP 地址

Socket 是网络上运行的两个程序间双向通信的一端，它既可以接受请求，也可以发送请求，利用它可以较为方便地进行网络上的数据传递。

在 Java 中,可以将 Socket 类和 ServerSocket 类分别用于客户端和服务器端,在任意两台机器间建立连接。

(1) Socket

Socket 类用在客户端,用户通过构造一个 Socket 类来建立与服务器的连接。Socket 连接可以是流连接,也可以是数据报连接,这取决于构造 Socket 类时使用的构造方法。

一般使用流连接。流连接的优点是,所有数据都能准确、有序地送到接收方,缺点是速度较慢。

Socket 类的构造方法有四种。

① Socket(String,int):构造一个连接指定主机、指定端口的 Socket 流。

② Socket(String,int,boolean):构造一个连接指定主机、指定端口的 Socket 类。boolean 类型的参数用来设置是 Socket 流还是 Socket 数据报。

③ Socket(InetAddress,int):构造一个连接指定 Internet 地址、指定端口的 Socket 流。

④ Socket(InetAddress,int,boolean):构造一个连接来指定 Internet 地址、指定端口的 Socket 类。boolean 类型的参数用来设置是 Socket 流还是 Socket 数据报。

在构造完 Socket 类之后,就可以通过 Socket 类来建立输入输出流,通过流来传送数据。

在 Java 中,Socket 类可以理解为客户端或者服务器端的一个特殊对象,这个对象有两个关键的方法,一个是 getInputStream()方法;另一个是 getOutputStream()方法。

getInputStream()方法得到一个输入流,客户端的 Socket 对象上的 getInputStream()方法得到的输入流其实就是从服务器端发回的数据流。

getOutputStream()方法得到一个输出流,客户端 Socket 对象上的 getOutputStream()方法返回的输出流就是将要发送到服务器端的数据流。

与服务器端相比,客户端要简单一些,客户端只需将服务器所在机器的 IP 地址以及服务器的端口作为参数来创建一个 Socket 对象。得到这个对象后,就可以用前面介绍的方法实现数据的输入和输出了。

例如:

```
Socket Socket=new Socket("192.168.0.2",2000);
in=new BufferedReader (
    new InputStreamReader (Socket.getInputStream()));
out=new PrintWriter (Socket.getOutputStream(),true);
```

以上的程序代码建立了一个 Socket 对象,这个对象连接到 IP 地址为 192.168.0.2 的主机、端口号为 2000 的服务器对象上,并且建立了输入流和输出流,分别对应于服务器端的输出和客户端的写入。

(2) ServerSocket

在服务器端,Java 中的服务器类——ServerSocket 使用端口号作为参数来创建服务器对象。

ServerSocket 类用在服务器端,用于接收客户端传送数据的 ServerSocket 类的构造方法有以下两个。

① ServerSocket(int):在指定端口上构造一个 ServerSocket 类。

② ServerSocket(int,int)：在指定端口上构造一个 ServerSocket 类，并进入监听状态。第二个 int 类型的参数是监听时间长度。

例如：

```
ServerSocket server=new ServerSocket(2000);
```

这条语句创建了一个服务器对象,这个服务器使用 2000 号端口。当一个客户端程序建立一个 Socket 连接且所连接的端口号为 2000 时,服务器对象 Server 便响应这个连接。

接下来用 server.accept()方法创建一个 Socket 对象。服务器端可以利用这个 Socket 对象与客户端进行通信。

例如：

```
Socket incoming=server.accept();
```

紧接着用下面的语句得到输入流和输出流,并进行封装：

```
BufferedReader in = new BufferedReader (new InputStreamReader (incoming.
getInputStream()));
PrirltWriter out=new PrintWriter (incoming.getOutputstream(),true);
```

随后,就可以使用 in.readLine()方法得到客户端的输入,也可以使用 out.println()方法向客户端发送数据了。这样,便可以根据程序的需要对客户端的不同请求进行响应。

在所有通信结束以后,应该关闭这两个数据流,关闭的顺序是先关闭输出流,再关闭输入流,即：

```
out.close();
in.close();
```

4）数据报通信

同 TCP 一样,UDP 同样位于传输层。数据报是一种无连接的通信方式,它的速度比较快。但是由于 UDP 协议提供面向事务的简单不可靠信息传送服务,它无须建立连接,不提供对 IP 协议的可靠机制、流控制以及错误恢复功能,所以一般用于传送非关键性的数据。

java.net 包中提供了两个类 DatagramSocket 和 DatagramPacket,分别用来支持数据报通信。DatagramSocket 用于在程序之间建立传送数据报的通信连接,DatagramPacket 则用来表示一个数据报。

下面分别进行介绍。

(1) DatagramSocket 类

DatagramSocket 类是用来发送数据报的 Socket,它的构造方法有以下两种。

① DatagramSocket()：构造一个用于发送的 DatagramSocket 类。

② DatagramSocket(int)：构造一个用于接收的 DatagramSocket 类。

构造完 DatagramSocket 类后,就可以发送和接收数据报了。

例如：

```
DatagramSocket s=new DatagramSocket(null);
s.bind(new InetSocketAddress(8888));
```

这等同于

```
DatagramSocket s=new DatagramSocket(8888);
```

两种情况都会创建一个能在端口 8888 上接收广播的 DatagramSocket 实例。

（2）DatagramPacket 类

用数据报方式编写通信程序时，通信双方首先都要建立一个 DatagramSocket 对象，用来接收或发送数据报，然后使用 DatagramPacket 类对象作为传输数据的载体。它是进行数据报通信的基本单位，包含需要传送的数据、数据报的长度、IP 地址和端口等信息。

DatagramPacket 类的构造方法有以下两种。

① DatagramPacket（byte[]，int）：构造一个用于接收数据报的 DatagramPacket 类。Byte[]类型的参数是接收数据报的缓冲区，int 类型的参数是接收的字节数。

② DatagramPacket（byte[]，int，InetAddress，int）：构造一个用于发送数据的 DatagramPacket 类。byte[]类型的参数是发送数据的缓冲区，int 类型的参数是发送的字节数，InetAddress 类型的参数是接收机器的 Internet 地址，最后一个参数是接收的端口号。

【例 3-3】 编写发送端和接收端程序，实现数据报收发功能。

在发送端需要先构造一个 DatagramPacket 类，指定要发送的数据、数据长度、接收主机地址及端口号，然后使用 DatagramSocket 类来发送数据报。发送数据报，需要在接收端先建立一个用于接收的 DatagramSocket 类。在指定端口上监听，构造一个 DatagramPacket 类指定接收的缓冲区。

发送端的程序：

```
⋮
DatagramPacket packet=new Datagrampacket (message, 200,"10.10.20.138",8888);
DatagramSocket socket=new DatagramSocket();
socket.send(packet);
⋮
```

接收端接收到数据后，将数据与发送方的主机地址和端口号一并保存到缓冲区。随后将接收到的数据报返回给发送方，并附上接收缓冲区地址、缓冲长度、发送方地址和端口号等信息，等待新的数据。

接收端的 IP 地址是 10.10.20.138，端口号是 8888，发送的数据在缓冲区 message 中，大小为 200 字节。

接收端的程序：

```
⋮
//接收缓冲
byte[] buffer=new byte[1024];
DatagramPacket packet=new DatagramPacket (buffer buffer.length);
DatagramSocket socket=new DatagramSocket (8888);
//监听数据
socket.receive(packet);
//将接收的数据存入字符串 s 中
String s=new String (buffer, 0, 0, packet.getlength);
⋮
```

由于篇幅的限制,这里没有给出完整的数据报通信程序,有兴趣的读者可以自行设计完成。

5) URL 编程

Java 的 java.net.URL 类和 java.net.URLConnection 类使编程人员能很方便地利用 URL 在 Internet 上进行网络通信。

URL 类定义了 WWW 的一个统一资源定位器和可以进行的一些操作。由 URL 类生成的对象指向 WWW 资源(如 Web 页、文本文件、图形图像文件、音频、视频文件等)。

(1) 创建 URL 对象

URL 类有以下几种方式创建 URL 对象。

① URL(String,String,int,String):构造一个 URL 类,第一个 String 类型的参数是协议的类型,可以是 http、ftp、file 等。第二个 String 类型的参数是主机名,int 类型的参数是指定的端口号。最后一个参数是给出的文件名或路径名。

② URL(String,String,String):构造一个 URL 类,参数含义同上,使用默认端口号。

③ URL(URL,String):构造一个 URL 类,使用给出的 URL 和相对路径,String 类型的参数是相对路径。

④ URL(String):使用 URL 字符串构造一个 URL 类。

当创建 URL 发生错误时,系统会产生 MalformedURLException 异常,必须在程序中对其捕获处理。

例如:

```
URL url1, url2, url3;
try{
    url1=new URL("file:/D:/image/test.gif");
    url2=new URL("http://www.sohu.com/map/");
    url3=new URL(url2,"test.gif");
}catch(MalformedURLException e){
    DisplayErrorMessage();
}
```

(2) 获取 URL 对象的属性

URL 对象生成后,其属性是不能改变的,但可以通过它给定的方法来获取这些属性。

① public String getProtocol():获取该 URL 的协议名。

② public String getHost():获取该 URL 的主机名。

③ publlc String getPort():获取该 URL 的端口号。

④ public String getPath():获取该 URL 的文件路径。

⑤ public String getFile():获取该 URL 的文件名。

⑥ public String getRef():获取该 URL 在文件中的相对位置。

⑦ public String getQuery():获取该 URL 的查询名。

⑧ public String toExternalForm():获取代表 URL 的字符串。

【例 3-4】 本实例是一个 Application 程序,通过 URL 中的方法来获取 URL 属性,包括协议、端口号和文件路径等。

程序由 GetUrl 类实现,代码如下:

```
import java.net.*;
import java.io.*;
class GetUrl {
    public static void main(String args[]) throws MalformedURLException {
        URL url=new URL("http://www.hotmail.com:80/index.HTML");
        System.out.println("协议："+url.getProtocol());
        System.out.println("端口："+url.getPort());
        System.out.println("主机名："+url.getHost());
        System.out.println("文件："+url.getFile());
        System.out.println("地址："+url.toExternalForm());
    }
}
```

程序运行结果如下。

```
协议：http
端口：80
主机名：www.hotmail.com
文件：/index.HTML
地址：http://www.hotmail.com:80/index.HTML
```

(3) 使用 URL 类访问网络资源

可以通过 URL 类提供的三个主要方法来访问它指向的资源（获取 URL 内容）。

- openStream()：得到 InputStream 流。
- getContent()：直接获取 URL 的内容。
- openConnection()：得到与 URL 的连接。

① InputStream openStream()。openStream() 与指定的 URL 建立连接并返回一个 InputStream 对象，将 URL 位置的资源转成一个数据流，通过这个 InputStream 对象就可以读取资源中的数据。例如：

```
try
{
 URL url1=new URL(getCodeBASE(),"readme.txt");
 InputStream in=url1.openStream();
 int ch;
 while((ch=in.read())!=-1)
 System.out.print((char)ch);
}
catch(Exception e){
 e.printStackTrace();
}
```

要让浏览器连接到某一指定的 URL 上，可用 AppletContext 类的 showDocment() 方法：

```
getAppletContext().showDocument(new URL(URLString));
```

② Object getContent()。用该方法建立一个与指定资源的连接并直接获取 URL 指定的资源，它会试图决定流的 MIME 类型并将流转换为相应的 Object。

MIME(Multipurpose Internet Mail Extension,多用途 Internet 邮件扩展)允许用户指定二进制数据的各种信息,以便用与该内容类型相应的方式处理数据。

一些标准的 MIME 类型及其含义如表 3-1 所示。

表 3-1 标准的 MIME 类型及其含义

MIME 类型	含 义
audio/basic	.snd 或.au 声音文件
Audio/x-aiff	Audio IFF 声音文件
Audio/x-wav	.wav 文件
image/gif	.gif 图形文件
image/jpeg	.jpg 图形文件
image/tiff	.tif 图形文件
image/x-xbitmap	.xbm 位图文件
Text/HTML	.HTML 或.htm 文件

例如,如果创建了一个指向 GIF 格式图片的 URL,getContent()方法将识别流的类型为 image/gif 或 image/jpeg,并返回 image 类的一个实例。该 image 对象包含该 GIF 图片的一个副本。即可以通过 getContent()方法将资源发送到一个 Java 对象中,然后进行相应处理。

例如:

```
try{
    myURL=new URL(getCodeBASE(),"index.HTML");
}catch(MalformedURLException e){}
try
{
    Object o=myURL.getContent();
}catch(IOException e){}
if(o instanceof Image){...}
else
if(o instanceof String){...}
```

③ URL 类 的 openConnection ( ) 方法与 URL 连接。通过 URL 类提供的 openConnection()方法,就可以获得一个 URL 连接(URLConnection)对象。

openConnection()方法定义为:

```
public URLConnection openConnection();
```

通过 URL 的 openStream()方法只能从网络上读取资源中的数据。通过 URLConnection 类,可以在应用程序和 URL 资源之间进行交互。既可以从 URL 中读取数据,也可以向 URL 中发送数据。URLConnection 类表示了应用程序和 URL 资源之间的通信连接。

例如:

```
try {
    URL url=new URL("http://www.sohu.com");
    URLConnection uc=url.openConnection();
}
```

```
catch (MalformedURLException e1){...}
catch (IOException e2){...}
```

URLConnection 类中最常用的两个方法如下。

① public InputStream getInputStream()：读取 URL 中的数据。

② public OutputStream getOutputStream()：向 URL 中发送数据。

通过 getInputStream()方法，应用程序就可以读取资源中的数据。

【例 3-5】 下面的程序是用 openConnection()方法进行 URL 连接的完整例子。程序由 URLConnectionReader 类实现，代码如下：

```
public class URLConnectionReader {
  public static void main (String args[]) {
    try {
      URL url=new URL("http://www.sohu.com/test.html");
      URLconnection uc=url.openConnection();
      BufferedReader in=new BufferedReader(new InputStreamReader
                      (uc.getInputStream()));
      String line;
      while((line=in.readline()) !=null) {
        System.out.println(line);
      }
      in.close();
    } catch (Exception e){
    System.out.println(e);
    }
  }
}
```

事实上，URL 类的 openStream()方法是通过 URLConnection 类来实现的，它等价于：

```
openConnection().getInputStream();
```

所以上面的程序可以改写成：

```
public class URLConnectionReader {
  public static void main (String args[]) {
    try {
      URL url=new URL("http://www.sohu.com/test.html");
      BufferedReader in=new BufferedReader(new InputStreamReader
                      (url.openConnection.getInputStream()));
      String line;
      while((line=in.readline()) !=null) {
        System.out.println(line);
      }
      in.close();
    } catch (Exception e){
    System.out.println(e);
    }
  }
}
```

6. 问题与思考

（1）什么是 URL？URL 地址由哪些部分组成？举出几个你使用过的 URL 的例子。

（2）简述 Socket 流的通信机制，它的最大特点是什么？为什么可以实现无误的通信？什么是端口号？服务器端和客户端分别如何使用端口号？

（3）编写一个 Java 程序，使用 InetAddress 类实现根据域名自动到 DNS（域名服务器）上查找 IP 地址的功能。

（4）网络中 IP 地址分为 A 类、B 类、C 类等，判定的方法如表 3-2 所示。

表 3-2 判断网络类型的位串

类	高位串	类	高位串
A	0……	D	1110……
B	10……	E	11110……
C	110……		

编写程序，输入一个地址，如 www.sziit.com.cn、www.baidu.com 等，判断出其属于哪一类 IP 地址。

> 提示

下面程序的运行结果如图 3-6 所示。

```java
import java.net.*;
import java.io.*;
class Readaddr{
  public static void main(String args[])  {
    try {
      InetAddress inetadd;
      inetadd=InetAddress.getByName("www.baidu.com");
      System.out.println(inetadd.toString());
    }
    catch(Exception e) {
      System.out.println(e);
    }
  }
}
```

\<terminated\> Readaddr [Java Appl
www.baidu.com/115.239.210.26

图 3-6 计算机名和 IP 地址

3.2 应用案例

3.2.1 通过流套接字连接实现客户机/服务器的交互

1. 程序结构

下面先用 Java 伪码语言描述其算法。为便于理解，部分算法直接用自然语言描述。本程序由 Server 和 Client 两个类实现，下面分别进行描述。

```java
public class Server extends JFrame {
  private JTextField enterField;
```

```java
    private JTextArea displayArea;
    private ObjectOutputStream output;
    private ObjectInputStream input;
    private ServerSocket server;
    private Socket connection;
    private int counter=1;

    /**
     * 生成服务端通信界面。在本容器中布局 enterField 用于发送对话
     * 一个 displayArea 对象用于显示聊天信息
     * 监听 enterField,收到的字符串通过调用 sendData(String message)发送到客户端
     */
    public Server(){
    //获得当前容器
    //创建 enterField 并监听
    //把 enterField,displayArea 放入容器
    }

    /**
     * 首先建立 server 对象
     * 进入一个死循环,做以下操作
     * ①中调用 server 对象的 accept()方法,等待客户连接
     * ②由 connection 对象获取 output 和 input 对象
     * ③进入聊天过程。不断读取 input 的数据,显示在 displayArea 中,直到读到"TERMINATE"字
     *   符串为止
     * ④中止通话,关闭 input、output、connection
     * ⑤递增 counter,表示与客户通信的次数
     * @throws IOException
     */
    public void start(){
        建立一个 ServerSocket 对象
        while (true) {
            //等待客户端连接
            //获取 input 和 output 流
            //不断读取 input 的数据,显示在 displayArea 中
            //关闭 input、output、connection
            //递增 counter
        }
    }

    /**
     * 把 message 写到数据输出流中,即发送到客户端,并显示在 displayArea 中
     * @param message 为从界面的 JTextField 对象接收到的字符串
     */
    private void sendData(String message){
        把 message 发送到客户端

    }
} //end class Server
```

可用下面的方式启动服务端程序:

```java
Server application=new Server();
application.setDefaultCloseOperation(JFrame.EXIT_ON_CLOSE);
application.start();
```

以上是对 Server 的描述,下面描述 Client 的算法。

```java
public class Client extends JFrame {
  private JTextField enterField;
  private JTextArea displayArea;
  private ObjectOutputStream output;
  private ObjectInputStream input;
  private String message="";
  private String chatServer;   //服务端地址
  private Socket client;

  /**
   * 生成通信界面。根据 host 设置 chatServer
   * 在本容器中布局 enterField,用于发送对话
   * 布局 displayArea,用于显示聊天信息
   * 监听 enterField,收到的字符串通过调用 sendData(String message)发送到客户端
   * @param host 连接到服务端的 IP 地址
   */
  public Client(String host){}

  /**
   * 该方法连接服务端并进行聊天
   * ①连接服务端。根据 chatServer 建立 client 对象
   * ②根据 client 对象得到 output 和 input
   * ③进入聊天过程。在一个循环中获取 input 的数据并显示在 displayArea 中,直到接收
   *    到"TERMINATE"字符串为止
   * ④关闭 output、input 和 client,终止聊天
   * @throws IOException
   */
  public void start() {}

  /**
   * 把 message 写到数据输出流中,即发送到服务端,并显示在 displayArea 中
   * @param message 为从界面的 enterField 对象接收到的字符串
   */
  private void sendData(String message){
    //把 message 发送到客户端


  }

} //end class Client
```

可用下面的代码启动客户端:

```java
public static void main(String args[]){
  Client application;
  if (args.length==0)
    application=new Client("127.0.0.1");
```

```
    else
        application=new Client(args[ 0 ]);
    application.setDefaultCloseOperation(JFrame.EXIT_ON_CLOSE);
    application.start();
}
```

2. 代码实现

1) Server 类

(1) 生成通信界面

程序语句如下:

```
⋮
super("Server");
Container container=getContentPane();
//create enterField and register listener
enterField=new JTextField();
enterField.setEnabled(false);
enterField.addActionListener(
    new ActionListener() {
        //send message to client
        public void actionPerformed(ActionEvent event)
        {
            sendData(event.getActionCommand());
        }
    } //end anonymous inner class
); //end call to addActionListener
container.add(enterField, BorderLayout.NORTH);
//create displayArea
displayArea=new JTextArea();
container.add(new JScrollPane(displayArea),
    BorderLayout.CENTER);
setSize(300,150);
setVisible(true);
⋮
```

分析: Server 是一个 JFrame 类实例。enterField 是一个 JTextField 类实例,用于输入向客户端发送的数据。enterField.addActionListener 语句对其监听,一旦产生一个 ActionEvent 事件,通过调用方法 sendData() 立即向客户端发送数据。

(2) 建立服务端 ServerSocket 对象

语句如下:

```
server=new ServerSocket(5000, 100);
```

分析: 该语句在服务器 5000 端口建立名为 server 的一个 ServerSocket 对象,并进入监听状态。监听时间为 100ms。

(3) 利用 ServerSocket 的 accept 方法等待与客户机建立连接

语句如下:

```
displayArea.setText("Waiting for connection\n");
```

```
connection=server.accept();
```

分析:

(4) 显示连接的客户机信息

语句如下:

```
displayArea.append("Connection "+counter+" received from: "+
    connection.getInetAddress().getHostName());
```

分析: connection = server. accept()。connection 是一个服务端通信的 Socket,通过 connection. getInetAddress(). getHostName()获得客户机主机名并显示出来。

(5) 利用连接建立输出流

语句如下:

```
output=new ObjectOutputStream(connection.getOutputStream());
//flush output buffer to send header information
output.flush();
```

分析: 调用 Socket 的 getOutputStream()方法并应用到输出流。为便于操作,在此直接用该对象再产生一个 ObjectOutputStream 对象。ObjectOutputStream 的 flush 方法向客户机的 ObjectInputStream 发送数据流头。其中包含了用于发送对象的对象串行化版本等信息,ObjectInputStream 要求这样的信息,以准备正确地接收。

(6) 利用连接建立输入流

语句如下:

```
input=new ObjectInputStream(connection.getInputStream());
```

分析: 调用 Socket 的 getInputStream()方法并应用到输入流。为便于操作,在此直接用该对象再产生一个 ObjectIntputStream 对象 input。

(7) 接收信息

语句如下:

```
message=(String) input.readObject();
```

分析: 调用 ObjectInputStream 的 readObject()方法并读输入流数据到字符串变量 message 中。

2) Client 类

(1) 生成通信界面

语句如下:

```
Container container=getContentPane();

//create enterField and register listener
enterField=new JTextField();
enterField.setEnabled(false);

container.add(enterField, BorderLayout.NORTH);
```

```
//create displayArea
displayArea=new JTextArea();
container.add(new JScrollPane(displayArea),
    BorderLayout.CENTER);

setSize(300, 150);
setVisible(true);
```

分析：container 容器中包含了 enterField 对象。

（2）建立一个 JTextField 类并监听，一旦发生事件，则向服务器发送数据

语句如下：

```
//create enterField and register listener
enterField=new JTextField();
enterField.setEnabled(false);

enterField.addActionListener(
   new ActionListener() {
      //send message to server
      public void actionPerformed(ActionEvent event)
      {
         sendData(event.getActionCommand());
      }
   } //end anonymous inner class
); //end call to addActionListener
container.add(enterField, BorderLayout.NORTH);
```

分析：实现 ActionListener 接口的 actionPerformed（ ）方法。一旦产生事件，调用 sendData（ ）发送数据。

（3）建立与服务器通信的 Socket

语句如下：

```
client=new Socket(InetAddress.getByName(chatServer), 5000);
```

分析：调用结构方法实现，其中 chatServer 是服务器的名称。

（4）建立输出流

语句如下：

```
output=new ObjectOutputStream(connection.getOutputStream());
output.flush();
```

分析：通过与服务端连接的 Socket 建立一个 ObjectOutputStream 对象。flush（ ）方法的作用前面已经讨论过。

（5）建立输入流

语句如下：

```
input=new ObjectInputStream(connection.getInputStream());
```

分析：通过与服务端连接的 Socket 建立一个 ObjectInputStream 对象。

(6) 读入信息并显示

语句如下：

```
message=(String) input.readObject();
```

分析：ObjectInputStream 的 readObject()对输入流进行读取。该过程可能发生异常，所以需用 try{...}catch(){...}语句格式。

(7) 向服务端发送数据

语句如下：

```
output.writeObject("SERVER>>>"+message);
output.flush();
```

分析：ObjectOutputStream 的 writeObject()方法向输出流中写数据。该过程可能发生异常，所以需用 try{...}catch(){...}语句格式。

3. 测试与运行

先启动服务端程序 Server，接着启动客户端程序 Client，就会看到连接成功的信息，如图 3-7 和图 3-8 所示。

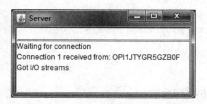

图 3-7　服务端等待连接

图 3-8　客户端连接服务端

接着在服务端发出"hi，I am server"的信息，观测到客户端收到信息并显示出来，如图 3-9 和图 3-10 所示。

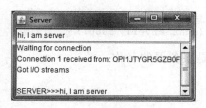

图 3-9　服务端发送字符串

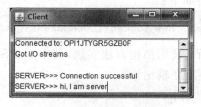

图 3-10　客户端接收字符串

接着在客户端发出"hello，I am client"的信息，看到服务端收到信息并显示，如图 3-11 和图 3-12 所示。

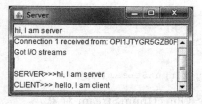

图 3-11　服务端接收字符串

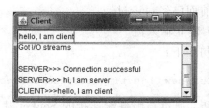

图 3-12　客户端发送字符串

4. 问题与思考

按照以上分析，写出源代码，调试该通信程序直到通过。并将程序改造成多个客户端用户通过服务器进行聊天的程序，即每个客户端用一个唯一的名称登录后进行群聊，如图3-13所示为聊天界面。

其中右边是一个JList对象，显示参加聊天的用户。

图 3-13　聊天界面

!提示

实现该界面的参考程序如下：

```java
import java.awt.*;
import java.awt.event.*;
import javax.swing.*;
import javax.swing.event.ListSelectionEvent;
import javax.swing.event.ListSelectionListener;

public class Chat extends JFrame {
    private JTextField enterField;
    private JTextArea displayArea;
    private JList colorList;
    private Container container;

    private String colorNames[]={"Black", "Blue", "Cyan", "Dark Gray", "Gray", "Green", "Light Gray", "Magenta",
        "Orange", "Pink", "Red", "White", "Yellow" };

    private Color colors[]={ Color.black, Color.blue, Color.cyan, Color.darkGray, Color.gray, Color.green,
         Color.lightGray, Color.magenta, Color.orange, Color.pink, Color.red, Color.white, Color.yellow };

    //set up GUI
    public Chat(){
        super("Chat");
        container=getContentPane();
        //create a list with items in colorNames array
        colorList=new JList(colorNames);
        colorList.setVisibleRowCount(5);

        //do not allow multiple selections
        colorList.setSelectionMode(
          ListSelectionModel.SINGLE_SELECTION);

        //add a JScrollPane containing JList to content pane
        container.add(new JScrollPane(colorList),
            BorderLayout.EAST);

        //set up event handler
        colorList.addListSelectionListener(
```

```java
            //anonymous inner class for list selection events
            new ListSelectionListener() {

                //handle list selection events
                public void valueChanged(ListSelectionEvent event){
                    displayArea.setBackground(
                        colors[ colorList.getSelectedIndex() ]);
                }
            }  //end anonymous inner class
        ); //end call to addListSelectionListener

        //create enterField and register listener
        enterField=new JTextField();
        //enterField.setEnabled(false);
        enterField.addActionListener(
            new ActionListener() {
                public void actionPerformed(ActionEvent event){
                    speaking(event.getActionCommand());
                }
            }  //end anonymous inner class
        ); //end call to addActionListener

        container.add(enterField, BorderLayout.SOUTH);

        //create displayArea
        displayArea=new JTextArea();
        container.add(new JScrollPane(displayArea),
            BorderLayout.CENTER);

        setSize(300, 150);
        setVisible(true);
    }
    //send message to client
    private void speaking(String message) {
        displayArea.append("\nI SAY>>>"+message);
    }
    //execute application
    public static void main(String args[])   {
        Chat application=new Chat();

        application.setDefaultCloseOperation(
            JFrame.EXIT_ON_CLOSE);
    }
}
```

3.2.2 用 UDP 方式实现聊天程序

1. 案例要求

本程序把聊天中发送的字符串打包为 Message 对象，并由 Sender 按照 UDP 方式发送，Receiver 负责接收。

2. 案例过程

1）分析与设计

程序由 Message、Receiver、Sender 类构成。

Message 类是消息格式，它包含消息内容（msg）、发送消息 IP（id）、发送消息目标 IP（destid）以及获得消息内容的 getMessage()方法，获得发送方的 IP 的 getID()方法、获得接收方 IP 的 getDestID()方法等。程序框架如下：

```java
public class Message implements Serializable{
    private String msg;
    private String id;
    private String destid;
    /**
     * 初始化 msg、id、destid
     * @param msg 为发送的消息
     * @param id 为发送源 IP
     * @param destid 为发送目的 IP
     */
    public Message(String msg, String id, String destid)

    /**
     * 获得销售内容
     * @return 为消息的内容
     */
    public String getMessage()

    /**
     * 获得发送方的 IP
     * @return 的值为发送方的 IP 地址
     */
    public String getID()

    /**
     * 获得接收方的 IP
     * @return 的值为接收方的 IP
     */
    public String getDestID()
}
```

Receiver 类是一个线程，用其构造方法创建 UDP 包。线程体不断读包，转换成 Message 格式后输出内容。

```java
public class Receiver extends Thread {
    final static int RECEIVPORT=7002;//接收端口
    private Message msg;
    private DatagramPacket packet;
    private DatagramSocket socket;
    private byte[] recvBuf=new byte[500]; //接收缓存

    /**
```

```
         * 创建 UDP 包 packet 以接收数据,根据接收方的 UDP 端口创建 socket
         */
        public Receiver()

        /**
         * 由 socket 循环接收 packet,解析 packet 缓冲区的数据为 Message 对象,并输出
         */
        public void run() {
            while(true){
                //接收数据
                //接收缓冲区数据→字节流→对象流
                //读对象并显示接收信息
            }
        }
    }
```

Sender 也是一个线程,其构造方法在获取目的方的 IP 地址后,即创建 UDP 包和 DatagramSocket 对象。线程体利用 DatagramSocket 对象发送 UDP 包。

```
    public class Sender extends Thread {
        final static int SENDPORT=7000;//发送端口
        final static int RECEIVPORT=7002;//接收端口
        private DatagramSocket socket;
        private DatagramPacket packet;

        /**
         * 由 Message 对象获取目的 IP 和消息内容,创建 packet 待发送
         * 创建 socket 用于发送
         * @param msg
         */
        public Sender(Message msg) {
            //获得目的方的 IP 地址
            //消息对象写入缓冲区

            //创建 UDP 数据包以发送数据
            //创建发送 UDP 数据包的套接字,指定套接字端口
        }

        /**
         * socket 的 send()方法可以发送 packet,然后关闭 socket
         */
        public void run() {
            //用套接字发送消息
            //关闭套接字
        }
    }
```

下面是一个发送示例。它创建一个消息,并启动收发线程。

```
    public static void main(String args[]) throws Exception{
        Message m=new Message("i am student","211.92.155.200" ,"211.92.155.200");
        new Sender(m).start();
```

```
        new Receiver().start();
}
```

2）编码实现

（1）创建 UDP 包

语句如下：

```
//创建 UDP 包以接收数据
packet=new DatagramPacket(recvBuf,recvBuf.length);
//创建接受方的 UDP 端口以接收数据
socket=new DatagramSocket(RECEIVPORT);
```

分析：其中 packet 是 DatagramPacket 对象，socket 是一个 DatagramSocket 对象。

（2）读包并解析为 Message 对象

语句如下：

```
while(true){
    //接收数据
    socket.receive(packet);

    ByteArrayInputStream byteStream=new
            ByteArrayInputStream(recvBuf);
    ObjectInputStream is=new ObjectInputStream(new
            BufferedInputStream(byteStream));
    Object o=is.readObject();
    msg=(Message)o;
    is.close();

    System.out.println(msg.getMessage());
}
```

分析：通过对象输入流读包，装换为 Message 格式后再输出。其中 recvBuf 是一个字节数组。

（3）获取目的方的 IP 地址后，创建 UDP 包和 DatagramSocket 对象

语句如下：

```
//获得目的方的 IP 地址
String destID=msg.getDestID();

//获得将要发送的消息内容
ByteArrayOutputStream byteStream=new ByteArrayOutputStream(500);
ObjectOutputStream os=new ObjectOutputStream(new BufferedOutputStream(byteStream));
os.writeObject(msg);
os.flush();
byte[] sendBuf=byteStream.toByteArray();

//创建 UDP 数据包以发送数据
packet=new DatagramPacket(sendBuf,sendBuf.length, InetAddress.getByName(destID),
RECEIVPORT);
//创建发送 UDP 数据包的套接字,指定套接字口
```

```
socket=new DatagramSocket(SENDPORT);
os.close();
```

分析：通过 Message 对象得到目的地址后,利用 DatagramSocket 把 UDP 数据发送出去。

(4) 利用 DatagramSocket 对象发送 UDP 包
语句如下：

```
//发送消息
socket.send(packet);
//发送完毕即关闭套接字
socket.close();
```

分析：socket 是一个 DatagramSocket 对象。

(5) 创建一个消息,并启动收发线程。
语句如下：

```
Message m=new Message("i am studeng21","211.92.155.200" ,"211.92.155.200");
new Sender(m).start();
new Receiver().start();
```

分析：此处把字符串"i am studeng21"从 IP 地址为 211.92.155.200 处发送到 IP 地址为 211.92.155.200 处。

3. 源代码
根据前面的分析、设计,编写出本项目的源程序。

4. 测试与运行
(1) 对源程序进行编译运行,并写出其步骤。
(2) 用 UDP 方式实现客户端向服务端发送一个字符串,服务端接收后回送到客户端并显示出来。

3.3 Web 通信

3.3.1 用 Java 实现 Web 服务器

超文本传输协议(HTTP)是位于 TCP/IP 协议的应用层,是最广为人知的协议,也是互联网中最核心的协议之一,同样,HTTP 也是基于 C/S 或 B/S 模型实现的。事实上,使用的浏览器如 Netscape 或 IE 是实现 HTTP 协议中的客户端,而一些常用的 Web 服务器软件如 Apache、IIS 和 iPlanet Web Server 等是实现 HTTP 协议中的服务器端。Web 页由服务端资源定位,传输到浏览器,经过浏览器的解释后,被客户所看到。

Web 的工作基于客户机/服务器计算模型,由 Web 浏览器(客户机)和 Web 服务器(服务器)构成,两者之间采用超文本传送协议(HTTP)进行通信。HTTP 协议是 Web 浏览器和 Web 服务器之间的应用层协议,是通用的、无状态的、面向对象的协议。

一个完整的 HTTP 协议会话过程包括四个步骤。
• 连接：Web 浏览器与 Web 服务器建立连接,打开一个称为 Socket(套接字)的虚拟文件,此文件的建立标志着连接建立成功。
- 请求:Web 浏览器通过 Socket 向 Web 服务器提交请求。HTTP 的请求一般是 GET 或 POST 命令(POST 用于 FORM 参数的传递)。
- 应答:Web 浏览器提交请求后,通过 HTTP 协议传送给 Web 服务器。Web 服务器接到后,进行事务处理,处理结果又通过 HTTP 传回给 Web 浏览器,从而在 Web 浏览器上显示出所请求的页面。
- 关闭连接:应答结束后 Web 浏览器与 Web 服务器必须断开,以保证其他 Web 浏览器能够与 Web 服务器建立连接。

【实例】Java 实现 Web 服务器功能的程序设计。

1. 详细设计

根据 HTTP 协议的会话过程,本实例实现了 GET 请求的 Web 服务器程序的方法。

通过创建 ServerSocket 类对象,侦听用户指定的端口(为 8080),等待并接受客户机请求到端口。创建与 Socket 相关联的输入流和输出流,然后读取客户机的请求信息。若请求类型是 GET,则从请求信息中获取所访问的 HTML 文件名;如果 HTML 文件存在,则打开 HTML 文件,把 HTTP 头信息和 HTML 文件内容通过 Socket 传回给 Web 浏览器,然后关闭文件,否则发送错误信息给 Web 浏览器。最后关闭与相应 Web 浏览器连接的 Socket。

本 Web 服务器由两个程序 HttpServer 和 HttpRequestHandler 实现。

1) 主线程设计

主线程设计就是在主线程 httpServer 类中实现了服务器端口的侦听,服务器接收一个客户端请求之后创建一个线程实例处理请求,程序框架如下:

```java
/* HttpServer.java */
class HttpServer {
  main() {
  //获取服务器端口
    try {
        //设置服务端口并显示启动信息
        while(true) {
            //监听服务器端口,等待连接请求
            //创建分线程并启动
        }
    }
    catch (IOException ioe) {...}
  }
}
```

2) 连接处理分线程设计

在分线程 httpRequestHandler 类中实现了 HTTP 协议的处理,这个类实现了 Runnable 接口,程序框架如下:

```java
class httpRequestHandler implements Runnable{
  final static String CRLF=\r\n;
  Socket socket;
  InputStream input;
```

```java
    OutputStream output;
    BufferedReader br;
    //构造方法
    public httpRequestHandler(Socket socket) throws Exception {
      this.socket=socket;
      //得到输入/输出流
      this.input=socket.getInputStream();
      this.output=socket.getOutputStream();
      this.br=new BufferedReader(new InputStreamReader(socket.getInputStream()));
    }
    //实现 Runnable 接口的 run()方法
    public void run() {
      try {
        //处理信息的接收和发送的方法 processRequest()
      } catch(Exception e) {
      System.out.println(e);
      }
    }
```

2．编码实现

（1）获取服务器端口

语句如下：

```java
int port;
try { port=Integer.parseInt(args[0]); }
catch (Exception e) { port=8080; }
```

分析：如果从命令行参数获取端口号不成功，设置端口号为 8080。

（2）设置服务端口并显示启动信息

语句如下：

```java
server_socket=new ServerSocket(port);
System.out.println("httpServer running on port: "+ server_socket.getLocalPort());
```

分析：server_socket 是 ServerSocket 对象。

（3）监听服务器端口，等待连接请求

语句如下：

```java
Socket socket=server_socket.accept();
System.out.println("New connection accepted: "+socket.getInetAddress()+" "+socket.getPort());
```

分析：一旦与客户端建立连接，显示连接信息。

（4）创建分线程并启动

语句如下：

```java
try {
    HttpRequestHandler request=new HttpRequestHandler(socket);
    Thread thread=new Thread(request);
```

```
        //启动线程
        thread.start();
}catch(Exception e) {System.out.println(e); }
```

分析：创建一个 HttpRequestHander 对象并启动线程。HttpRequestHander 实现了 Runable 接口，可以当作线程启动。

（5）处理信息的接收和发送的 processRequest() 方法

语句如下：

```
private void processRequest() throws Exception{
   while(true) {
    //读取并显示 Web 浏览器提交的请求信息
    String headerLine=br.readLine();
    System.out.println(The client request is+headerLine);
    if(headerLine.equals(CRLF) || headerLine.equals()) break;
   //根据请求字符串中的空格拆分客户请求
    StringTokenizer s=new StringTokenizer(headerLine);
    String temp=s.nextToken();
    if(temp.equals(GET)) {
      String fileName=s.nextToken();
      fileName=.+fileName ;
      ……
```

分析：作为实现 Runnable 接口的主要内容，在 run() 方法中调用 processRequest() 方法来处理客户请求内容的接收和服务器返回信息的发送。

在 processRequest() 方法中得到客户端请求后，利用一个 StringTokenizer 类完成了字符串的拆分，这个类可以实现根据字符串中指定的分隔符（默认为空格）将字符串拆分成字符串的功能。利用 nextToken() 方法依次得到这些字符串；sendBytes() 方法完成信息内容的发送，contentType() 方法用于判断文件的类型。

3．源代码

```
import java.io.IOException;
import java.net.*;
public class HttpServer {
  public static void main(String args[]) {
    int port;
    ServerSocket server_socket;          //读取服务器端口号
    try { port=Integer.parseInt(args[0]); }
    catch (Exception e) { port=8080; }
    try {   //监听服务器端口,等待连接请求
        server_socket=new ServerSocket(port);
        System.out.println("httpServer running on port: "+server_socket.getLocalPort());
        //显示启动信息
        while(true) {
          Socket socket=server_socket.accept();
          System.out.println("New connection accepted: "+socket.getInetAddress()+" "+socket.getPort());   //创建分线程
            try {
              HttpRequestHandler request=new HttpRequestHandler(socket);
```

```java
          Thread thread=new Thread(request);
          //启动线程
          thread.start();
        }catch(Exception e) {System.out.println(e); }
      }
    }
    catch (IOException ioe) {System.out.println(ioe);}
  }
}

import java.io.*;
import java.net.*;
import java.util.*;
class HttpRequestHandler implements Runnable{
  final static String CRLF="\r\n";
  Socket socket;
  InputStream input;
  OutputStream output;
  BufferedReader br;
  //构造方法
  public HttpRequestHandler(Socket socket) throws Exception{
    this.socket=socket;
    this.input=socket.getInputStream();
    this.output=socket.getOutputStream();
    this.br=new BufferedReader(new InputStreamReader(socket.getInputStream()));
  }
  //实现 Runnable 接口的 run()方法
  public void run()  {
    try { processRequest(); }
    catch(Exception e) { System.out.println(e); }
  }
  private void processRequest() throws Exception {
    while(true) {
       //读取并显示 Web 浏览器提交的请求信息
        String headerLine= br.readLine(); //正常时 headerLine 是"GET /index.html HTTP/1.1"
       System.out.println("The client request is: "+headerLine);
       if((headerLine.equals(CRLF))||(headerLine.equals(""))) break;
       StringTokenizer s=new StringTokenizer(headerLine);
       String temp=s.nextToken();
       if(temp.equals("GET")) {
         String fileName=s.nextToken();
         fileName=fileName.substring(1);//除去 fileName 前的"/"
         fileName="D:\\source\\"+fileName;//要发布的网页保存在"D:\source\"中
         //打开所请求的文件
         FileInputStream fis=null ;
         boolean fileExists=true ;
         try{ fis=new FileInputStream(fileName) ; }
         catch(FileNotFoundException e){
            fileExists=false ;
         }  //完成回应消息
```

```java
            String serverLine="Server: a simple java httpServer";
            String statusLine=null;
            String contentTypeLine=null;
            String entityBody=null;
            String contentLengthLine="error";
            if (fileExists) {
                statusLine="HTTP/1.0 200 OK+CRLF";
                contentTypeLine="Content-type: +contentType(fileName)+CRLF";
                 contentLengthLine="Content-Length:"+ (new Integer(fis.available())).
toString()+CRLF;
            }
            else {
              statusLine="HTTP/1.0 404 Not Found"+CRLF ;
              contentTypeLine="text/html";
              entityBody="&lt;HTML&gt;"+"&lt;HEAD&gt;&lt;TITLE&gt;404 Not
                  Found&lt;/TITLE&gt;&lt;/HEAD&gt;"+
                  "&lt;BODY&gt;404 Not Found"+"&lt;br&gt;usage:http://yourHostName:
port/"+"fileName.html&lt;/BODY&gt;&lt;/HTML&gt;";
            }
            //发送到服务器的信息
            output.write(statusLine.getBytes());
            output.write(serverLine.getBytes());
            output.write(contentTypeLine.getBytes());
            output.write(contentLengthLine.getBytes());
            output.write(CRLF.getBytes());
            //发送信息的内容
            if (fileExists){
                sendBytes(fis, output);   //fis.
            } else{output.write(entityBody.getBytes());}

    }
    //关闭套接字和流
      try {
          output.close();
          br.close();
          socket.close();
      } catch(Exception e) {}
    }
 }
 private static void sendBytes(FileInputStream fis, OutputStream os) throws Exception {
       //创建一个 1KB 的缓冲区
       byte[] buffer=new byte[1024] ;
       int bytes=0 ;
       //将文件输出到套接字输出流中
       while ((bytes=fis.read(buffer)) !=-1) { os.write(buffer, 0, bytes);   }
 }
 private static String contentType(String fileName)  {
       if (fileName.endsWith(".htm")||fileName.endsWith(".html")) { return "text/html"; }
       return fileName;
 }
}
```

4. 测试与运行

显示 Web 页面的 index.html 文件的代码如下：

```
<html>
<head>
<meta http-equiv=Content-Language content=zh-cn>
<meta name=GENERATOR content=Microsoft FrontPage 5.0>
<meta http-equiv=Content-Type content=text/html; charset=gb2312>
<title>Java Web 服务器</title>
</head>
<body>
<p>********* <font color=#FF0000>欢迎你的到来!</font>*********</p>
<p>这是一个用 Java 语言实现的 Web 服务器</p>
<hr>
</body>
</html>
```

注意

有些网站为了避免有人写不良代码，所以显示的时候，会把"小于号""＜"替换成"<"，把"大于号""＞"替换成">"。

为了测试上述程序的正确性，将编译后的 httpServer.class、httpRequestHandler.class 和上面的 index.html 文件置于网络的某台主机的同一目录中。

首先运行服务器程序 java httpServer 8080，服务器程序运行后显示端口信息 "httpServer runing on port 8080"，如图 3-14 所示。

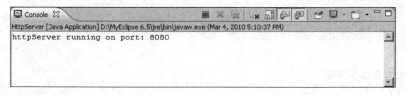

图 3-14　启动 Web 服务器

然后在浏览器的地址栏中输入 http://localhost：8080/index.html，就可以正确显示网页，同时在显示"httpServer runing on port 8080"的窗口中服务器会出现一些信息。

5. 技术分析

首先来看一下 HTTP 的报文结构。

1) 请求报文

一个 HTTP 请求报文由请求行（request line）、请求头部（header）、空行和请求数据 4 个部分组成。

(1) 请求行

请求行由请求方法字段、URL 字段和 HTTP 协议版本字段 3 个字段组成，它们用空格分隔。例如，GET /index.html HTTP/1.1。

HTTP 协议的请求方法有 GET、POST、HEAD、PUT、DELETE、OPTIONS、TRACE、CONNECT。这里介绍最常用的 GET 方法和 POST 方法。

- GET：当客户端要从服务器中读取文档时，使用 GET 方法。GET 方法要求服务器将 URL 定位的资源放在响应报文的数据部分，回送给客户端。使用 GET 方法时，请求参数和对应的值附加在 URL 后面，利用一个问号"?"代表 URL 的结尾与请求参数的开始，传递参数长度受限制。例如，/index.jsp? id=100&op=bind。
- POST：当客户端给服务器提供信息较多时可以使用 POST 方法。POST 方法将请求参数封装在 HTTP 请求数据中，以名称/值的形式出现，可以传输大量数据。

（2）请求头部

请求头部由关键字/值对组成，每行一对，关键字和值用英文冒号":"分隔。请求头部通知服务器有关于客户端请求的信息，典型的请求头如下：

- User-Agent：产生请求的浏览器类型。
- Accept：客户端可识别的内容类型列表。
- Host：请求的主机名，允许多个域名同用一个 IP 地址，即虚拟主机。

（3）空行

最后一个请求头之后是一个空行，发送回车符和换行符，通知服务器后面不再有请求头。

（4）请求数据

请求数据不在 GET 方法中使用，而是在 POST 方法中使用。POST 方法适用于需要客户填写表单的场合。与请求数据相关的最常使用的请求头是 Content-Type 和 Content-Length。

2）响应报文

响应报文的格式大体上和请求报文类似，只是第一行有所不同，读者可以自己在网上查找这方面的介绍，这里不再赘述。

程序的实现步骤如下：

（1）接收客户端浏览器的请求；

（2）创建一个新的线程，用于处理该请求；

（3）读取报文数据，判断报文是否正确，分析报文内容；

（4）创建响应报文，发送到客户端；

（5）结束该处理线程，处理其他客户请求。

6. 问题与思考

编写程序实现 Web 服务，读取 web.xml 中的<welcome-file-list>标签发布默任网页，web.xml 中的数据格式如下：

```
<welcome-file-list>
    <welcome-file>index.jsp</welcome-file>
</welcome-file-list>
```

3.3.2 用 JEditorPane 实现浏览器的功能

javax.swing 包中的 JEditorPane 类可以显示网页的内容。创建该类的对象后，使用该类的 setPage()方法可以显示 URL 所指定的网页内容。如果该对象处于不可编辑状态，它还能响应超链接事件 HyperlinkEvent。

【实例】 利用 URL 类和 JEditorPane 类编写一个非常简单的浏览器。

1. 详细设计

这个程序的交互界面只有两个主要控件：一个 JTextField 和一个 JEditorPane。用户在 JTextField 中输入 URL，完成后按下 Enter 键，程序将利用 JEditorPane 来显示网页的内容。下面是程序框架。

```java
class Win extends JFrame implements ActionListener,Runnable{
    public Win(){
    //定义界面
    }
    public void actionPerformed(ActionEvent e){
    //启动线程
    }
    //线程体方法
    public void run(){
    //根据输入的 URL 设置 area 地址
    }
}
```

2. 编码实现

(1) 定义界面

语句如下：

```java
text=new JTextField(30);
area=new JEditorPane();
area.setEditable(false);
button=new JButton("确定");
button.addActionListener(this);
thread=new Thread(this);
JPanel p=new JPanel();
p.add(new JLabel("输入网址:"));
p.add(text);
p.add(button);
Container con=this.getContentPane();
con.add(new JScrollPane(area),BorderLayout.CENTER);
con.add(p,BorderLayout.NORTH);
setBounds(60,60,360,360);
setVisible(true);
this.setDefaultCloseOperation(JFrame.EXIT_ON_CLOSE);
area.addHyperlinkListener(new HyperlinkListener(){
  public void hyperlinkUpdate(HyperlinkEvent e){
    if(e.getEventType()==HyperlinkEvent.EventType.ACTIVATED){
      try{area.setPage(e.getURL());}catch(Exception w){}
    }
  }
});
```

分析：area 是一个 JEditorPane 对象，addHyperlinkListener()方法监听输入的 URL 地址。setPage()方法设置 area 的 URL 地址。button 是 JButton("确定")对象，一旦按下该

button 将触发事件,程序转移到 actionPerformed(ActionEvent e)方法。

(2) 启动线程

语句如下:

```
if(!thread.isAlive()){
  thread=new Thread(this);
  thread.start();
}
```

分析:激活当前线程。

(3) 根据输入的 URL 设置 area 地址

语句如下:

```
try{
  area.setText("my browser...");
  url=new URL(text.getText().trim());
  area.setPage(url);
}
catch(Exception ex){
  ex.printStackTrace();
}
```

分析:从一个 JTextField 对象读用户输入的 URL,并设置 area 的值。

3. 源代码

```
import javax.swing.*;
import java.awt.*;
import java.awt.event.*;
import java.net.*;
import javax.swing.event.*;
class Win extends JFrame implements ActionListener,Runnable{
  JButton button;
  URL url;
  JTextField text;
  JEditorPane area;
  byte b[]=new byte[118];
  Thread thread;
  public Win(){
    text=new JTextField(30);
    area=new JEditorPane();
    area.setEditable(false);
    button=new JButton("确定");
    button.addActionListener(this);
    thread=new Thread(this);
    JPanel p=new JPanel();
    p.add(new JLabel("输入网址:"));
    p.add(text);
    p.add(button);
    Container con=this.getContentPane();
    con.add(new JScrollPane(area),BorderLayout.CENTER);
```

```java
    con.add(p,BorderLayout.NORTH);
    setBounds(60,60,360,360);
    setVisible(true);
    this.setDefaultCloseOperation(JFrame.EXIT_ON_CLOSE);
    area.addHyperlinkListener(new HyperlinkListener(){
      public void hyperlinkUpdate(HyperlinkEvent e){
        if(e.getEventType()==HyperlinkEvent.EventType.ACTIVATED){
          try{area.setPage(e.getURL());}catch(Exception w){}
        }
      }
    });
  }
  public void actionPerformed(ActionEvent e){
    if(!thread.isAlive()){
      thread=new Thread(this);
      thread.start();
    }
  }
  public void run(){
    try{
      area.setText("my browser...");
      url=new URL(text.getText().trim());
      area.setPage(url);
    }
    catch(Exception ex){
      ex.printStackTrace();
    }
  }
}
```

4. 测试与运行

利用以下的程序进行测试。

```java
class WinTest {
  public static void main(String args[]){
    new Win();
  }
}
```

程序的运行结果如图 3-15 所示。

5. 技术分析

1) Java 网页浏览器组件

使用 Java 开发客户端应用有时需要用到浏览器组件，下面将介绍在 Java 用户界面中使用浏览器的四种方法，并且比较它们各自的优点与缺点，便于 Java 开发者在实际开发过程中选择。

（1）JDK 中的实现——JEditorPane

Swing 开发的 JEditorPane 组件使用 EditorKit 的实现来完成其操作。对于给予它的各种内容，它能有效地将其形态变换为适当的文本编辑器种类。该编辑器在任意给定时间

图 3-15　测试浏览器

的内容类型都由当前已安装的 EditorKit 确定。如果将内容设置为新的 URL，则使用其类型来确定加载该内容所应使用的 EditorKit。

有多种方式可将内容加载到此组件中。

① 可使用 setText 方法来初始化字符串组件。在这种情况下，将使用当前的 EditorKit，且此类型为期望的内容类型。

② 可使用 read 方法来初始化 Reader 组件。注意，如果内容类型为 HTML，那么只有使用了<base>标记，或者设置了 HTMLDocument 上的 Base 属性时才能解析相关的引用（例如，对于类似图像等内容）。在这种情况下，将使用当前的 EditorKit，且此类型为期望的内容类型。

③ 可使用 setPage 方法来初始化 URL 组件。在这种情况下，将根据该 URL 来确定内容类型，并且设置为该内容类型所注册的 EditorKit。

JEditorPane 需要注册一个 HyperlinkListener 对象来处理超链接事件，这个接口定义了一个 hyperlinkUpdate(HyperlinkEvent e)方法，示例代码如下：

```
public void hyperlinkUpdate(HyperlinkEvent event){
    if(event.getEventType()==HyperlinkEvent.EventType.ACTIVATED){
        try{
            jep.setPage(event.getURL());
        }
        catch(IOException ioe){
            ioe.printStackTrace();
        }
    }
}
```

在这个例子中，实现了一个 HyperlinkListener 接口，代码如下：

```
if(event.getEventType()==HyperlinkEvent.EventType.ACTIVATED)
```

以上这行代码表示首先判断 HyperlinkListener 的类型，在这里只处理事件类型为 HyperlinkEvent.EventType.ACTIVATED 的事件(即单击了某个超链接的事件)，然后通过调用 HyperlinkEvent 的 getURL()方法来获取超链接的 URL 地址。

最后通过调用 jep.setPage(event.getURL())方法，使得 JEditorPane 显示新的 URL 地址。

由于 JEditorPane 是包含在 J2SE 中的 Swing 中，所以不需要导入第三方的 jar 文件，相对来说比较简单。但是 JEditorPane 类对于网页中的 CSS 的显示处理以及对 JavaScript 脚本执行的支持很弱，而且官方似乎也没有对 JEditorPane 类进行改进的打算。如果想用 JEditorPane 来显示常见的网址，会发现显示出来的页面与 IE、Firefox 有很大的差别，而且不能正常地处理页面逻辑。所以如果仅仅用来显示比较简单的 HTML，用 JEditorPane 还是一个不错的选择。

(2) 开源的 Java Web 浏览器实现——Lobo

Lobo 是一个比较典型的第三方开源 Java 浏览器项目，官方网站是 http://lobobrowser.org/java-browser.jsp。它是全部使用 Java 代码实现的，而且能完整地支持 HTML4、JavaScript 以及 CSS2，除此之外，它还支持直接的 JavaFX 渲染。

Lobo 本身就已经是一个完整的浏览器软件，同时它还提供了很多与网页浏览器相关的 API，便于 Java 程序员在自己的代码中使用或者进行扩展，其中包括渲染引擎 API、浏览器 API 以及插件系统 API 等。具体的功能可以在它的官方网站上查看。

Lobo 中实现 Web 浏览器的类叫 FramePanel，它提供了对 HTML 页面显示的封装，并且提供了一些辅助的方法。

要想使用 FramePanel，首先需要在官方网站上面下载安装包，然后在安装目录下可以看到有 lobo.jar 以及 lobo-pub.jar，将这两个 jar 文件添加到 classpath 中。类似于 JEditorPane。使用 FramePanel 有以下步骤：

① 创建一个 FramePanel 的对象。

② 将这个对象添加到界面上。Frame 继承自 JPanel，所以可以像其他 Swing 组件一样添加到 JPanel 或者窗口上面。

③ 通过调用 FramePanel.navigate(url) 的方法来设置要显示的网址。

④ 不同于 JEditorPane，FramePanel 已经默认处理了单击超链接的事件，不需要另外手动地编写代码来处理。

Lobo 的 FramePanel 完全是 Java 代码，具有良好的可移植性，在 Windows/Linux 平台下都能正常地运行。它相对于 Swing 中的 JEditorPane，对于 HTML、CSS 的显示以及对 JavaScript 的执行都有了比较大的提高。经过实际的使用测试，在访问大多数网页的时候，都能比较正常地显示，与主流的 IE/Firefox 效果类似，不过它对于 CSS 的支持还不是很完整，对于某些比较复杂的网页，显示出入比较大。另外 Lobo 项目的文档还不是特别完善，这可能是限制它广泛使用的一个原因。

(3) JDICplus 中的浏览器组件

JDIC(Java Desktop Integration Components)项目的背景是当可以不考虑 Java 代码的平台可移植性的时候，能让 Java 程序与系统无缝地整合在一起。它提供了 Java 代码直接访问本地桌面的功能，其中包含了一系列的 Java 包以及工具，包含了嵌入本地浏览器组件的功能，启动桌面应用程序，在桌面的系统托盘处添加托盘图标以及注册文件类型关联等。

JDICplus 是在 JDIC 项目上的另外一个扩展，它是一个 Java 的 Win32 操作系统的扩展开发工具包,也就是说,它只能在 Windows 操作系统上使用,所以不具有平台无关性。它提供了很多类似于 Windows API 的功能,除了提供对 IE 组件的封装之外,还有地图显示组件,以及编辑和浏览 MS Word、MS PPT、MS Excel、MS Outlook、PDF 的组件。JDICplus 的官方网站是 https://jdic.dev.java.net/documentation/incubator/JDICplus/index.html,这个页面上展示了很多使用 JDICplus 库的 Demo,这里讨论的主要是对 Windows IE 封装的浏览器组件。

JDICplus 中的浏览器组件使用了 JNI 来对 IE 进行了封装,所以它显示的效果与 IE 完全相同(还包括其中的右键菜单),而且 BrTabbed 还内置了多标签的功能,使用起来相对比较简单,同样不需要去处理单击超链接的事件。它的缺点首先在于它必须使用 JDK6.0 或以上版本,要求比较高,同时它底层使用的是与 Windows 操作系统相关的 API,所以不具有平台无关性。

(4) SWT 中的浏览器组件

SWT(The Standard Widget Kit)是 Java 的一套开源组件库,它提供了一种高效的创建图像化用户界面的能力,也是 Eclipse 平台的 UI 组件之一。相比于 Swing,它的速度相对比较快,而且因为使用了与操作系统相同的渲染方式,界面和操作模式上比较接近操作系统的风格。SWT 的跨平台性是通过不同的底层支持库来解决的。

org.eclipse.swt.browser.Browser 类是 SWT 中用来实现网页浏览器可视化组件的类,它能显示 HTML 文档,并且实现文档之间的超链接。

以下的代码演示了如何使用 SWT 中的 Browser 类:

```java
package org.dakiler.browsers;

import org.eclipse.swt.SWT;
import org.eclipse.swt.browser.Browser;
import org.eclipse.swt.widgets.Button;
import org.eclipse.swt.widgets.Display;
import org.eclipse.swt.widgets.Event;
import org.eclipse.swt.widgets.Label;
import org.eclipse.swt.widgets.Listener;
import org.eclipse.swt.widgets.Shell;
import org.eclipse.swt.widgets.Text;

public class SWTBrowserTest
{
    public static void main(String args[])
    {
        Display display=new Display();
        Shell shell=new Shell(display);
        shell.setText("SWT Browser Test");
        shell.setSize(800,600);

        final Text text=new Text(shell,SWT.BORDER);
        text.setBounds(110,5,560,25);
        Button button=new Button(shell,SWT.BORDER);
        button.setBounds(680,5,100,25);
        button.setText("go");
```

```java
        Label label=new Label(shell,SWT.LEFT);
        label.setText("输入网址：");
        label.setBounds(5, 5, 100, 25);

        final Browser browser=new Browser(shell,SWT.FILL);
        browser.setBounds(5,30,780,560);

        button.addListener(SWT.Selection, new Listener()
        {
            public void handleEvent(Event event)
            {
                String input=text.getText().trim();
                if(input.length()==0)return;
                if(!input.startsWith("http://"))
                {
                  input="http://"+input;
                  text.setText(input);
                }
                browser.setUrl(input);
            }
        });

        shell.open();
        while (!shell.isDisposed()) {
            if (!display.readAndDispatch())
              display.sleep();
        }
        display.dispose();

    }
}
```

这里介绍了四种在 Java 图形界面中显示 HTML 或者特定网页的方法，包括 Swing 中的 JEditorPane 组件、Lobo 浏览器的实现、JDICplus 以及 SWT 的 Browser 组件。

对于熟练使用 SWT 的 Java 开发者来说，使用 SWT 中的浏览器组件是一个很好的选择。对于使用 Swing 的程序员来说，如果仅仅是显示不太复杂的 HTML，JEditorPane 就可以胜任了；如果不需要考虑到软件的可移植性，只需要在 Windows 下运行，那么使用 JDICplus 的浏览器组件是一个很好的选择；如果需要考虑可移植性，可以考虑使用 Lobo 浏览器。

下面介绍几种比较典型的开源浏览器。

2）开源浏览器

（1）J2ME cHTML Browser

J2ME cHTML Browser 支持 cHTML，支持 MIDP 的手机可以用它来浏览 HTML 网页。J2ME cHTML Browser 的界面如图 3-16 所示。

（2）网页浏览器 Dooble

Dooble 是一款安全、稳定的开源网页浏览器，有可靠

图 3-16　J2ME cHTML Browser 浏览器

的表现和跨平台的功能,主要目的是为了保护用户的隐私。Dooble 浏览器如图 3-17 所示。

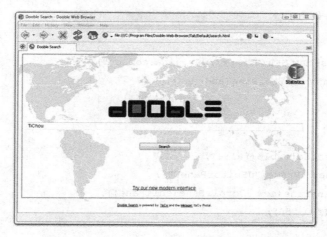

图 3-17　Dooble 浏览器

(3) WAP 浏览器 j2wap

j2wap 是一个基于 Java 的 WAP 浏览器,目前处于 BETA 测试阶段。它支持 WAP 1.2 规范,除了 WTLS 和 WBMP。

注意

需要 kAWT 库在 Palm 上运行 j2wap,它是免费的,可以从 www.kawt.de 上得到它。

(4) Proteus

Proteus 是一款基于 J2ME 的手机浏览器。

(5) jCellBrowser

jCellBrowser 是一个基于 J2ME 的浏览器,它可以用来在手机上显示 HTML/XHTML 文档。

(6) MicroBrowser4ME

MicroBrowser4ME 是一个基于 J2ME 的浏览器核心,它可以用来在手机上显示 HTML/XHTML 文档。

(7) Mo Da Browser

Mo Da 是一个小型、稳定可用的在 Android 上的 Web 浏览器,Mo Da 改变了 Web 浏览的习惯,包括前进后退、浏览器控制和录制。Mo Da 浏览器效果如图 3-18 所示。

6. 问题与思考

(1) 编写程序,界面分成左右两部分,左边框中有 5 个按钮,每当按下一个按钮,右边框中便会显示一个网页。

(2) 利用 JEditorPane 可直接打开网站 http://www.sziit.com.cn。

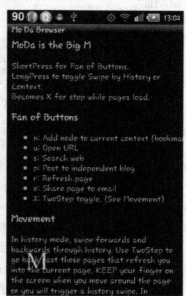

图 3-18　Mo Da 浏览器

> 提示
>
> 主要参考代码如下：

```
try{
  URL address=new URL("http://www.sina.com.cn");
  editPane=new JEditorPane(address);
}catch(){
  ⋮
}
  editPane.setEditable(false);
  JFrame f=new JFrame("JEditorPane3");
  f.setContentPane(new JScrollPane(editPane));
  f.setSize(200,250);
  f.show();
  f.addWindowListener(new WindowAdapter(){
public void windowClosing(WindowEvent e){
   System.exit(0);
  }
});
```

3.3.3 WebSocket 通信

WebSocket 协议是 HTML5 一种新的协议。它实现了浏览器与服务器的全双工通信（full-duplex）。

【实例】 编写程序，实现服务端的 Websocket 服务，并在客户端通过 WebSocket 实现通信功能。

1. 详细设计

WebSocket 在进行通信前要在浏览器与服务器之间开启一个 TCP Socket 连接，这样才可以向对方发送消息。具体过程如下：

（1）浏览器发出一个 HTTP 请求，带有一个特殊的 Upgrade 头，其值是"websocket"。

（2）如果服务器能够识别 WebSocket，那么它会使用状态 101 进行应答——交换协议。从此就不再使用 HTTP 了。

（3）当服务器接收到这个 TCP Socket 连接后，会调用一个初始化方法，当前的 WebSocket Session 会被传递进来。每个 Socket 都有唯一一个 Session id。

（4）当浏览器向服务器发送消息时，另一个方法会得到调用，在这里获得 Session 与消息的负载。

（5）根据某个负载参数，应用代码会执行一个动作。负载的格式完全取决于开发者。一般来说会使用 JSON 序列化的对象。

（6）当服务器需要发送消息时，它需要获得这个 Session 对象，然后通过它来发送消息。

（7）当浏览器关闭连接时，服务器会得到通知，这样它就可以清理与特定 Session 关联的一些资源了。

2. 编码实现

(1) 定义 WebSocket 服务端

语句如下：

```
@ServerEndpoint(value="/websocket/chat")
```

分析：@ServerEndpoint(value＝"/websocket/chat")定义了一个 WebSocket 服务端，value 表示访问地址。接下来客户端通过 ws://{domain}/{context}/chat 语句进行连接。

(2) 创建连接时调用的方法

语句如下：

```
@OnOpen
public void start(Session session) {
    this.session=session;
    connections.add(this);
    String message=String.format("* %s %s", nickname, "has joined.");
    broadcast(message);
}
```

分析：通过@OnOpen 说明创建连接时调用的方法。

(3) 关闭连接时调用的方法

语句如下：

```
@OnClose
public void end() {
    connections.remove(this);
    String message=String.format("* %s %s",nickname, "has disconnected.");
    broadcast(message);
}
```

分析：通过@OnClose 说明关闭连接时调用的方法。

(4) 收到信息时调用的方法

语句如下：

```
@OnMessage
public void incoming(String message) {
    //Never trust the client
    //String filteredMessage = String. format ("%s: %s", nickname, HTMLFilter.
      filter(message.toString()));
    broadcast(message);
}
```

分析：通过@OnMessage 说明收到信息时调用的方法。

(5) 发生错误时调用的方法

语句如下：

```
@OnError
public void onError(Throwable t) throws Throwable {
    log.error("Chat Error: "+t.toString(), t);
}
```

分析：通过@OnError 说明发生错误时调用的方法。

3. 源代码

```java
package websocket.chat;

import java.io.IOException;
import java.util.Set;
import java.util.concurrent.CopyOnWriteArraySet;
import java.util.concurrent.atomic.AtomicInteger;

import javax.websocket.OnClose;
import javax.websocket.OnError;
import javax.websocket.OnMessage;
import javax.websocket.OnOpen;
import javax.websocket.Session;
import javax.websocket.server.ServerEndpoint;

import org.apache.juli.logging.Log;
import org.apache.juli.logging.LogFactory;

//import util.HTMLFilter;

@ServerEndpoint(value="/websocket/chat")
public class ChatAnnotation {
    private static final Log log=LogFactory.getLog(ChatAnnotation.class);
    private static final String GUEST_PREFIX="Guest";
    private static final AtomicInteger connectionIds=new AtomicInteger(0);
    private static final Set<ChatAnnotation>connections=new CopyOnWriteArraySet<>();
    private final String nickname;
    private Session session;

    public ChatAnnotation() {
        nickname=GUEST_PREFIX+connectionIds.getAndIncrement();
    }

    @OnOpen
    public void start(Session session) {
        this.session=session;
        connections.add(this);
        String message=String.format("* %s %s", nickname, "has joined.");
        broadcast(message);
    }

    @OnClose
    public void end() {
        connections.remove(this);
        String message=String.format("* %s %s",nickname, "has disconnected.");
        broadcast(message);
    }

    @OnMessage
    public void incoming(String message) {
        //Never trust the client
        //String filteredMessage=String.format("%s: %s",nickname, HTMLFilter.
           filter(message.toString()));
        broadcast(message);
    }
```

```java
@OnError
public void onError(Throwable t) throws Throwable {
    log.error("Chat Error: "+t.toString(), t);
}
private static void broadcast(String msg) {
    for (ChatAnnotation client : connections) {
        try {
            synchronized (client) {
                client.session.getBasicRemote().sendText(msg);
            }
        } catch (IOException e) {
            log.debug("Chat Error: Failed to send message to client", e);
            connections.remove(client);
            try {
                client.session.close();
            } catch (IOException e1) {
                //Ignore
            }
            String message=String.format(" * %s %s",client.nickname, "has been disconnected.");
            broadcast(message);
        }
    }
}
```

chat.xhtml 的代码如下:

```xml
<?xml version="1.0" encoding="UTF-8"?>
<html xmlns="http://www.w3.org/1999/xhtml" xml:lang="en">
<head>
    <title>Apache Tomcat WebSocket Examples: Chat</title>
    <style type="text/css"><![CDATA[
        input#chat {
            width: 410px
        }

        #console-container {
            width: 400px;
        }

        #console {
            border: 1px solid #CCCCCC;
            border-right-color: #999999;
            border-bottom-color: #999999;
            height: 170px;
            overflow-y: scroll;
            padding: 5px;
            width: 100%;
        }

        #console p {
            padding: 0;
            margin: 0;
        }
```

```
]]></style>
<script type="application/javascript"><![CDATA[
    "use strict";
    var Chat={};
    Chat.socket=null;

    Chat.connect=(function(host) {
        if ('WebSocket' in window) {
            Chat.socket=new WebSocket(host);
        } else if ('MozWebSocket' in window) {
            Chat.socket=new MozWebSocket(host);
        } else {
            Console.log('Error: WebSocket is not supported by this browser.');
            return;
        }

        Chat.socket.onopen=function () {
            Console.log('Info: WebSocket connection opened.');
            document.getElementById('chat').onkeydown=function(event) {
                if (event.keyCode==13) {
                    Chat.sendMessage();
                }
            };
        };

        Chat.socket.onclose=function () {
            document.getElementById('chat').onkeydown=null;
            Console.log('Info: WebSocket closed.');
        };

        Chat.socket.onmessage=function (message) {
            Console.log(message.data);
        };
    });

    Chat.initialize=function() {
        if (window.location.protocol=='http:') {
            Chat.connect('ws://'+window.location.host+'/webapp/websocket/
                chat');
        } else {
            Chat.connect('wss://'+window.location.host+'/webapp/websocket/
                chat');
        }
    };

    Chat.sendMessage=(function() {
        var message=document.getElementById('chat').value;
        if (message!='') {
            Chat.socket.send(message);
            document.getElementById('chat').value='';
        }
    });

    var Console={};
```

```
        Console.log=(function(message) {
            var console=document.getElementById('console');
            var p=document.createElement('p');
            p.style.wordWrap='break-word';
            p.innerHTML=message;
            console.appendChild(p);
            while (console.childNodes.length >25) {
                console.removeChild(console.firstChild);
            }
            console.scrollTop=console.scrollHeight;
        });

        Chat.initialize();

        document.addEventListener("DOMContentLoaded", function() {
            //Remove elements with "noscript" class -<noscript>is not allowed in XHTML
            var noscripts=document.getElementsByClassName("noscript");
            for (var i=0; i <noscripts.length; i++) {
                noscripts[i].parentNode.removeChild(noscripts[i]);
            }
        }, false);

    ]]></script>
</head>
<body>
<div class="noscript"><h2 style="color: #ff0000">Seems your browser doesn't
    support Javascript! Websockets rely on Javascript being enabled. Please enable
    Javascript and reload this page!</h2></div>
<div>
    <p>
        <input type="text" placeholder="type and press enter to chat" id="chat" />
    </p>
    <div id="console-container">
        <div id="console"/>
    </div>
</div>
</body>
</html>
```

4. 测试与运行

项目中要用 Tomcat8 启动。如果 MyEclipse 暂不支持 Tomcat8，可以在 Eclipse 中通过 Window→Preference→Server 命令直接配置 Tomcat8 的服务。

本实例主要依据 Tomcat8 自带的一个 WebSocket 的例子。相关的类在 %tomcat%\webapps\examples\WEB-INF\classes\websocket 目录中。项目中需要导入 chat 子目录的文件，如图 3-19 所示。

网页发布目录 websocket 下的 chat.xhtml 页面也需要导入到项目中。建立好 Web 项目后，还需要导入 tomcat-juli.jar 和 websocket-api.jar 两个外部包。

图 3-19　chat 子目录及其文件

> **注意**
>
> tomcat-juli.jar 包不在％tomcat％\lib 目录中，而在％tomcat％\bin 目录中。

接下来在 chat.xhtml 文件中找到下面一段代码：

```
Chat.initialize=function() {
    if (window.location.protocol=='http:') {
        Chat.connect('ws://'+window.location.host+'/webapp/websocket/chat');
    } else {
        Chat.connect('wss://'+window.location.host+'/webapp/websocket/chat');
    }
};
```

把 examples 改为项目名称，比如 webapp。打开第一个窗口，用户名为 Guest0，发出对话如图 3-20 所示。

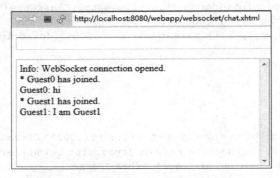

图 3-20　针对 Guest0 用户发出的会话

再打开一个窗口，用户名为 Guest1，发出对话如图 3-21 所示。

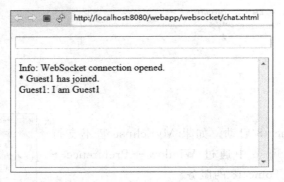

图 3-21　针对 Guest1 用户发出的会话

5. 技术分析

1）概要

浏览器中通过 HTTP 协议仅能实现单向的通信。WebSocket 协议可以实现双向通信，已在 HTML5 中定义。WebSocket 协议能更好地节省服务器资源和带宽并达到实时通信。

利用 WebSocket 协议，浏览器和服务器只需要做一个握手的动作就能形成了一条快速通道。两者之间可以互相传送数据。

2）WebSocket 握手协议

在实现 WebSocket 连线过程中，需要通过浏览器发出 WebSocket 连线请求，然后服务器发出回应，这个过程通常称为"握手"（handshaking）。

例如，先由浏览器发出如下请求：

```
GET /demo HTTP/1.1
Host：你的网址.com
Connection: Upgrade
Sec-WebSocket-Key2: 12998 5 Y3 1 .P00
Upgrade: WebSocket
Sec-WebSocket-Key1: 4 @1 46546xW%0l 1 5
Origin: http://网址.com
^n:ds[4U
```

接着是服务器的回应，内容如下：

```
HTTP/1.1 101
WebSocket Protocol Handshake
Upgrade: WebSocket
Connection: Upgrade
Sec-WebSocket-Origin: http://你的网址.com
Sec-WebSocket-Location: ws://你的网址.com/demo
Sec-WebSocket-Protocol: sample
8jKS'y:G*Co,Wxa-
```

6. 问题与思考

（1）按照如图 3-22 所示格式编写 WebSocket 客户端页面代码。

图 3-22　编写 WebSocket 客户端页面代码

> 提示

参考页面代码如下：

```
<textarea id="chatlog" readonly></textarea><br/>
<input id="msg" type="text" />
<button type="submit" id="sendButton" onClick="postToServer()">Send!</button>
<button type="submit" id="sendButton" onClick="closeConnect()">End</button>
</body>
```

参考 Javascript 代码如下：

```
var ws=new WebSocket("ws://localhost:8080/webapp/websocket/chat");
ws.onopen=function(){
};
ws.onmessage=function(message){
    document.getElementById("chatlog").textContent+=message.data+"\n";
```

```
};
function postToServer(){
    ws.send(document.getElementById("msg").value);
    document.getElementById("msg").value="";
}
function closeConnect(){
    ws.close();
}
```

(2) 编写程序,假设用户名和密码事先保存在MySql数据库中,用户只有登录认证后才能进入聊天框进行通信,并要求界面中显示所有的聊天用户。

3.4 邮件服务器

SMTP(Simple Mail Transfer Protocol,简单邮件传输协议)是Internet传输E-mail的标准。

SMTP使用命令在客户端和服务器之间传输报文,即客户端发出一个命令,服务器返回一个应答。发送方与接收方一问一答地交互,由发送方控制这个对话,如图3-23所示。

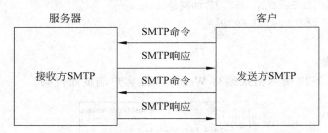

图3-23　客户端与服务器之间使用SMTP协议进行通信

【实例】　用SMTP命令,利用163邮件服务器发送一封邮件。

1. 详细设计

略。

2. 编码实现

(1) 与SMTP服务器打招呼

语句如下:

```
>helo smtp
```

分析:注意,这个界面下不要使用退格键。

(2) 登录到SMTP服务器

语句如下:

```
>auth login
```

分析:这个命令要求输入用户名和密码,用户名和密码是经过base64编码之后的字符串。

(3) 编写邮件内容并发送出去

语句如下：

```
Mail from:<××××××@163.com>
Rcpt to:<××××××@qq.com>
data
```

分析：在 data 命令后可以输入邮件正文，正文结束标志是在最末尾输入一个英文状态下的"."。

3. 源代码

发邮件的命令序列如下：

```
telnet smtp.163.com 25
helo smtp
auth login
×××××××××××
×××××××××××
mail from:<××××××@163.com>
rcpt to:<××××××@qq.com>
data
subject:trymail
i am weiyong
.
quit
```

认证用户时需要输入用户名和密码。用户名和密码必须先转换为 BASE64 码。

4. 测试与运行

163 邮箱的 SMTP 服务器是 smtp.163.com，端口是 25。下面用 Telnet 连接后，再用 SMTP 命令发送一封邮件。

```
c: telnet smtp.163.com 25
s:220 163.com Anti-spam GT for Coremail System (163com[20141201])
c:helo smtp
s:250 OK
c:auth login
s:334 dXNlcm5hbWU6
c:×××××××××××
s:334 UGFzc3dvcmQ6
c:×××××××××××
s:235 Authentication successful
c:mail from:<××××××@163.com>
s:250 Mail OK
c:rcpt to:<××××××@qq.com>
s:250 Mail OK
c:data
s:354 End data with <CR><LF>.<CR><LF>
c:subject:trymail
i am weiyong
.
s:250 Mail OK queued as smtp14,EsCoWEBZ90S8i_xWu_pZAA--.26697S2 1459391529
```

```
c:quit
s:221 Bye
```

注意

data 之后按 Enter 键即可开始输入正文。输入正文前还可以有以下可选项。

from：发件人名称，此项可任意填入，将显示在收件箱的"发件人"一栏。

to：收件人名称，可任意填入，将显示在收件箱的"收件人"一栏。

subject：信件主题，显示在收件箱的"主题"一栏中。

此时需空一行，即在一空行直接按 Enter 键，表示正文部分的开始。

空行后输入信件的正文内容。

按下 Enter 键，邮件就顺利地通过 cmd 发送出去了。

5．技术分析

电子邮件传递可以由多种协议来实现。目前，在 Internet 上最流行的三种电子邮件协议是 SMTP、POP3 和 IMAP，下面分别简单介绍。

1）SMTP 协议

简单邮件传输协议（Simple Mail Transfer Protocol，SMTP）是一个运行在 TCP/IP 之上的协议，用它发送和接收电子邮件。SMTP 服务器在默认端口 25 上监听。SMTP 客户使用一组简单的、基于文本的命令与 SMTP 服务器进行通信。在建立了一个连接后，为了接收响应，SMTP 客户首先发出一个命令来标识它们的电子邮件地址。如果 SMTP 服务器接收了发送者发出的文本命令，它就利用一个 OK 响应和用整数代码确认每一个命令。客户发送的另一个命令意味着电子邮件消息体的开始，消息体以一个圆点"."加上回车符终止。

（1）SMTP 常用命令

SMTP 协议共有 14 条命令。通常情况下用 HELO、MAIL、RCPT、DATA 和 QUIT 这 5 条命令就可以完成一封邮件的发送。

SMTP 命令不区分大小写，但参数区分大小写，有关这方面的详细说明请参考 RFC821。常用的命令如下。

- HELO <domain> <CRLF>　　向服务器标识用户身份，发送者能欺骗、说谎，但一般情况下服务器都能检测到。
- MAIL FROM：<reverse-path> <CRLF>　　<reverse-path>为发送者地址，此命令用来对所有的状态和缓冲区进行初始化。
- RCPT TO：<forward-path> <CRLF>　　<forward-path>用来标识邮件接收者的地址，常用在 MAIL FROM 后，可以有多个 RCPT TO。
- DATA <CRLF>　　将之后的内容作为数据发送，以<CRLF>.<CRLF>标识数据的结尾。
- REST <CRLF>　　重置会话，当前传输被取消。
- NOOP <CRLF>　　要求服务器返回 OK 应答，一般用作测试。
- QUIT <CRLF>　　结束会话。
- VRFY <string> <CRLF>　　验证指定的邮箱是否存在。由于安全方面的原因，服务器大多禁用此命令。
- EXPN <string> <CRLF>　验证给定的邮箱列表是否存在。由于安全方面的原因,服务器大多禁用此命令。
- HELP <CRLF>　查询服务器支持什么命令。

(2) 常用响应

常用的响应说明如下(软件本身是英文)。更详细的说明请参考 RFC821。

501　参数格式错误。

502　命令不可实现。

503　错误的命令序列。

504　命令参数不可实现。

211　对系统状态或系统帮助的响应。

214　帮助信息。

220<domain>　服务就绪。

221<domain>　服务关闭。

421<domain>　服务未就绪,关闭传输信道。

250　要求的邮件操作完成。

251　用户非本地,将转发向<forward-path>。

450　要求的邮件操作未完成,邮箱不可用。

550　要求的邮件操作未完成,邮箱不可用。

451　放弃要求的操作,处理过程中出错。

551　用户非本地,请尝试<forward-path>。

452　系统存储不足,要求的操作未执行。

552　过量的存储分配,要求的操作未执行。

553　邮箱名不可用,要求的操作未执行。

354　开始邮件输入,以"."结束。

554　操作失败。

2) POP3 协议

邮局协议(Post Office Protocol Version 3,POP3)提供了一种对邮件消息进行排队的标准机制,这样接收者以后才能检索邮件。POP3 服务器也运行在 TCP/IP 之上,并且在默认端口 110 上监听。在客户和服务器之间进行了初始的会话之后,基于文本的命令序列可以被交换。POP3 客户利用用户名和口令向 POP3 服务器认证。POP3 中的认证是在一种未加密的会话基础之上进行的。POP3 客户发出一系列命令发送给 POP3 服务器,如:请求客户邮箱队列的状态,请求列出的邮箱队列的内容和请求检索实际的消息。POP3 代表一种存储转发类型的消息传递服务。现在,大部分邮件服务器都采用 SMTP 发送电子邮件,同时使用 POP3 接收电子邮件消息。

(1) POP3 的三种状态

POP3 协议中有三种状态,即认正状态、处理状态和更新状态。命令的执行可以改变协议的状态,而对于具体的某条命令,它只能在具体的某种状态下使用。

客户机与服务器刚与服务器建立连接时,它的状态为认证状态;一旦客户机提供了自己身份并被成功地确认,即由认可状态转入处理状态;在完成相应的操作后客户机发出 QUIT 命令(具体说明见后续内容),则进入更新状态,更新之后又重返认可状态;当然在认可状态下执行 QUIT 命令,可释放连接。状态间的转移如图 3-24 所示。

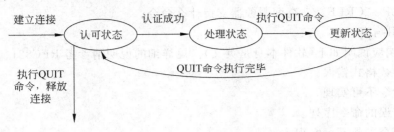

图 3-24　POP3 的状态转移图

(2) POP3 命令

一般用 Telnet pop3 Server 110 命令后就可以用 POP3 命令了。对大小写不敏感,不包括口令本身。注意不要让口令回显,等验证通过后再允许回显。常用命令如下。

- user username　认可状态。
- pass password　认可状态。执行成功则完成状态的转换。
- apop name,digest　认可状态。一种安全传输口令的办法,执行成功则会导致状态的转换,请参见 RFC 1321。
- stat　处理状态。请求 Server 回送邮箱统计资料,如邮件数、邮件总字节数。
- uidl n　处理状态。Server 返回用于该指定邮件的唯一标识,如果没有指定,则返回所有的邮件。
- list n　处理状态。Server 返回指定邮件的大小等。
- retr n　处理状态。Server 返回邮件的全部文本。
- dele n　处理状态。Server 会标记为删除,quit 命令执行时才真正删除。
- rset　处理状态。撤销所有的 dele 命令。
- top n,m　处理状态。返回 n 号邮件的前 m 行内容,m 必须是自然数。
- noop　处理状态。Server 返回一个肯定的响应。
- quit client　希望结束会话。如果 Server 处于"处理"状态,则现在进入"更新"状态,删除那些标记为"删除"的邮件。如果 Server 处于"认可"状态,则结束会话时 Server 不进入"更新"状态。

对于 apop 命令,如果 Client 使用 user 命令,口令将是明文。使用 apop 命令时,Client 第一次与 Server 连接时,Server 向 Client 发送一个 ASCII 码问候,该问候由一个字符串组成,它对于每个 Client 的连接都是唯一的,Client 把它的纯文本口令附加到从 Server 接收到的字符串之后,然后计算结果字符串的 MD5 摘要,Client 把 username 和 MD5 摘要作为 apop 命令的参数一起发送出去。

下面通过一个简单的 POP3 通信过程来说明 POP3 命令。

C:telnet pop3.126.com 110/* 以 Telnet 方式连接 126 邮件服务器 */

S:+OK Welcome to coremail Mail Pop3 Server (126coms〔3adb99eb4207ae5256632 eecb8f8b4855〕)/* +OK,代表命令成功,其后的信息则随服务器的不同而不同 */

C: USER bripengandre /* 采用明文认证 */
S: +OK core mail
C: PASS Pop3world /* 发送邮箱密码 */
S: +OK 654 message(s) [30930370 byte(s)] /* 认证成功,转入"处理"状态 */
C: LIST 1 /* 显示第一封邮件的信息 */
S: +OK 1 5184 . /* 第一封邮件的大小为 5184 字节 */
C: UIDL 1 /* 返回第一封邮件的唯一标识符 */
S: +OK 1 1tbisBsHaEX9byI9EQAAsd /* 数字 1 后的长字符串就是第一封邮件的唯一标志符 */
C: RETR 1 /* 下载第一封邮件 */
S: +OK 5184 octets /* 第一封邮件的大小为 5184 字节 */
S: Receive... /* 第一封邮件的具体内容 */
S: ...
C: QUIT /* 转入"更新"状态,接着再转入"认证"状态 */
S: +OK
C: QUIT /* 退出连接 */
S: +OK core mail /* 成功地退出连接 */

3) IMAP 协议

Internet 消息访问协议(Internet Message Access Protocol,IMAP)是一种电子邮件消息排队服务,它对 POP3 的存储转发限制提供了重要的改进。IMAP 也使用基于文本命令的语法在 TCP/IP 上运行,IMAP 服务器一般在默认端口 143 监听。IMAP 服务器允许IMAP 客户下载一个电子邮件的头信息,并且不要求将整个消息从服务器下载至客户端,这一点与 POP3 是相同的。IMAP 服务器提供了一种排队机制以接收消息,同时必须与SMTP 结合在一起才能发送消息。

6. 问题与思考

(1) 用 SMTP 命令通过自己的邮箱服务器发送一封邮件。
(2) 用 POP3 命令通过自己的邮箱服务器接收一封邮件。
(3) 用 Java 编写邮件服务器程序。

提示

(1) SMTP 邮件服务器代码如下。

```java
public class SMTPServer {     //主函数
  public void start() {
    try {
      ServerSocket ss=new ServerSocket(25);
      while(true){
        Socket s=ss.accept();
        new SMTPSession(s).start();
      }
    } catch (IOException e) {
      e.printStackTrace();
    }
```

```java
    }
  }

  public class SMTPSession extends Thread {
    public static final String CMD_HELO="HELO";//信号
    public static final String CMD_MAIL="MAIL";
    public static final String CMD_RCPT="RCPT";
    public static final String CMD_DATA="DATA";
    public static final String CMD_QUIT="QUIT";
    public static final String CMD_RSET="RSET";
    public static final String CMD_NOOP="NOOP";
    private Socket s;
    private BufferedReader br;
    private PrintStream ps;

    private String from;
    private String to;

    public SMTPSession(Socket s) {
      this.s=s;
    }
    public void run() {
  try {
    br=new BufferedReader(
    new InputStreamReader(s.getInputStream())
  );
    ps=new PrintStream(
    s.getOutputStream()
  );
    doWelcome();
    String line=null;
    line=br.readLine();
    while(line!=null){
    System.out.println(line);
    String command=line.substring(0,4).trim();
    if(command.equalsIgnoreCase(CMD_HELO)){
      doHello();
    }
    else if(command.equalsIgnoreCase(CMD_RSET))
      doRset();
    else if(command.equalsIgnoreCase(CMD_MAIL))
      doMail(line);
    else if(command.equalsIgnoreCase(CMD_RCPT))
      doRcpt(line);
    else if(command.equalsIgnoreCase(CMD_DATA))
      doData();
    else if(command.equalsIgnoreCase(CMD_NOOP))
      doNoop();
    else if(command.equalsIgnoreCase(CMD_QUIT)){
      doQuit();
```

```
         break;
      }
      line=br.readLine();
    }
  } catch (IOException e) {
      e.printStackTrace();
  }
  finally{
    try {
        br.close();
        ps.close();
        s.close();
    } catch (IOException e) {
        e.printStackTrace();
        }
    }
  }
  private void doNoop() {
  }
  private void doQuit() {

  }
  private void doData() {
  }
  private void doRcpt(String command) {
  }

  private void doMail(String command) {
  }
  private void doRset() {
  }
  private void doHello() {
  }
}
```

(2) 下面的代码实现POP3服务。

```
public class POP3Server {      //主函数
  public void start() {
    try {
      ServerSocket ss=new ServerSocket(25);
      while(true){
        Socket s=ss.accept();
        new POP3Session(s).start();
        }
    } catch (IOException e) {
        e.printStackTrace();
      }
    }
}
```

```java
public class POP3Session extends Thread {
    private Socket s;
    private PrintStream ps;
    private BufferedReader br;

//private String name="267287116";
//private String pswd="wangruofei";
    private String username;
    private String password;
    private String path;
    private File file;
    private File[] menu;
    private int n;
    private long oct;
    private List<Integer>dropIndex;//标记为"删除"的下标集合

    public static final String CMD_USER="USER";
    public static final String CMD_PASS="PASS";
    public static final String CMD_STAT="STAT";
    public static final String CMD_LIST="LIST";
    public static final String CMD_RETR="RETR";
    public static final String CMD_DELE="DELE";
    public static final String CMD_RSET="RSET";
    public static final String CMD_NOOP="NOOP";
    public static final String CMD_QUIT="QUIT";
    public static final String CMD_TOP="TOP";

    public POP3Session(Socket s) {
        this.s=s;
    }
    @Override
    public void run() {
        try {
            br=new BufferedReader(new InputStreamReader(s.getInputStream()));
            ps=new PrintStream(s.getOutputStream());
            dropIndex=new ArrayList<Integer>();
            doWelcome();
            String line=null;
            while((line=br.readLine())!=null){
                System.out.println(line);
                String command=line.substring(0,4).trim();
                if(command.equalsIgnoreCase(CMD_USER))
                    doUser(line);
                else if(command.equalsIgnoreCase(CMD_PASS))
                    doPass(line);
                else if(command.equalsIgnoreCase(CMD_STAT))
                    doStat();
                else if(command.equalsIgnoreCase(CMD_LIST))
                    doList(line);
                else if(command.equalsIgnoreCase(CMD_RETR))
                    doRetr(line);
```

```java
                else if(command.equalsIgnoreCase(CMD_DELE))
                    doDele(line);
                else if(command.equalsIgnoreCase(CMD_RSET))
                    doRset();
                else if(command.equalsIgnoreCase(CMD_NOOP))
                    doNoop();
                else if(command.equalsIgnoreCase(CMD_TOP))
                    doTop();
                else if(command.equalsIgnoreCase(CMD_QUIT)){
                    doQuit();
                    break;
                }
            }
        } catch (IOException e) {
            e.printStackTrace();
        }
        finally{
            try{
                br.close();
                ps.close();
                s.close();
            }catch(Exception e){
                e.printStackTrace();
                }
            }
    }
    private void doTop() {
    }
    private void doNoop() {
    }
    private void doRset() {
    }
    private void doDele(String line) {
    }
    private void doRetr(String line) {
    }
    private void doList(String line) {
    }
    private void doStat() {
    }

    private void doQuit() {
    }
    private void getRB(){
    }

    private void doPass(String line) {
    }
    private boolean checkUser() {
    }
    private void doUser(String line) {
```

```
    }
    private void doWelcome() {
    }
}
```

(3) 接下来启动 SMTP 和 POP3 服务器。

```
new SMTPServer().start();
new POP3Server().start();
```

第 4 章　MINA 与通信

MINA（Multipurpose Infrastructure for Network Applications）是用于开发高性能和高可用性的网络应用程序的基础框架。通过使用 MINA 框架可以省下处理底层 I/O 和线程并发等复杂工作，开发人员能够把更多的精力投入到业务设计和开发当中。MINA 框架的应用比较广泛，应用的开源项目有 Apache Directory、AsyncWeb、Apache Qpid、QuickFIX/J、Openfire、SubEthaSTMP、red5 等。

4.1　MINA 应用程序

MINA 框架的特点有：基于 Java NIO 类库开发；采用非阻塞方式的异步传输；事件驱动；支持批量数据传输；支持 TCP、UDP 协议；控制反转的设计模式（支持 Spring）；采用优雅的松耦合架构；可灵活地加载过滤器的机制；单元测试更容易实现；可自定义线程的数量，以提高运行于多处理器上的性能；采用回调的方式完成调用，线程的使用更容易。

MINA 框架的常用类如下。

- NioSocketAcceptor 类：用于创建服务端监听。
- NioSocketConnector 类：用于创建客户端连接。
- IoSession 类：用来保存会话属性和发送消息。
- IoHandlerAdapter 类：用于定义业务逻辑。

常用的方法如下。

- sessionCreated()：当会话创建时被触发。
- sessionOpened()：当会话开始时被触发。
- sessionClosed()：当会话关闭时被触发。
- sessionIdle()：当会话空闲时被触发。
- exceptionCaught()：当接口中其他方法抛出异常未被捕获时触发此方法。
- messageRecieved()：当接收到消息后被触发。
- messageSent()：当发送消息后被触发。

使用 MINA 框架来开发的网络应用程序代码结构更清晰；MINA 框架完成了底层的线程管理；MINA 内置的编码器可以满足大多数用户的需求，省去了开发人员消息编码解码的工作。使用 MINA 开发服务器程序的性能已经逼近使用 C/C++ 语言开发的网络服务。因此，建议在网络应用程序开发过程中尝试使用 MINA 框架来提高开发效率和应用程序的执行效率。

【**实例**】 用 MINA 框架编写服务端程序,当客户端创建会话时会显示客户端设备的 IP 和端口;当客户端输入 quit 时结束会话;客户端输入其他内容时则向客户端发送当前时间。

1. 分析与设计

1) 服务端源程序

首先定义一个业务逻辑处理器 TimeServerHandler,继承自 IoHandlerAdapter,代码如下:

```
class TimeServerHandler extends IoHandlerAdapter {
    //一旦会话创建就触发该方法
    sessionCreated(IoSession session) {
        显示客户端的 IP 和端口
    }
    //一旦接收到消息就触发该方法
    messageReceived(IoSession session, Object message) throws Exception {
        接收到 quit 则关闭会话,否则输出日期到客户端
    }
}
```

MinaTimeServer 用来启动服务端。

```
class MinaTimeServer {
    定义监听端口 PORT 为 9123
    main(){
        在服务器端创建一个接收器
        指定过滤器
        启动监听
    }
}
```

2) 客户端源程序

TimeClientHandler 类用来处理消息接收事件。

```
class TimeClientHandler extends IoHandlerAdapter{
    messageReceived(IoSession session, Object message) {
        显示接收到的消息
    }
}
```

定义 MinaTimeClient 类,用于连接服务端,并向服务端发送消息。

```
class MinaTimeClient {
    main() {
        创建客户端连接器和过滤器
        建立连接
        待连接创建完成则发送消息
        等待连接断开并关闭连接
        cf.getSession().getCloseFuture().awaitUninterruptibly();
        connector.dispose();
    }
}
```

2. 实现过程

1) 显示客户端的 IP 和端口

语句如下：

```
System.out.println(session.getRemoteAddress().toString());
```

分析：该语句放在 sessionCreated()方法中，一旦会话创建时该方法被触发，就输出客户端的 IP。

2) 接收到 quit 则关闭会话，否则输出日期到客户端

语句如下：

```
String str=message.toString();
if(str.trim().equalsIgnoreCase("quit")) {
    session.close();//结束会话
    return;
}
Date date=new Date();
session.write(date.toString());//返回当前时间的字符串
System.out.println("Message written...");
```

分析：以上语句放在 messageRecieved()方法中，一旦接收到消息后就被触发。

3) 指定过滤器

语句如下：

```
acceptor.getFilterChain().addLast("logger", new LoggingFilter());
acceptor.getFilterChain().addLast("codec", new ProtocolCodecFilter(new TextLineCodecFactory(Charset.forName("UTF-8"))));
```

分析：第一条语句创建一个日志过滤器进行日志处理，并添加到过滤器链的第一个位置。过滤器的位置很重要，在这里因为放到了第一个位置，它会记录原始字节码数据。第二条语句增加一个按行进行处理文本的编解码过滤器，并且指定按 UTF-8 的方法进行编解码。

4) 启动监听

语句如下：

```
acceptor.setHandler(new TimeServerHandler());
acceptor.setDefaultLocalAddress(new InetSocketAddress(PORT));
acceptor.bind();
```

分析：用接收器的 bind()方法启动监听，之前需用 setHandler()方法指定业务逻辑处理器和用 setDefaultLocalAddress()方法设置端口号。

5) 建立连接

语句如下：

```
connector.setHandler(new TimeClientHandler());//设置事件处理器
ConnectFuture cf=connector.connect(
    new InetSocketAddress("127.0.0.1", 9123));
```

分析：连接器的 connect()方法用于建立连接，同样连接前需用 setHandler()方法指定

客户端业务逻辑处理器。

6）待连接创建完成即发送消息

语句如下：

```
cf.awaitUninterruptibly();
cf.getSession().write("hello");
cf.getSession().write("quit");
```

分析：ConnectFuture 的 awaitUninterruptibly()方法等待连接创建完成。后面两条语句分别发送字符串"hello"和"quit"。

7）等待连接断开并关闭连接

语句如下：

```
cf.getSession().getCloseFuture().awaitUninterruptibly();
connector.dispose();
```

分析：第一条语句等待连接断开，第二条关闭连接。

3．源代码

1）服务端源程序

```java
/*TimeServerHandler*/
package server;

import java.util.Date;

import org.apache.mina.core.service.IoHandlerAdapter;
import org.apache.mina.core.session.IoSession;

public class TimeServerHandler extends IoHandlerAdapter
{
@Override
public void sessionCreated(IoSession session) {
//显示客户端的IP和端口
System.out.println(session.getRemoteAddress().toString());
}
@Override
public void messageReceived(IoSession session, Object message) throws Exception
{
String str=message.toString();
if(str.trim().equalsIgnoreCase("quit")) {
session.close();//结束会话
return;
}
Date date=new Date();
session.write(date.toString());//返回当前时间的字符串
System.out.println("Message written...");
}
}
```

> **注意**
>
> 如果想重写父类方法，在方法前面加上@Override，系统可以检查方法的正确性。例如要重写方法 toString()，可以写成：

```
@Override
public String toString(){...}
```

一旦写成

```
@Override
public String tostring(){...}
```

编译器可以检测出这种写法是错误的，这样能保证重写的方法正确。如果不加@Override，直接写成：

```
public String tostring(){...}
```

编译器是不会报错的，它只会认为这是新加的一个方法而已。

完整示例代码如下：

```java
/*MinaTimeServer*/
package server;

import java.io.IOException;
import java.net.InetSocketAddress;
import java.nio.charset.Charset;

import org.apache.mina.core.service.IoAcceptor;
import org.apache.mina.filter.codec.ProtocolCodecFilter;
import org.apache.mina.filter.codec.textline.TextLineCodecFactory;
import org.apache.mina.filter.logging.LoggingFilter;
import org.apache.mina.transport.socket.nio.NioSocketAcceptor;

public class MinaTimeServer {
    private static final int PORT=9123;//定义监听端口
    public static void main(String[] args) throws IOException{
        IoAcceptor acceptor=new NioSocketAcceptor();
        acceptor.getFilterChain().addLast("logger", new LoggingFilter());
        acceptor.getFilterChain().addLast("codec", new ProtocolCodecFilter(new TextLineCodecFactory(Charset.forName("UTF-8"))));//指定编码过滤器
        acceptor.setHandler(new TimeServerHandler());//指定业务逻辑处理器
        acceptor.setDefaultLocalAddress(new InetSocketAddress(PORT));//设置端口号
        acceptor.bind();//启动监听
    }
}
```

2) 客户端源程序

```java
/*TimeClientHandler*/
package client;
```

```java
import org.apache.mina.core.service.IoHandlerAdapter;
import org.apache.mina.core.session.IoSession;

class TimeClientHandler extends IoHandlerAdapter{
  public TimeClientHandler() {
  }
  public void messageReceived(IoSession session, Object message) throws Exception {
    System.out.println(message);//显示接收到的消息
  }
}

/* MinaTimeClient */
package client;

import java.net.InetSocketAddress;
import java.nio.charset.Charset;

import org.apache.mina.core.future.ConnectFuture;
import org.apache.mina.core.service.IoAcceptor;
import org.apache.mina.core.service.IoConnector;
import org.apache.mina.filter.codec.ProtocolCodecFilter;
import org.apache.mina.filter.codec.textline.TextLineCodecFactory;
import org.apache.mina.filter.logging.LoggingFilter;
import org.apache.mina.transport.socket.nio.NioSocketConnector;

public class MinaTimeClient {
  public static void main(String[] args) {
    //创建客户端连接器
    IoConnector connector=new NioSocketConnector();
    //IoAcceptor connector=new NioSocketConnector();
    connector.getFilterChain().addLast("logger", new LoggingFilter());
    connector.getFilterChain().addLast("codec", new ProtocolCodecFilter(new TextLineCodecFactory(Charset.forName("UTF-8"))));  //设置编码过滤器
    connector.setConnectTimeout(30);
    connector.setHandler(new TimeClientHandler());//设置事件处理器
    ConnectFuture cf=connector.connect(
      new InetSocketAddress("127.0.0.1", 9123));//建立连接
    cf.awaitUninterruptibly();//等待连接创建完成
    cf.getSession().write("hello");//发送消息
    cf.getSession().write("quit");//发送消息
    cf.getSession().getCloseFuture().awaitUninterruptibly();//等待连接断开
    connector.dispose();
  }
}
```

4. 测试与运行

下面将以 MINA2.0M1 版本为基础，来演示如何运行上面的程序。所需 jar 包为 slf4j-api-xxx.jar、slf4j-jdk14-xxx.jar、MINA-core-2.0.0-xxx.jar。图 4-1 所示是在 Eclipse 中的 Build Path 配置。

如果没有 slf4j-jdk14-xxx.jar 包，运行程序时候会出现"Failed to load class "org.slf4j.

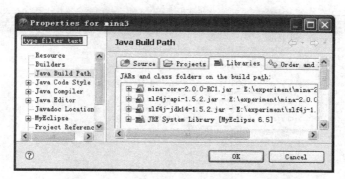

图 4-1 Eclipse 引入包

impl.StaticLoggerBinder""。在官方网站 http://www.slf4j.org/dist/slf4j-1.5.2.zip 下载 slf4j-1.5.2.zip,解压出 slf4j-jdk14-xxx.jar 并导入项目后可以解决问题。

首先运行 MinaTimeServer,启动服务器端,接着在命令行运行"telnet 127.0.0.1 9123"来登录,这时会看到服务器端输出如图 4-2 所示。

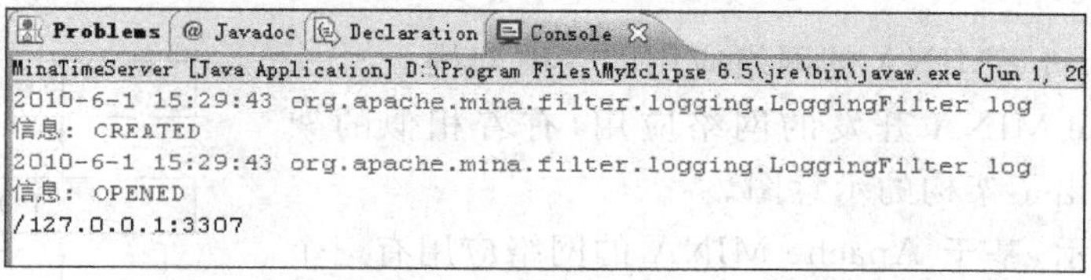

图 4-2 与客户建立连接

在客户端按 Enter 键,即可以看到服务器端返回的当前时间,如图 4-3 所示。

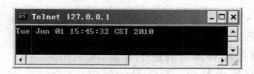

图 4-3 服务器端返回时间

服务器端控制台的输出如图 4-4 所示。

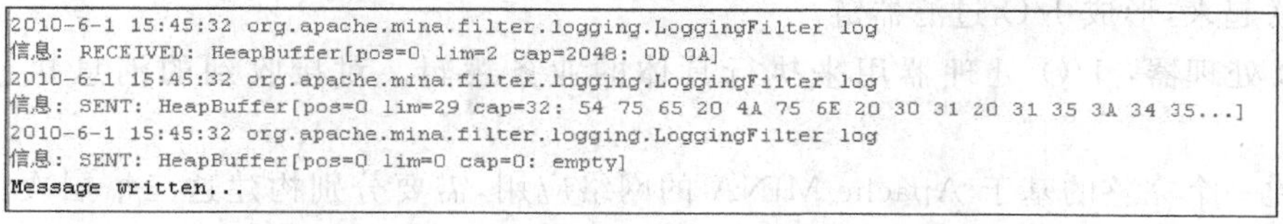

图 4-4 服务器端控制台的输出

运行客户端程序,服务器端输出如图 4-5 所示。

5. 技术分析

1) Apache MINA 2 简介

Apache MINA 2 是一个开发高性能和高可伸缩性网络应用程序的网络应用框架。它提供了一个抽象的事件驱动的异步 API,可以使用 TCP/IP、UDP/IP、串口和虚拟机内部的

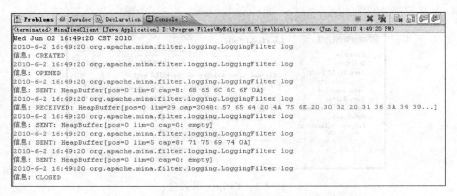

图 4-5　启动客户端后的服务器端的控制台

管道等传输方式。Apache MINA 2 可以作为开发网络应用程序的一个良好基础。本文将介绍 Apache MINA 2 的基本概念和 API，包括 I/O 服务、I/O 会话、I/O 过滤器和 I/O 处理器。另外还将介绍如何使用状态机。本文包含简单的计算器服务和复杂的联机游戏两个示例应用。

2）基于 Apache MINA 的网络应用的一般架构

基于 Apache MINA 开发的网络应用，有着相似的架构。图 4-6 中给出了架构的示意图。

如图 4-6 所示，基于 Apache MINA 的网络应用有三个层次，分别是 I/O 服务、I/O 过滤器和 I/O 处理器。

I/O 服务：I/O 服务用来执行实际的 I/O 操作。Apache MINA 已经提供了一系列支持不同协议的 I/O 服务，如 TCP/IP、UDP/IP、串口和虚拟机内部的管道等。开发人员也可以实现自己的 I/O 服务。

I/O 过滤器：I/O 服务能够传输的是字节流，而上层应用需要的是特定的对象与数据结构。I/O 过滤器用来完成这两者之间的转换。I/O 过滤器的另外一个重要作用是对输入/输出的数据进行处理，满足横切的需求。多个 I/O 过滤器串联起来，形成 I/O 过滤器链。

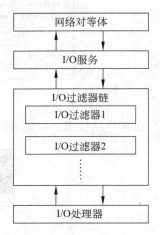

图 4-6　基于 Apache MINA 的网络应用架构

I/O 处理器：I/O 处理器用来执行具体的业务逻辑。对接收到的消息执行特定的处理。

创建一个完整的基于 Apache MINA 的网络应用，需要分别构建这三个层次。Apache MINA 已经为 I/O 服务和 I/O 过滤器提供了不少的实现，因此这两个层次在大多数情况下可以使用已有的实现。I/O 处理器由于是与具体的业务相关的，一般来说都是需要自己来实现的。

3）事件驱动的 API

Apache MINA 提供的是事件驱动的 API。它把与网络相关的各种活动抽象成事件。网络应用只需要对其感兴趣的事件进行处理即可。事件驱动的 API 使得基于 Apache MINA 开发网络应用变得比较简单。应用不需要考虑与底层传输相关的具体细节，而只需要处理抽象的 I/O 事件。比如在实现一个服务端应用的时候，如果有新的连接进来，I/O 服务会产生 sessionOpened 这样一个事件。如果该应用需要在有连接打开的时候执行某些特定的操作，只需要在 I/O 处理器中此事件处理方法 sessionOpened 中添加相应的代码即可。

在使用 Apache MINA 开发复杂的应用之前，首先介绍一个简单的应用。通过此应用可以熟悉上面提到的三个层次，即 I/O 服务、I/O 过滤器和 I/O 处理器。

【例 4-1】 用 MINA 实现一个简单的计算器服务，客户端发送要计算的表达式给服务器，服务器返回计算结果。比如客户端发送 2+2，服务器返回 4.0 作为结果。

在实现此计算器的时候，首先需要考虑的是 I/O 服务。该计算器使用 TCP/IP 协议，需要在指定端口监听，接受客户端的连接。Apache MINA 提供了基于 Java NIO 的套接字实现，可以直接使用。其次要考虑的是 I/O 过滤器。I/O 过滤器过滤所有的 I/O 事件和请求，可以用来处理横切的需求，如记录日志、压缩等。最后就是 I/O 处理器。I/O 处理器用来处理业务逻辑。具体到该应用来说，就是在接收到消息之后，把该消息作为一个表达式来执行，并把结果发送回去。I/O 处理器需要实现 org.apache.mina.core.service.IoHandler 接口或者继承自 org.apache.mina.core.service.IoHandlerAdapter。该应用的 I/O 处理器实现的 CalculatorHandler 代码如下：

```java
import javax.script.ScriptEngine;
import javax.script.ScriptEngineManager;
import javax.script.ScriptException;

import org.apache.mina.core.service.IoHandlerAdapter;
import org.apache.mina.core.session.IoSession;
import org.slf4j.Logger;
import org.slf4j.LoggerFactory;

public class CalculatorHandler extends IoHandlerAdapter {
  private static final Logger LOGGER=LoggerFactory.getLogger(CalculatorHandler.
    class);
  private ScriptEngine jsEngine=null;
  //public CalculatorHandler(){}
  public CalculatorHandler() {
    ScriptEngineManager sfm=new ScriptEngineManager();
    jsEngine=sfm.getEngineByName("JavaScript");
    if (jsEngine==null) {
      throw new RuntimeException("找不到 JavaScript 引擎。");
    }
  }
  public void exceptionCaught(IoSession session, Throwable cause) throws Exception {
    LOGGER.warn(cause.getMessage(), cause);
  }
  public void messageReceived(IoSession session, Object message) throws Exception {
    String expression=message.toString();
    if ("quit".equalsIgnoreCase(expression.trim())) {
      session.close(true);
      return;
```

```java
        }try {
            Object result=jsEngine.eval(expression);
            session.write(result.toString());
        } catch (ScriptException e) {
            LOGGER.warn(e.getMessage(), e);
            session.write("Wrong expression, try again.");
        }
    }
}
```

本程序中 messageReceived 由 IoHandler 接口声明。当接收到新的消息的时候,该方法就会被调用。此处的逻辑是如果传入了 quit,则通过 session.close 关闭当前连接;如果不是,就执行该表达式并把结果通过 session.write 发送回去。此处执行表达式用的是 JDK 6 中提供的 JavaScript 脚本引擎。此处使用到了 I/O 会话相关的方法,会在下面进行说明。

接下来只需要把 I/O 处理器和 I/O 过滤器配置到 I/O 服务上就可以了。具体的 CalculatorServer 实现如下:

```java
import java.io.IOException;
import java.net.InetSocketAddress;
import java.nio.charset.Charset;

import org.apache.mina.core.service.IoAcceptor;
import org.apache.mina.filter.codec.ProtocolCodecFilter;
import org.apache.mina.filter.codec.textline.TextLineCodecFactory;
import org.apache.mina.filter.logging.LoggingFilter;
import org.apache.mina.transport.socket.nio.NioSocketAcceptor;
import org.slf4j.Logger;
import org.slf4j.LoggerFactory;

public class CalculatorServer {
    private static final int PORT=10010;
    private static final Logger LOGGER=LoggerFactory.getLogger(CalculatorServer.
        class);
    public static void main(String[] args) throws IOException {
        IoAcceptor acceptor=new NioSocketAcceptor();
        acceptor.getFilterChain().addLast("logger", new LoggingFilter());
        acceptor.getFilterChain().addLast("codec", new ProtocolCodecFilter (new
            TextLineCodecFactory(Charset.forName("UTF-8"))));
        acceptor.setHandler(new CalculatorHandler());
        acceptor.bind(new InetSocketAddress(PORT));
        LOGGER.info("计算器服务已启动,端口是"+PORT);
    }
}
```

程序中,首先创建一个 org.apache.mina.transport.socket.nio.NioSocketAcceptor 的实例,由它提供 I/O 服务;接着获得该 I/O 服务的过滤器链,并添加两个新的过滤器,一个用来记录相关日志;另外一个用来在字节流和文本之间进行转换;最后配置 I/O 处理器。完成这些之后,通过 bind 方法来在特定的端口进行监听,接收连接。服务器启动之后,可以通过操作系统自带的 Telnet 工具来进行测试,如图 4-7 所示。在输入表达式之后,计算结果会出现在下面一行。

在介绍了简单的计算器服务这个应用之后,下面说明本文中会使用的复杂的联机游戏应用。

4)异步操作

Apache MINA 中的很多操作都是异步的,比如连接的建立、连接的关闭、数据的发送等。在编写网络应用的时候,需要考虑这一点。比如 IoConnector 的 connect 方法,其返回值是 org.apache.mina.core.future.ConnectFuture 类的对象。通过此对象,可以查询连接操作的状态。另外一个常用的是发送数据时使用的 org.apache.mina.core.future.WriteFuture,如下面的代码:

图 4-7 使用 Telnet 工具测试计算器服务

```
IoSession session=... //获取 I/O 会话对象
WriteFuture future=session.write("Hello World"); //发送数据
future.awaitUninterruptibly; //等待发送数据操作完成
if(future.isWritten) {      //数据已经被成功发送} else {      //数据发送失败}
```

由于这样的需求很常见,I/O 处理器中提供了 messageSent 方法,当数据发送成功的时候,该方法会被调用。

5)JMX 集成

Apache MINA 可以集成 JMX 来对网络应用进行管理和监测。下面通过对前面给出的计算器服务进行简单修改,来说明如何集成 JMX。所需的修改如下:

```
MBeanServer mBeanServer=ManagementFactory.getPlatformMBeanServer;
IoAcceptor acceptor=new NioSocketAcceptor;
IoServiceMBean acceptorMBean=new IoServiceMBean(acceptor);
ObjectName acceptorName= new ObjectName(acceptor.getClass.getPackage.getName
+":type=acceptor,name="+acceptor.getClass.getSimpleName);
mBeanServer.registerMBean(acceptorMBean, acceptorName);
```

程序首先获取平台提供的受控 bean 的服务器;其次创建受控 bean(MBean)来包装想要管理和监测的对象,这里使用的是 I/O 连接器对象;最后把创建出来的受控 bean 注册到服务器即可。

在启动计算器服务应用的时候,添加下面的启动参数:

```
-Dcom.sun.management.jmxremote
-Dcom.sun.management.jmxremote.port=8084
-Dcom.sun.management.jmxremote.authenticate=false
-Dcom.sun.management.jmxremote.ssl=false
```

这样就启用了 JMX。接着通过 JVM 提供的"Java 监视和管理控制台"(运行 jconsole)就可以连接到此应用进行管理和监测了。监测的结果如图 4-8 所示。

6)Spring 集成

Apache MINA 可以和流行的开源框架 Spring 进行集成,由 Spring 来管理 Apache

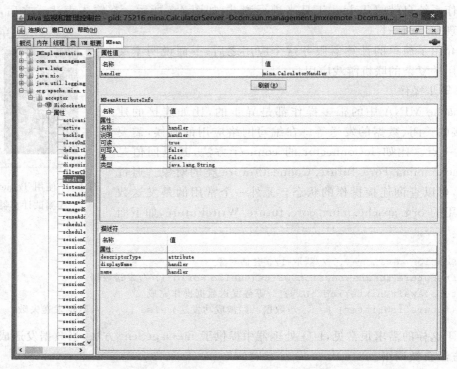

图 4-8　通过"Java 监视和管理控制台"管理和监测基于 Apache MINA 的应用

MINA 中的对象。与 Spring 集成的方式也比较简单，只需要编写相应的 Spring 配置文件即可。下面的代码名给出了与 Spring 集成之后的计算器服务的配置文件。

```xml
<?xml version="1.0" encoding="UTF-8"?>
<beans>
    <bean id="calculatorHandler" class="calculator.CalculatorHandler" />
    <bean id="loggingFilter" class="org.apache.mina.filter.logging.LoggingFilter" />
    <bean id="calculatorCodecFilter" class="org.apache.mina.filter.codec.ProtocolCodecFilter">
        <constructor-arg>
          <bean class="org.apache.mina.filter.codec.textline.TextLineCodecFactory" />
        </constructor-arg>
    </bean>
    <bean id="filterChainBuilder" class="org.apache.mina.core.filterchain.DefaultIoFilterChainBuilder">
        <property name="filters">
           <map>
               <entry key="loggingFilter" value-ref="loggingFilter" />
               <entry key="codecFilter" value-ref="calculatorCodecFilter" />
           </map>
        </property>
    </bean>
    <bean class="org.springframework.beans.factory.config.CustomEditorConfigurer">
        <property name="customEditors">
           <map>
```

```xml
            <entry key="java.net.SocketAddress">
                <bean class="org.apache.mina.integration.beans.
InetSocketAddressEditor"/>
            </entry>
         </map>
      </property>
   </bean>
   <bean id="ioAcceptor" class="org.apache.mina.transport.socket.nio.
NioSocketAcceptor" init-method="bind" destroy-method="unbind">
      <property name="defaultLocalAddress" value=":10010" />
      <property name="handler" ref="calculatorHandler" />
      <property name="filterChainBuilder" ref="filterChainBuilder" />
   </bean>
</beans>
```

代码中创建 I/O 处理器和 I/O 过滤器的方式很直接。由于不能直接从 I/O 接收器获取过滤器链，这里创建了一个 org.apache.mina.core.filterchain.DefaultIoFilterChainBuilder 类的 bean，用来构建过滤器链。由 Apache MINA 提供的网络地址编辑器 org.apache.mina.integration.beans.InetSocketAddressEditor 允许以"主机名：端口"的形式指定网络地址。在声明 I/O 接收器的时候，通过 init-method 指明了当 I/O 接收器创建成功之后，调用其 bind 方法来接受连接；通过 destroy-method 声明了当其被销毁的时候，调用其 unbind 方法来停止监听。

7) 基于 MINA 的 Android 客户端

随着移动互联技术的发展，还可以把 MINA 框架应用在 Android 上实现客户端应用。

由于 Android 自带了 Logout，所以用 MINA 实现客户端不需要 MINA 的日志包了。客户端接收消息会阻塞 Android 的进程，所以需要把客户端放在子线程中（同时将其放在了 Service 中，让其在后台运行）。例如：

```java
public class MinaThread extends Thread {
    private IoSession session=null;
    @Override
    public void run() {
        Log.d("TEST","客户端链接开始...");
        IoConnector connector=new NioSocketConnector();
        connector.setConnectTimeoutMillis(30000);
        connector.getFilterChain().addLast("codec", new ProtocolCodecFilter(new
            TextLineCodecFactory(Charset.forName("UTF-8"),LineDelimiter.
            WINDOWS.getValue(),LineDelimiter.WINDOWS.getValue())));
        connector.setHandler(new MinaClientHandler(minaService));
        try{
            ConnectFuture future = connector.connect(new InetSocketAddress
                (ConstantUtil.WEB_MATCH_PATH,ConstantUtil.WEB_MATCH_PORT));
            //创建链接
            future.awaitUninterruptibly();//等待连接创建完成
            session=future.getSession();//获得 session
            session.write("start");
        }catch (Exception e){
```

```
            Log.d("TEST","客户端链接异常...");
        }
        session.getCloseFuture().awaitUninterruptibly();//等待连接断开
        Log.d("TEST","客户端断开...");
        connector.dispose();
        super.run();
    }
}
```

其中 MinaClientHandler 实现业务逻辑。

6. 问题与思考

(1) 利用 MINA 的基础架构编写程序 HelloServer，启动业务逻辑 HelloHandler，它继承 IoHandlerAdapter，并重写了 IoHandlerAdapter 的 sessionCreated()、sessionIdle()、exceptionCaught()、sessionOpened()、sessionClosed()、messageReceived()和 messageSent()方法。在与客户端通信时就会触发这些方法。

稍后在客户端输入 telnet localhost 8080，对程序进行测试。

(2) 在 MINA 框架下编写客户登录程序，在客户端输入用户名，服务器端收到后保存在 List 中。当有客户端继续用此名字登录，就会提示出错。在客户端显示所有已登录的用户。

(3) 在例 4-1 的基础上，集成 JMX 技术来对服务端进行管理和监测。

4.2 MINA 的状态机

传统应用程序的控制流程基本是顺序排列的：遵循事先设定的逻辑，从头到尾地执行。很少有事件能改变标准执行流程；而且这些事件主要涉及异常情况。"命令行实用程序"是这种传统应用程序的典型例子。

另一类应用程序由外部发生的事件来驱动——换言之，事件在应用程序之外生成，无法由应用程序或程序员来控制。具体需要执行的代码取决于接收到的事件，或者它相对于其他事件的抵达时间。所以，控制流程既不能是顺序的，也不能是事先设定好的，因为它要依赖于外部事件。事件驱动的 GUI 应用程序是这种应用程序的典型例子，它们由命令和选择（也就是用户造成的事件）来驱动。

以收录机状态之间的转换为例。首先是空状态，就是什么磁带没放进去就有磁带的状态，这两个状态之间的转换就是通过 eject 方法和 load 方法来实现的，loaded 表示已经有磁带了，则会发出 play 指令，这时候收录机就会播放磁带，这就是一个新状态 playing。当单击 stop 按钮时，状态又从 playing 转换为 loaded 了，当状态为 playing 的时候，单击 pause 按钮就会停止播放，再单击 play 按钮就会继续播放，所以总结起来就是 4 种状态：Empty、Loaded、Playing、Paused；5 个方法：eject、loaded、stop、play、pause，如图 4-9 所示。

状态机可归纳为 4 个要素，即现态、条件、动作、次态。

【实例】 用 MINA 的状态机模拟收录机状态之间的状换。

1. 分析与设计

在 I/O 处理器中实现业务逻辑的时候，对于简单的情况，一般只需要在 messageReceived

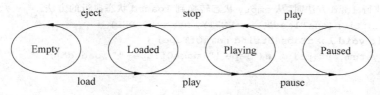

图 4-9 收录机状态的转换

方法中对传入的消息进行处理。如果需要写回数据到对等体中，用 IoSession.write 方法即可。在另外的一些情况下，客户端和服务器端的通信协议比较复杂，客户端其实是有状态变迁的。这个时候可以用 Apache MINA 提供的状态机实现，使得 I/O 处理器的实现更加简单。

2. 状态装换实现过程

语句如下：

```
@Transition(on="load", in=EMPTY, next=LOADED)
public void loadTape(String nameOfTape) {
    System.out.println("Tape '"+nameOfTape+"' loaded");
}
```

分析：以上代码表示当收录机为 Empty 状态时，如果执行 load 方法，则 loadtype 方法将会被调用，然后收录机的状态会变为 loaded。

3. 源代码

1) 在接口中定义收录机的方法

下面在一个接口中定义这几个方法：

```
package mina;
public interface TapeDeck {
    void load(String nameOfTape);
    void eject();
    void play();
    void pause();
    void stop();
}
```

2) 状态定义

用字符串常量定义这几种状态，并且用注解将方法、状态和会执行的方法进行关联：

```
package mina;

import org.apache.mina.statemachine.annotation.State;
import org.apache.mina.statemachine.annotation.Transition;
import org.apache.mina.statemachine.annotation.Transitions;

public class TapeDeckHandler {
//定义状态常量
    @State public static final String EMPTY="Empty";
    @State public static final String LOADED="Loaded";
    @State public static final String PLAYING="Playing";
    @State public static final String PAUSED="Paused";
```

```java
//当执行 load 方法时,从 empty 状态转换到 loaded 状态执行的方法
@Transition(on="load", in=EMPTY, next=LOADED)
public void loadTape(String nameOfTape) {
    System.out.println("Tape '"+nameOfTape+"' loaded");
}

@Transitions({
    @Transition(on="play", in=LOADED, next=PLAYING),
    @Transition(on="play", in=PAUSED, next=PLAYING)
})
public void playTape() {
    System.out.println("Playing tape");
}

@Transition(on="pause", in=PLAYING, next=PAUSED)
public void pauseTape() {
    System.out.println("Tape paused");
}

@Transition(on="stop", in=PLAYING, next=LOADED)
public void stopTape() {
    System.out.println("Tape stopped");
}

@Transition(on="eject", in=LOADED, next=EMPTY)
public void ejectTape() {
    System.out.println("Tape ejected");
}
}
```

4. 测试与运行

有关状态机的类在 mina-satemachine-x.x.x-RC1.jar 包内,所以必须把它放在类环境中,如图 4-10 所示。

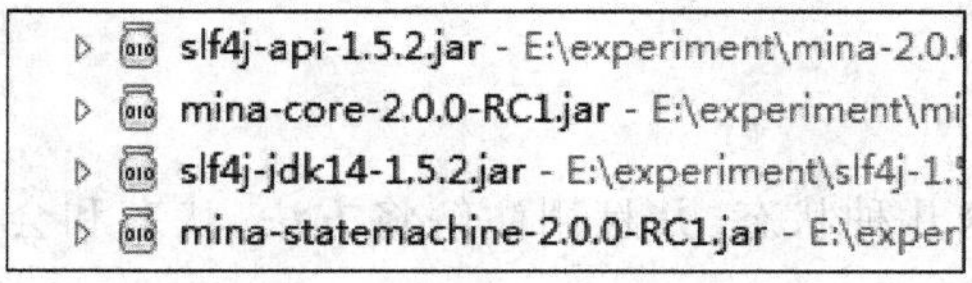

```
▷ 📦 slf4j-api-1.5.2.jar - E:\experiment\mina-2.0.
▷ 📦 mina-core-2.0.0-RC1.jar - E:\experiment\mi
▷ 📦 slf4j-jdk14-1.5.2.jar - E:\experiment\slf4j-1.
▷ 📦 mina-statemachine-2.0.0-RC1.jar - E:\exper
```

图 4-10 状态机运行所包含的 jar 文件

下面是测试类:

```java
package mina;

import org.apache.mina.statemachine.StateMachine;
import org.apache.mina.statemachine.StateMachineFactory;
import org.apache.mina.statemachine.StateMachineProxyBuilder;
import org.apache.mina.statemachine.annotation.Transition;

public class Test {
```

```
public static void main(String[] args) {
    TapeDeckHandler handler=new TapeDeckHandler();//自定义的状态和方法
    StateMachine sm=StateMachineFactory.getInstance(Transition.class).
create(TapeDeckHandler.EMPTY, handler);
    //用工厂方法基于Transition注解创建一个状态机,初始状态为Empty,处理方法基于
自定义的类
    TapeDeck deck=new StateMachineProxyBuilder().create(TapeDeck.class,
sm);   //创建一个状态机代理对象,代理上一步产生的状态机
    deck.load("The Knife -Silent Shout");
    deck.play();
    deck.pause();
    deck.play();
    deck.stop();
    deck.eject();
}
}
```

程序运行结果如图 4-11 所示。

```
Tape 'The Knife - Silent Shout' loaded
Playing tape
Tape paused
Playing tape
Tape stopped
Tape ejected
```

图 4-11　状态机运行结果

5. 技术分析

1) mina 状态机的工作原理

mina 中引入了 StateContext 对象,顾名思义是一个状态上下文对象,用来保存当前的状态,当代理 state 对象的方法被调用的时候,这个上下文对象会通知 stateContextLookup 的实例去从方法参数中获取 stateContext,通常情况下 StateContextLookup 的实现类会对循环方法的参数进行查找,并创建指定的对象,并从这个对象中得到一个上下文对象。如果没有定义上下文对象,StateContextLookup 会创建一个新的,并存放到对象中。

当代理 mina 的 IoHandler 时,将用 IoSessionStateContextLookup 实例来查找 Iosession 中的参数,然后用 IoSession 的属性来为每一个 Session 存储一个 StateContext 对象。这样同样的状态机可以让每个 mina 的 session 使用,而不会彼此影响。

使用 StateMachineProxyBuilder 创建一个代理时,一直没有配置 StateContextLookup 使用哪种实现。如果没有配置,系统会使用 SingletonStateContextLookup。SingletonStateContextLookup 总是不理会方法中传递给它的参数,它一直返回一个相同的状态上下文。很明显,这种方式在多个客户端并发的情况下使用同一个状态机是没有意义的。

看下面的例子：下面的方法将和事件 Event ｛id＝"messageReceived"，arguments＝
［ArrayList a＝［...］，Integer b＝1024］｝实现等价的效果。

```
//All method arguments matches all event arguments directly
@Transition(on="messageReceived")
```

```java
public void messageReceived(ArrayList l, Integer i) { ... }

//Matches since ((a instanceof List && b instanceof Number)==true)
@Transition(on="messageReceived")
public void messageReceived(List l, Number n) { ... }

//Matches since ((b instanceof Number)==true)
@Transition(on="messageReceived")
public void messageReceived(Number n) { ... }

//Methods with no arguments always matches
@Transition(on="messageReceived")
public void messageReceived() { ... }

//Methods only interested in the current Event or StateContext always matches
@Transition(on="messageReceived")
public void messageReceived(StateContext context) { ... }

//Matches since ((a instanceof Collection)==true)
@Transition(on="messageReceived")
public void messageReceived(Event event, Collection c) { ... }
//All method arguments matches all event arguments directly
@Transition(on="messageReceived")
public void messageReceived(ArrayList l, Integer i) { ... }

//Matches since ((a instanceof List && b instanceof Number)==true)
@Transition(on="messageReceived")
public void messageReceived(List l, Number n) { ... }

//Matches since ((b instanceof Number)==true)
@Transition(on="messageReceived")
public void messageReceived(Number n) { ... }

//Methods with no arguments always matches
@Transition(on="messageReceived")
public void messageReceived() { ... }

//Methods only interested in the current Event or StateContext always matches
@Transition(on="messageReceived")
public void messageReceived(StateContext context) { ... }

//Matches since ((a instanceof Collection)==true)
@Transition(on="messageReceived")
public void messageReceived(Event event, Collection c) { ... }
```

但是下面的方法不会和这个事件相匹配：

```java
//Incorrect ordering
@Transition(on="messageReceived")
public void messageReceived(Integer i, List l) { ... }
```

```
//((a instanceof LinkedList)==false)
@Transition(on="messageReceived")
public void messageReceived(LinkedList l, Number n) { ... }

//Event must be first argument
@Transition(on="messageReceived")
public void messageReceived(ArrayList l, Event event) { ... }

//StateContext must be second argument if Event is used
@Transition(on="messageReceived")
public void messageReceived(Event event, ArrayList l, StateContext context) { ... }

//Event must come before StateContext
@Transition(on="messageReceived")
public void messageReceived(StateContext context, Event event) { ... }
//Incorrect ordering
@Transition(on="messageReceived")
public void messageReceived(Integer i, List l) { ... }

//((a instanceof LinkedList)==false)
@Transition(on="messageReceived")
public void messageReceived(LinkedList l, Number n) { ... }

//Event must be first argument
@Transition(on="messageReceived")
public void messageReceived(ArrayList l, Event event) { ... }

//StateContext must be second argument if Event is used
@Transition(on="messageReceived")
public void messageReceived(Event event, ArrayList l, StateContext context) { ... }

//Event must come before StateContext
@Transition(on="messageReceived")
public void messageReceived(StateContext context, Event event) { ... }
```

使用了 Apache MINA 提供的状态机之后,创建 I/O 处理器的方式也发生了变化。I/O 处理器的实例由状态机来创建,如下面在状态机中创建 I/O 处理器的代码:

```
private static IoHandler createIoHandler {
    StateMachine sm=StateMachineFactory.getInstance(IoHandlerTransition.class).
        create(ServerHandler.NOT_CONNECTED, new ServerHandler);
    return new StateMachineProxyBuilder.setStateContextLookup(new
        IoSessionStateContextLookup(new StateContextFactory {
      public StateContext create {
        return new ServerHandler.TetrisServerContext;
      }
    })).create(IoHandler.class, sm);
}
```

以上代码中,TetrisServerContext 是提供给状态机的上下文对象,用来在状态之间共享数据。当然用 IoSession 也是可以实现的,不过上下文对象的好处是类型安全,不需要做额外的类型转换。

2）状态迁移

状态机中两个重要的元素是状态以及状态之间的迁移。

本节实例中使用标注 @Transition 声明了一个状态迁移。每个状态迁移可以有四个属性：on、in、next 和 weight，其中属性 in 是必需的，其余是可选的。属性 on 表示触发此状态迁移的事件名称，如果省略该属性，则默认为匹配所有事件的通配符。该属性的值可以是表中给出的 I/O 处理器中能处理的七种事件类型。属性 in 表示状态迁移的起始状态。属性 next 表示状态迁移的结束状态，如果省略该属性，则默认为表示当前状态的 _self_。属性 weight 用来指明状态迁移的权重。一个状态的所有迁移是按照其权重升序排列的。对于当前状态，如果有多个可能的迁移，排序靠前的迁移将会发生。

3）状态继承

StateMachine.handle(Event) 方法如果不能找到一个 transaction 和当前的事件在当前的状态中匹配，就是去找它的父状态，依次类推，直到找到为止，所以有时候很需要状态的以下继承：

```
@State public static final String A="A";
@State(A) public static final String B="A->B";
@State(A) public static final String C="A->C";
@State(B) public static final String D="A->B->D";
@State(C) public static final String E="A->C->E";
```

运行以下代码：

```
public static void main(String[] args) {
    :
    deck.load("The Knife -Silent Shout");
    deck.play();
    deck.pause();
    deck.play();
    deck.stop();
    deck.eject();
    deck.play();
}
```

可能会出现以下的错误：

```
:
Tape stopped
Tape ejected
Exception in thread "main" o.a.m.sm.event.UnhandledEventException:
Unhandled event: org.apache.mina.statemachine.event.Event@15eb0a9[id=play,...]
        at org.apache.mina.statemachine.StateMachine.handle(StateMachine.java:285)
        at org.apache.mina.statemachine.StateMachine.processEvents(StateMachine.java:142)
```

这个异常无法处理，所以需要添加一个指定的事务来处理所有不能匹配的事件：

```
@Transitions({
    @Transition(on=" * ", in=EMPTY, weight=100),
```

```
        @Transition(on="*", in=LOADED, weight=100),
        @Transition(on="*", in=PLAYING, weight=100),
        @Transition(on="*", in=PAUSED, weight=100)
})
public void error(Event event) {
    System.out.println("Cannot '"+event.getId()+"' at this time");
}
```

以上代码的运行结果如下:

```
Tape stopped
Tape ejected
Cannot "play" at this time.
```

当然,定义所有状态的root更有效:

```
public static class TapeDeckHandler {
    @State public static final String ROOT="Root";
    @State(ROOT) public static final String EMPTY="Empty";
    @State(ROOT) public static final String LOADED="Loaded";
    @State(ROOT) public static final String PLAYING="Playing";
    @State(ROOT) public static final String PAUSED="Paused";
    
    ⋮
    
    @Transition(on="*", in=ROOT)
    public void error(Event event) {
        System.out.println("Cannot '"+event.getId()+"' at this time");
    }
}
```

4) Mina 的状态机和 IoHandler 配合使用

现在将上面的录音机程序改造成一个 TCP 服务器,并扩展一些方法。服务器将接收一些命令,类似于 load <tape>、play、stop 等。服务器响应的信息将会是 +<message> 或者是 -<message>。协议是基于 Mina 自身提供的一个文本协议,所有的命令和响应编码都是基于 UTF-8。下面是一个简单的会话示例:

```
telnet localhost 12345
S: +Greetings from your tape deck!
C: list
S: +(1: "The Knife -Silent Shout", 2: "Kings of convenience -Riot on an empty street")
C: load 1
S: +"The Knife -Silent Shout" loaded
C: play
S: +Playing "The Knife -Silent Shout"
C: pause
S: +"The Knife -Silent Shout" paused
C: play
S: +Playing "The Knife -Silent Shout"
C: info
S: +Tape deck is playing. Current tape: "The Knife -Silent Shout"
```

```
C: eject
S: -Cannot eject while playing
C: stop
S: +"The Knife -Silent Shout" stopped
C: eject
S: +"The Knife -Silent Shout" ejected
C: quit
S: +Bye! Please come back!
```

现在要做的第一件事情就是去定义这些状态：

```
@State public static final String ROOT="Root";
@State(ROOT) public static final String EMPTY="Empty";
@State(ROOT) public static final String LOADED="Loaded";
@State(ROOT) public static final String PLAYING="Playing";
@State(ROOT) public static final String PAUSED="Paused";
```

这里处理这些事件的方法有些不一样。看看 playTape 方法。

```
@IoHandlerTransitions({
    @IoHandlerTransition(on=MESSAGE_RECEIVED, in=LOADED, next=PLAYING),
    @IoHandlerTransition(on=MESSAGE_RECEIVED, in=PAUSED, next=PLAYING)
})
public void playTape (TapeDeckContext context, IoSession session, PlayCommand cmd) {
    session.write("+Playing \""+context.tapeName+"\"");
}
```

这里没有使用通用的@Transition 和@Transitions 的事务声明，而是使用了 Mina 指定的 @IoHandlerTransition 和@IoHandlerTransitions 声明。当为 Mina 的 IoHandler 创建一个状态机时，它会选择使用 Java enum（枚举）类型来替代上面使用的字符串类型。这个在 Mina 的 IoFilter 中也是一样的。现在使用 MESSAGE_RECEIVED 替代 play 来作为事件的名字（on 是@IoHandlerTransition 的一个属性）。这个常量是在 org.apache.mina.statemachine.event.IoHandlerEvents 中定义的，它的值是"messageReceived"，这个与 Mina 的 IoHandler 中的 messageReceived()方法是一致的。Java 5 后可以静态导入，在使用该变量的时候就不用再通过类的名字来调用该常量，只需要按下面的方法导入该类：

```
import static org.apache.mina.statemachine.event.IoHandlerEvents.*;
```

这样状态内容就被导入了。另外一个要改变的内容是自定义了一个 StateContext 状态上下文的实现——TapeDeckContext。这个类主要用于返回当前录音机状态的名字。

```
static class TapeDeckContext extends AbstractStateContext {
    public String tapeName;
}
```

注意

为什么不把状态的名字保存到 IoSession 中呢？可以将录音机状态的名字保存到 IoSession 中，但是使用一个自定义的 StateContext 来保存这个状态将会使这个类型更加安全。

最后需要注意的事情是 playTape()方法使用了 PlayCommand 命令来作为它的最后的一个参数。最后一个参数和 IoHandler's messageReceived(IoSession session，Object message)方法匹配。这意味着只有在客户端发送的信息被编码成 layCommand 命令时，该方法才会被调用。在录音机开始进行播放前，它要做的事情就是要装载磁带。当装载的命令从客户端发送过来时，服务器提供的磁带的数字代号将会从磁带列表中将可用的磁带的名字取出：

```
@IoHandlerTransition(on=MESSAGE_RECEIVED, in=EMPTY, next=LOADED)
public void loadTape(TapeDeckContext context, IoSession session, LoadCommand cmd) {
    if (cmd.getTapeNumber() <1 || cmd.getTapeNumber() >tapes.length){
        session.write("-Unknown tape number: "+cmd.getTapeNumber());
        StateControl.breakAndGotoNext(EMPTY);
    } else {
        context.tapeName=tapes[cmd.getTapeNumber() -1];
        session.write("+\""+context.tapeName+"\" loaded");
    }
}
```

这段代码使用了 StateControl 状态控制器来重写了下一个状态。如果用户指定了一个非法的数字，将不会将加载状态删除，而是使用一个空状态来代替。代码如下所示：

```
StateControl.breakAndGotoNext(EMPTY);
```

状态控制器将会在后面的章节中详细讲述。
connect()方法将会在 Mina 上开启一个会话并在调用 sessionOpened()方法时触发。

```
@IoHandlerTransition(on=SESSION_OPENED, in=EMPTY)
public void connect(IoSession session) {
    session.write("+Greetings from your tape deck!");
}
```

它所做的工作就是向客户端发送欢迎的信息。状态机将会保持空的状态。pauseTape()、stopTape()、ejectTape()方法和 playTape()很相似。这里不再进行过多的讲述。listTapes()、info()和 quit()方法也很容易理解，也不再进行过多的讲解。请注意后面的三个方法是在根状态下使用的。这意味着 listTapes()、info()和 quit()方法可以在任何状态中使用。

现在看一下错误处理。error()将会在客户端发送一个非法的操作时触发：

```
@IoHandlerTransition(on=MESSAGE_RECEIVED, in=ROOT, weight=10)
public void error(Event event, StateContext context, IoSession session, Command cmd) {
    session.write("-Cannot "+cmd.getName()+" while "
        +context.getCurrentState().getId().toLowerCase());
}
```

error()已经被指定了一个高于 listTapes()、info()和 quit()的重量值来阻止客户端调用上面的方法。注意 error()方法是怎样使用状态上下文来保存当前状态的 ID 的。字符串常量值由@State annotation (Empty，Loaded etc)声明。这个将会由 Mina 的状态机当成状态的 ID 来使用。

169

commandSyntaxError()方法将会在 ProtocolDecoder 抛出 CommandSyntaxException 异常时被调用。它将会简单地输出客户端发送的信息，不能解码为一个状态命令。

exceptionCaught() 方法将会在任何异常发生时调用。CommandSyntaxException 异常除外(这个异常有一个较高的重量值)，它将会立刻关闭会话。

最后一个@IoHandlerTransition 的方法是 unhandledEvent()，它将会在@IoHandlerTransition 中的方法没有事件匹配时调用。需要这个方法是因为没有@IoHandlerTransition 的方法来处理所有可能的事件（例如：没有处理 messageSent(Event)方法）。没有这个方法，Mina 的状态机将会在执行一个事件的时候抛出一个异常。最后要了解的是哪个类创建了 IoHandler 的代理，main()方法也在其中：

```java
private static IoHandler createIoHandler() {
    StateMachine sm = StateMachineFactory. getInstance (IoHandlerTransition.class).create(EMPTY, new TapeDeckServer());

    return new StateMachineProxyBuilder().setStateContextLookup(
            new IoSessionStateContextLookup(new StateContextFactory() {
                public StateContext create() {
                    return new TapeDeckContext();
                }
            })).create(IoHandler.class, sm);
}

//This code will work with MINA 1.0/1.1:
public static void main(String[] args) throws Exception {
    SocketAcceptor acceptor=new SocketAcceptor();
    SocketAcceptorConfig config=new SocketAcceptorConfig();
    config.setReuseAddress(true);
    ProtocolCodecFilter pcf=new ProtocolCodecFilter(
            new TextLineEncoder(), new CommandDecoder());
    config.getFilterChain().addLast("codec", pcf);
    acceptor.bind(new InetSocketAddress(12345), createIoHandler(), config);
}

//This code will work with MINA trunk:
public static void main(String[] args) throws Exception {
    SocketAcceptor acceptor=new NioSocketAcceptor();
    acceptor.setReuseAddress(true);
    ProtocolCodecFilter pcf=new ProtocolCodecFilter(
            new TextLineEncoder(), new CommandDecoder());
    acceptor.getFilterChain().addLast("codec", pcf);
    acceptor.setHandler(createIoHandler());
    acceptor.setLocalAddress(new InetSocketAddress(PORT));
    acceptor.bind();
}
```

createIoHandler() 方法创建了一个状态机，这个和之前所做的相似。还用 IoHandlerTransition.class 类来代替 Transition.class 类，这是在使用@IoHandlerTransition 声明的时候必须要做的。当然这时使用了一个 IoSessionStateContextLookup 和一个自定义

的 StateContextFactory 类，这个在创建一个 IoHandler 代理时被使用到了。如果没有使用 IoSessionStateContextLookup，那么所有的客户端将会使用同一个状态机，这是不希望看到的。

main()方法创建了 SocketAcceptor 实例，并且绑定了一个 ProtocolCodecFilter，它用于编解码命令对象。最后它绑定了 12345 端口和 IoHandler 的实例。这个 IoHandler 实例是由 createIoHandler()方法创建的。

6．问题与思考

（1）两个客户进行游戏，首先由一个登录用户向另一个登录用户发送邀请，用户接受邀请后进入游戏，如图 4-12 所示是联机游戏示例应用中客户端的状态以及迁移图。可以用 MINA 的状态机模拟联机游戏中客户的状态及迁移。

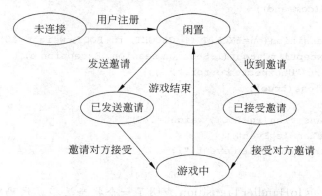

图 4-12　联机游戏示例应用中客户端的状态及迁移

提示

客户端初始化的时候，其状态为"未连接"，表示客户端还没有在服务器上面注册，此时还不能进行游戏；接着用户需要输入一个昵称来注册到服务器上面，完成之后状态迁移到"闲置"。此时客户端会接收到当前在线的所有其他用户的列表。当前用户可以邀请其他用户和他一块游戏，也可以接收来自其他用户的邀请。邀请发送出去之后，客户端的状态迁移到"邀请已发送"。如果接受了其他用户的邀请，客户端的状态迁移到"邀请已接受"。如果某个用户的邀请被另外一个用户接受，两个客户端的状态都会迁移到"游戏中"。

要实现这样较为复杂的状态机，只需要在 I/O 处理器中以声明式的方式定义状态和迁移条件就可以了。首先需要声明状态机中的状态，如下面联机游戏示例应用中的状态声明：

```
@State public static final String ROOT="Root";
@State(ROOT) public static final String NOT_CONNECTED="NotConnected";
@State(ROOT) public static final String IDLE="Idle";
@State(ROOT) public static final String INVITATION_SENT="InvitationSent";
@State(ROOT) public static final String INVITATION_ACCEPTED="InvitationAccepted";
@State(ROOT) public static final String PLAYING="Playing";
```

上面一共定义了 6 个状态。通过@State 标注就声明了一个状态。

（2）用 MINA 的状态机配合 IoHandler 模拟联机游戏中客户端状态迁移。

> 提示
>
> 下面是联机游戏示例应用中的状态迁移声明的代码:
>
> ```
> @IoHandlerTransition(on=MESSAGE_RECEIVED, in=NOT_CONNECTED, next=IDLE)
> public void login(TetrisServerContext context, IoSession session, LoginCommand cmd) {
>     String nickName=cmd.getNickName;
>     context.nickName=nickName;
>     session.setAttribute("nickname", nickName);
>     session.setAttribute("status", UserStatus.IDLE);
>     sessions.add(session);
>     users.add(nickName);
>     RefreshPlayersListCommand command=createRefreshPlayersListCommand;
>     broadcast(command);
> }
> @IoHandlerTransition(on=EXCEPTION_CAUGHT, in=ROOT, weight=10)
> public void exceptionCaught(IoSession session, Exception e) {
>     LOGGER.warn("Unexpected error.", e);
>     session.close(true);
> }
> @IoHandlerTransition(in=ROOT, weight=100)
> public void unhandledEvent {
>     LOGGER.warn("Unhandled event.");
> }
> ```

这里使用标注 @IoHandlerTransition 声明了一个状态迁移。代码中的第一个标注声明了如果当前状态是"未连接",并且接收到了 MESSAGE_RECEIVED 事件,而且消息的内容是一个 LoginCommand 对象,则 login 方法会被调用,调用完成之后,当前状态迁移到"闲置"。第二个标注声明了对于任何的状态,如果接收到了 EXCEPTION_CAUGHT 事件,exceptionCaught 方法会被调用。最后一个标注声明了一个状态迁移,其初始状态是 ROOT,表示该迁移对所有的事件都起作用。将 weight 设置为 100,优先级比较低。该状态迁移的作用是处理其他没有对应状态迁移的事件。

4.3 在 Windows 下搭建基于 Jabber 协议的移动即时通信

Jabber 是著名的即时通信服务服务器,它是一个自由开源软件。用户利用 Jabber 可以架设自己的即时通信服务器。

XMPP(可扩展消息处理现场协议)是基于可扩展标记语言(XML)的协议,它用于即时消息(IM)以及在线现场探测。它促进服务器之间的准即时操作。这个协议可能最终允许因特网用户向因特网上的其他任何人发送即时消息,即使其操作系统和浏览器不同。XMPP 的技术来自于 Jabber,其实它是 Jabber 的核心协定,所以 XMPP 有时被误称为 Jabber 协议。Jabber 是一个基于 XMPP 协议的 IM 应用,除 Jabber 之外,XMPP 还支持很多应用。

Openfire 是常用的 Jabber 服务器软件,它是一款基于 XMPP 协议的即时通信开源的服务器端软件。XMPP 是一种"开放式协议",允许客户端使用各种通信协议连接到 Openfire(服务器端),所以使用基于 XMPP 协议的 Openfire 允许客户使用基于各种协议的客户端进行通信。

4.3.1 安装 Openfire

1. 安装 Openfire

将 Openfire_3_6_4.zip 解压,本文解压到 E:\Openfire 中。单击 Openfire_3_6_4.exe(所使用的版本是 3.6.4),启动程序进行安装,如图 4-13 所示。

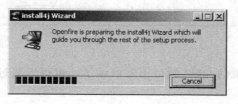

图 4-13 启动 Openfire 安装

接下来选择语言,如图 4-14 所示。

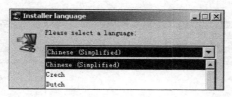

图 4-14 选择语言

再选择安装目录,如图 4-15 所示。

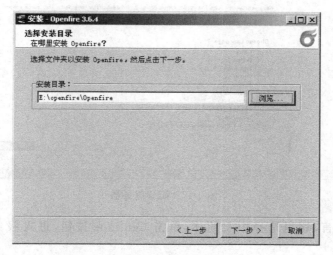

图 4-15 选择安装目录

图 4-15 表示将 Openfire 安装在 E:\Openfire 目录中。安装好 Openfire 后会自动启动服务,如图 4-16 所示。

图 4-16 启动服务

表明 Openfire 在本机的 9090 端口正常启动了。也可以通过运行％Openfire％\bin 下的 Openfire.exe 来启动。

2. Openfire 服务器的配置

在浏览器地址栏中输入 http://localhost：9090/，即可开始即时通信服务器配置，如图 4-17 所示。

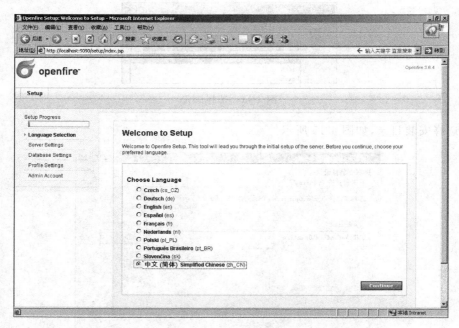

图 4-17 配置服务器

然后选择语言，这里选择中文简体，单击 Continue 按钮，进入服务器设置界面，如图 4-18 所示。

此处服务器所在计算机的 IP 地址是 10.10.20.35。单击"继续"按钮进行数据库系统的选择，如图 4-19 所示。

本例使用 MySQL 5.0 数据库，不用嵌入的数据库，所以选择第一项"标准数据库连

图 4-18 进入服务器设置界面

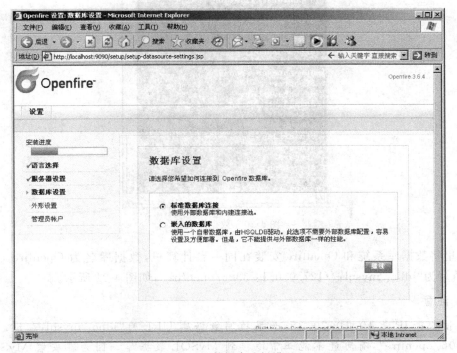

图 4-19 数据库选择设置

接",单击"继续"按钮,进入 MySQL 连接的设置。

为了能正常连接到 Openfire 数据库,在单击"继续"按钮前,须在 MySQL 中建立 Openfire。用 Create database Openfire 建立 Openfire 数据库后,还要在该数据库中建立表格,可以在%Openfire%\resources\database 中找到各种类型数据库系统如何建立表格的脚本。在 MySQL 中用的脚本是 Openfire_mysql.sql 文件,查看该文件的内容,有助于分析该数据库的表格结构。运行完以上脚本,在 openfire 数据库中建立了 34 个表格,如图 4-20 所示。

图 4-20 数据库表格

这里将数据库系统和 Openfire 安装在同一台计算机,数据库名为 Openfire。数据库 URL 填写为"jdbc:mysql://127.0.0.1:3306/openfire",如图 4-21 所示。

注意

尽管本机 IP 是 10.10.20.35,如果填写数据库 URL 为"jdbc:mysql://10.10.20.35:3306/openfire",有可能不能正常连接到 MySQL 数据库。因为在安装 MySQL 时,可能设置了不允许非本机计算机进行连接。这种情况下最好在本机进行 Openfire 的配置。

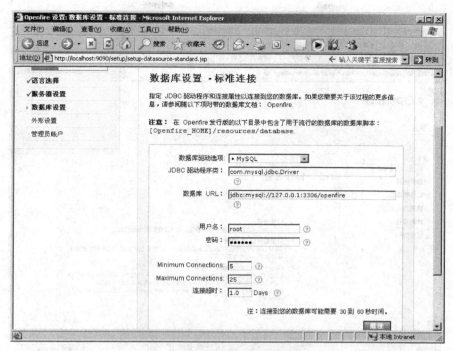

图 4-21 设置数据库的参数

以上的配置信息被保存在%\Openfire%\conf\openfire.xml 文件中,打开该文件,可以看到<database>元素信息如下:

```
<database>
  <defaultProvider>
    <driver>com.mysql.jdbc.Driver</driver>
    <serverURL>jdbc:mysql://127.0.0.1:3306/openfire</serverURL>
    <username>root</username>
    <password>123456</password>
    <testSQL>select 1</testSQL>
    <testBeforeUse>true</testBeforeUse>
    <testAfterUse>true</testAfterUse>
    <minConnections>5</minConnections>
    <maxConnections>25</maxConnections>
    <connectionTimeout>1.0</connectionTimeout>
  </defaultProvider>
</database>
<setup>true</setup>
</jive>
```

Openfire 数据库中有 34 个表格。继续进入 Openfire 的特性设置,如图 4-22 所示。默认为初始设置。继续进入管理员账户的设置,填入系统管理员信息,如图 4-23 所示。继续后续步骤,系统提示安装完成,如图 4-24 所示。

此时可以进入到 Openfire 管理控制台,如图 4-25 所示。

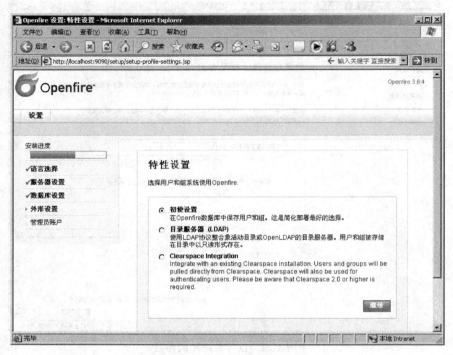

图 4-22　Openfire 的特性设置

图 4-23　管理员账户的设置

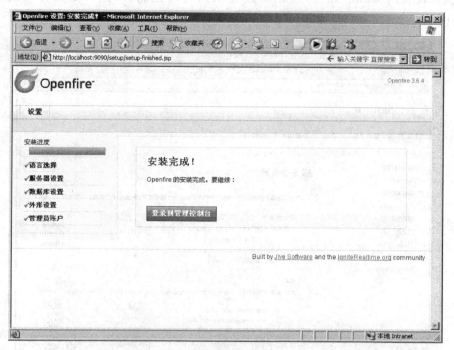

图 4-24 安装完成

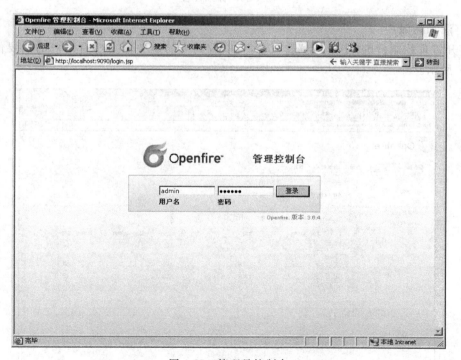

图 4-25 管理员控制台

用前面设置的 admin 账号,可以继续登录到管理控制台,进行更为详细的设置,如图 4-26 所示。

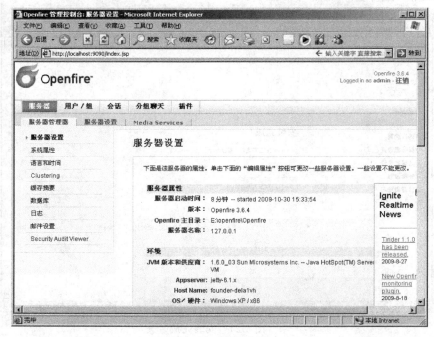

图 4-26 详细设置

3. 添加新账户

打开管理控制台的"用户/组"选项卡,可以看到当前服务器上已有用户的摘要信息,如图 4-27 所示。

图 4-27 注册用户信息

选择左侧菜单栏中的新建用户,输入用户名和登录密码,单击"创建用户"按钮,完成新用户的添加,如图 4-28 所示。

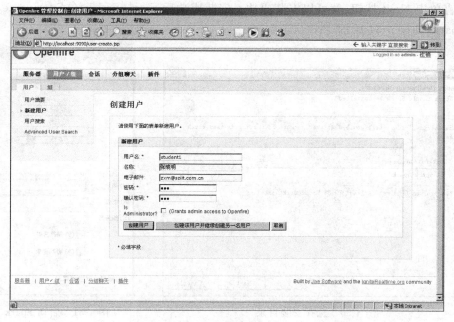

图 4-28　添加用户

至此,客户端就可以用 student1 和 student2 用户登录了。

4.3.2　Jabber 客户端的安装与配置

1. Spark 的安装

1) 软件下载

Spark 和 Openfire 能够很好地相互支持。软件下载地址为:http://www.igniterealtime.org/downloads/index.jsp#spark。以下的 Windows 包含 java 运行环境:http://www.igniterealtime.org/downloadServlet?filename=spark/spark_2_5_8.exe,目前最新的版本为 Spark 2.5.8。

2) Windows 下的安装

(1) 下载用于 Windows 的版本,运行 Spark_2_5_8.exe,启动安装程序,如图 4-29 所示。

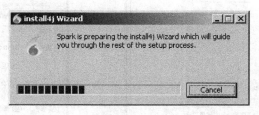

图 4-29　Spark 在 Windows 下的安装

一般情况下，可用默认选项，直接单击 Next 按钮即可，再选安装目录，如图 4-30 所示。

一直单击 Next 按钮，就可以安装成功。安装成功后运行 %Spark%\Spark.exe，就可以启动 Spark，如图 4-31 所示。

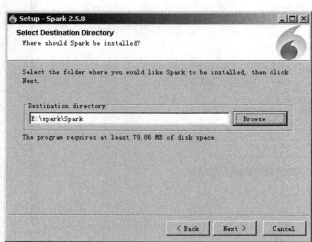 

图 4-30　选择安装目录　　　　　　　　　图 4-31　启动 Spark

（2）选择登录界面的"高级"选项，在打开的界面中填入主机的 IP 地址，端口默认为 5222，单击"确定"按钮，如图 4-32 所示。

（3）使用在 Openfire 管理控制台中添加的 test 用户登录。

再在 Openfire 中建立一个用户，客户端就可以用该用户名和密码进行登录了，如图 4-33 所示。

图 4-32　登录时的高级选项　　　　　　　图 4-33　按服务端建立的用户登录

(4) 客户端登录成功后,进入聊天界面,如图 4-34 所示。

(5) 在 Spark 登录界面中单击"账户"选项,在建立新账户界面中输入相关信息,单击"创建账户"按钮,如图 4-35 所示。

图 4-34　聊天界面

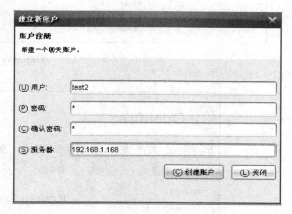

图 4-35　注册新用户

(6) 注册成功后,就可以用 test2 用户登录。

2. 用 Jabber 与 MSN、ICQ 等 IM 通信

Jabber 最有优势的就是其通信协议,可以和其他给予 XMPP 协议的即时通信软件连接。如 MSN、Yahoo Messager、ICQ、GTalk 等。

1) 下载 Openfire 网关插件 IM Gateway

下载地址为:

http://www.igniterealtime.org/projects/openfire/plugins.jsp

在这里可以下载到 Openfire 的所有插件。

2) 安装 Gateway

Gateway 的安装非常简单,只需把 gateway.jar 复制到 openfire/plugins 目录下,重启 Openfire 服务,即可安装成功。

3) 配置 Gatway

安装成功后,打开 Openfire 的管理控制台(例如 http://localhost:9090/),即可在左侧菜单栏下方看到 gateway 的安装选项(目前没有中文版),如图 4-36 所示。

单击 Settings,然后在需要激活的服务上打钩即可,如图 4-37 所示。

图 4-36　Gateway 的安装

图 4-37　Gateway 的安装选项

3．Spark 客户端的配置

重新用 Spark 登录 Openfire，在 Spark 菜单栏下多了一些选项，如图 4-38 所示。

单击 MSN 的图标，选择"输入登入资讯"，如图 4-39 所示。

填入 MSN 的账号和密码，就可登录 MSN 了，如图 4-40 所示。

4．其他 Jabber 客户端

1）Claros Chat 系统

Claros Chat 是一个完全基于 Ajax 的 Web 即时消息 Jabber 客户端。界面简洁、漂亮，看起来像一个桌面应用程序，兼容任何 Jabber 服务器，包括 Google Talk。支持主流的浏览器，比如 Explorer、Firefox、Safari、Mozilla 等。可以利用这个客户端与 Jabber 服务器来架设自己的聊天网络。

第 4 章 MINA 与通信

图 4-38 配置客户端

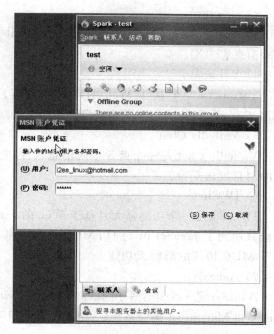

图 4-39 连接 MSN

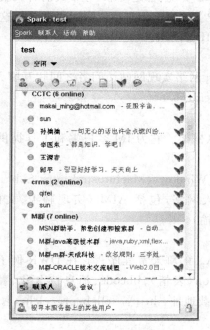

图 4-40 用 MSN 账号登录

2）Jeti

Jeti 是一个 Java Jabber 客户端，支持大部分的聊天功能，包括文件传输、群聊、消息排版、表情等。网址为 http://jeti.sourceforge.ne。

185

3) ajax im

ajax im("asynchronous javascript and xml instant messenger")是一个基于浏览器的即时消息客户端。

4) Yafumato

Yafumato一个基于Web的即时消息客户端,支持通过HTTP或HTTPS连接到AIM、Google Talk、MSN、Yahoo等。

5) Valhalla Chat

Valhalla Chat是一个蓝牙即时消息软件,它为移动电话、桌面电脑和PDA提供一个公共的消息发送平台。

6) JWChat

JWChat是一个功能强大且基于Web的Jabber客户端。采用AJAX技术开发,这个客户端只用到了JavaScript与HTML。它具备基本的jabber即时消息功能、用户管理功能、基于MUC协议的群聊天功能。

7) Ashcast

Ashcast是一个完全采用Java开发基于Swing GUI的视频聊天程序。支持Windows、Linux和Macintosh操作系统。Ashcast通过IRC来实现聊天功能。

8) NFC Chat

NFC Chat是一个用JMS实现、稳定可靠、分布式的聊天服务器与客户端。它的特点包括:内置负载平衡和HTTP Tunneling支持。利用负载平衡这个特点能够形成一个分布式的服务器网络,类似于一个IRC网络。

9) web2icq

web2icq是一个通过icq网络实现网站访问者之间相互聊天的Java Web应用程序。网址为http://web2icq.sourceforge.net/。

10) JClaim

JClaim是一个即时消息框架。它为IM客户端和工具提供了一组Swing UI组件。它的特性如下:

（1）跨平台:可运行在Windows、Macintosh、Linux、Solaris平台之上。

（2）可连接到各种聊天网络,包括AIM（实现聊天、文件传输）、ICQ（实现聊天）、Yahoo!（实现聊天、文件传输）。

11) elchat

elchat是一个基于AJAX的聊天室程序。它在DWR例子的基础上加以改进,增加了一些新的功能,包括emoticon（表情）、bbcode、消息持久化、黏性信息、自动分解RUL和image链接。在线Demo下载地址：http://ellab.org/elchat/。

12) LlamaChat

LlamaChat提供开放源代码的服务端与客户端。它提供一些高级的聊天功能,如安全连接、emoticons、administrative等。

13) OpenCHAT

OpenCHAT是一个基于HTTP与HTML的聊天服务器,它有一个完整、单独的HTTP服务器,它的客户不需要任何Applet或其他软件,它仅仅需要一个浏览器。

14) Chipchat

Chipchat 是一个 Web 聊天应用程序。因为它是一个 Web 应用程序，所以它需要像 Tomcat 这样的 Web 服务器。它的客户端采用 Applets 实现。

15) GujChat

GujChat 是一个聊天室系统。网站管理员通过一个统一的安装程序来实现不同的房间用不同的模板、语言与配置。

16) Chat Everywhere

Chat Everywhere 能够在网站论坛上实现即时聊天功能，它允许分几个等级制度来操作不同的命令。

17) FreeCS

FreeCS（the Free Chat Server）是一个免费 Web 聊天服务器。它主要具有以下特点。

(1) 用户与服务器发出去的消息完全可以由自己定制版面。

(2) 有可对 SQL 进行检验的模块。

(3) 不同人使用不同命令的权限控制框架。

(4) 使用新的 Java 非阻塞 I/O 类来实现网络连接。

4.3.3 用 Openfire 开发文档

1. 安装 Openfire3.6.4 源代码

本文用源代码压缩包 openfire_src_3_6_4.zip 进行安装。将下载好的 Openfire 源代码解压出来，复制到 eclipse 的 workspace 里，打开 eclipse，单击"新建 java 工程"，在 Contents 选项区里选择第二项，即 Create project from existing source；Directory 选项里单击右边的 Browse 按钮，选择 eclipse 的 workspace 里的 Openfire 文件夹（这个文件夹的名字应该叫 openfire_src）并确认。再填入 Project name，该名字一定要和 eclipse 的 workspace 里的 openfire 源代码的文件夹名字相同，如图 4-41 所示。

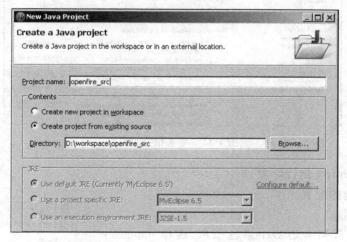

图 4-41　安装 Openfire3.6.4 源代码

单击"完成"按钮，即成功导入 Openfire 源代码到 eclipse 中，如图 4-42 所示。

图 4-42 导入代码到 Eclipse 中

右击工程,依次选择"属性"→Java Build Path→Libraries,加入所对应的测试 jar 包,放在 E 盘里。单击"完成"按钮,即可将错误消除,如图 4-43 所示。

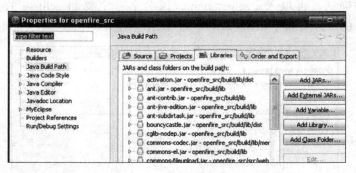

图 4-43 导入相关的类库

2. 配置 Openfire 运行环境

1) 开发环境的配置

(1) 配置过程

单击"运行"按钮旁边的小黑色三角,选择"Open Run Dialog...",如图 4-44 所示。

在出现的界面中,双击 Java Application,将 Name 文本框里的名字改成 openfire_src3.5.1,单击 Main

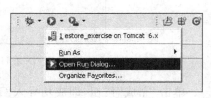

图 4-44 运行配置

class 右边的 Search 按钮,如图 4-45 所示。

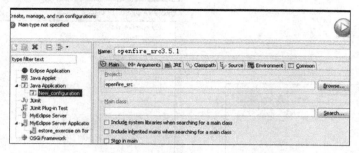

图 4-45 查找 main 方法

在出现的界面的文本框里输入 server,在列表框里选择 ServerStarter-org. jivesoftware. openfire. starter,单击 OK 按钮,如图 4-46 所示。

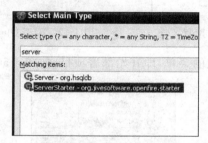

图 4-46 选择 main 方法所在的类

在 eclipse 中选择命令 Window→Show View→Ant,如图 4-47 所示。

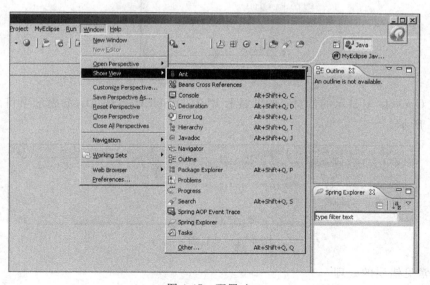

图 4-47 配置 Ant

在 Ant 窗口里右击并选择"Add Buildfiles...",如图 4-48 所示。
在出现的界面中选择 openfire_src→build→build. xml,单击 OK 按钮,如图 4-49 所示。

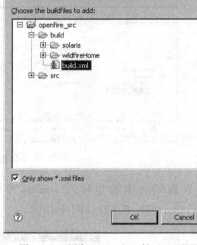

图 4-48　添加 Ant 配置文件　　　　图 4-49　添加 Openfire 的 Ant 配置

双击在 Ant 窗口里生成的菜单，即开始部署项目，如图 4-50 所示。

图 4-50　利用 Ant 部署项目

查看 Console 里显示的信息：如果显示 BUILD SUCCESSFUL，就表示项目部署成功，如图 4-51 所示。

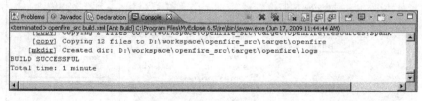

图 4-51　项目部署成功

（2）常见错误的处理

① Java_HOME 没有指向正确的路径。在 Eclipse 中调用 build.xml 时控制台常出现下面的错误：

```
com.sun.tools.javac.Main is not on the classpath.
```

```
Perhaps Java_HOME does not point to the JDK.
```

这主要是因为没有设置 Java_HOME 或没有指向正确的路径。

因为 dt.jar 和 tools.jar 在%JDK%\bin\lib 中,而不是在%JRE%环境中,所以配置 Java_HOME 时,环境变量值应为 JDK 所在的目录。例如,安装的 Java\jdk1.6 在 C:\Program Files\Java\jdk1.6.0_10 目录下,右击"我的电脑"并选择"属性"命令,再选择"高级"→"环境变量"→Java_HOME,把 JDK 安装目录配置到 Java_HOME 中,如图 4-52 所示。

图 4-52 JDK 环境的配置

重新启动 Elcipse 并运行 Ant 项目,一般可以解决这个问题。

② MyEclipse 下的 jre\bin 中没有 javac。MyEclipse 默认的 jre 没有 javac,在运行 build.xml 时,会出现"Error starting modern compiler"的信息。可以通过在 MyEclopse 中增加 JDK 来解决此问题。

右击项目名并选择 Properties-Java Build Path→Libraries,如图 4-53 所示。

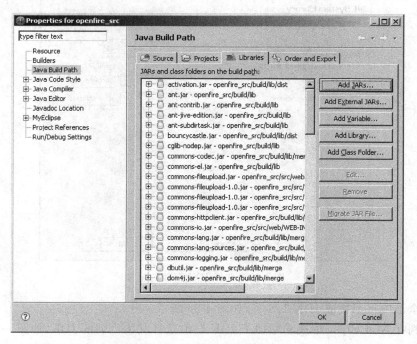

图 4-53 选择开发环境类库

右边并选择 AddLibrary,看 Workspace default JRE(×××)×××是 JDK 的什么版本。如果不对可以修改,如图 4-54 所示。

图 4-54 编辑 JRE

选择 Alternate JRE→Installed JRES→选自己的 JDK 安装目录，如图 4-55 所示。

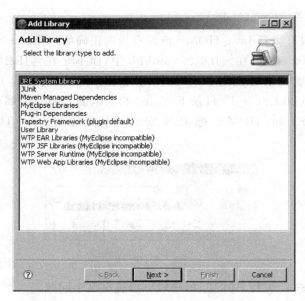

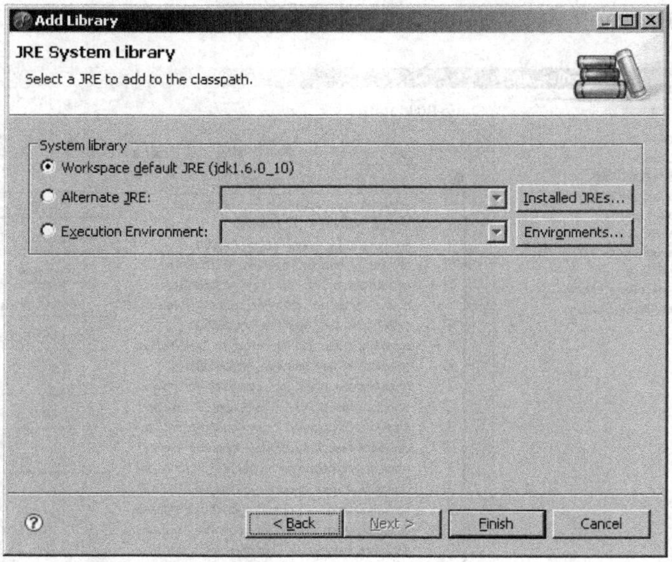

图 4-55 选择 JDK 存放的位置

下面全部项目都换成 JDK 1.6 了,如图 4-56 所示。

会看到在 MyEclipse 中成功增加了 JDK 6.0,选择其为当前的 JDK,如图 4-57 所示。

回到项目的 Properties-Java Build Path→Libraries 位置,会看到增添了 JDK 1.6 的库, 如图 4-58 所示。

如果 Ant 不能支持 JDK 1.6,MyEclipse 会用 JRE 1.5,还有一个方法就是从 JDK 1.5 的类库中复制一个 tools.jar 放在％MyEclipse 6.0％\jre\lib\ext 路径中就可以了。

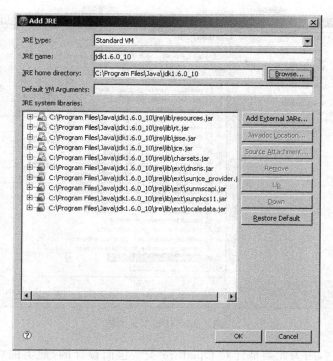

图 4-56　调整为 JDK 1.6

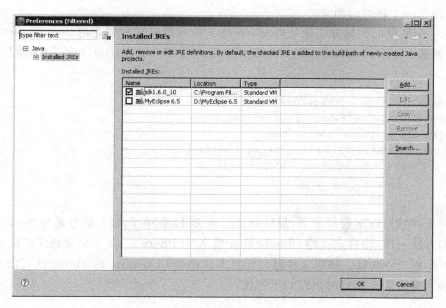

图 4-57　JRE 环境

(3) 注意事项

① 自己定制 Openfire 服务器时，在 Eclipse 中对 Openfire 源代码进行部署。openfire 的起始类为 org.jivesoftware.Openfire.starter.ServerStarter.java，但是直接

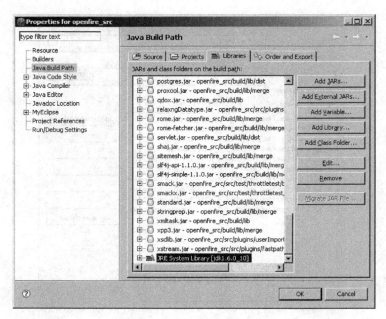

图 4-58　JDK 1.6 类库

运行此类却有问题,因为此类是针对 Openfire 安装包而设计的,此类的功能是将所用到的 jar 文件解压并将 class 文件加载到虚拟机中,而要用的却是源代码中已编译好的 class 文件,所以需要一个新的启动类。

(a)一个简单的实现方法就是把 src/java 下的东西复制到创建的 java project 下的 src 里了,并修改 org.jivesoftware.openfire.starter 包中 ServerStarter.java 类的源代码,具体如下:

```
package org.jivesoftware.openfire.starter;
import org.jivesoftware.openfire.XMPPServer;
public class StandaloneStarter {
    public static void main(String[] args) {
    XMPPServer server=new XMPPServer();
    }
}
```

这样程序就可以运行起来了,最后就是配置文件路径的问题。最好是与 ServerStarter.java 中的方法一样,用自定义的 ClassLoader 将 XMPPServer.class 加载到虚拟机中。

(b)配置文件路径。如果文件路径配置不正确(即 Openfire 的 Home 没有设定或者设置不正确),就可能在运行时出现如下问题:

```
Could not locate home
```

用 MyEclipse 进行跟踪,跟踪到 XMPPServer 的 locateOpenfire() 方法时出现错误,如图 4-59 所示。

在 Debug 窗口可以看到 locateOpenfire() 之前的调用关系,如图 4-60 所示。

下面分析一下 locateOpenfire() 方法的代码:

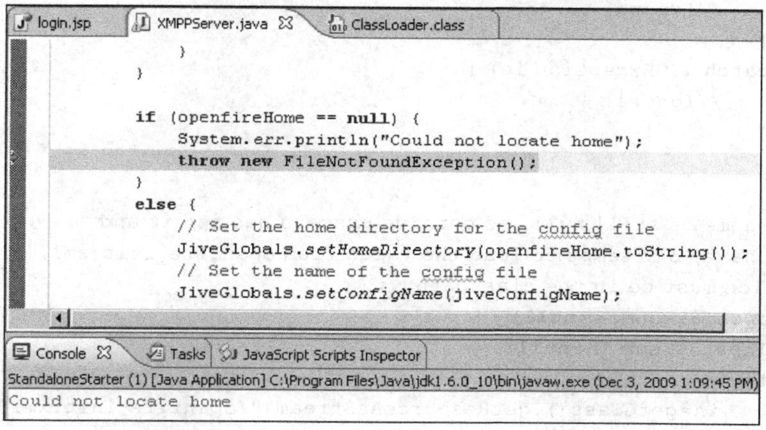

图 4-59　跟踪 locateOpenfire()方法

图 4-60　locateOpenfire 的调用关系

```java
private void locateOpenfire() throws FileNotFoundException {
    String jiveConfigName="conf"+File.separator+"openfire.xml";
    //First, try to load it openfireHome as a system property.
    if (openfireHome==null) {
        String homeProperty=System.getProperty("openfireHome");
        try {
            if (homeProperty !=null) {
                openfireHome=verifyHome(homeProperty, jiveConfigName);
            }
        }
        catch (FileNotFoundException fe) {
            //Ignore.
        }
    }

    //If we still don't have home, let's assume this is standalone
    //and just look for home in a standard sub-dir location and verify
    //by looking for the config file
    if (openfireHome==null) {
        try {
            openfireHome=verifyHome("..", jiveConfigName).getCanonicalFile();
        }
        catch (FileNotFoundException fe) {
```

```java
                //Ignore.
            }
            catch (IOException ie) {
                //Ignore.
            }
        }

        //If home is still null, no outside process has set it and
        //we have to attempt to load the value from openfire_init.xml,
        //which must be in the classpath.
        if (openfireHome==null) {
            InputStream in=null;
            try {
                in=getClass().getResourceAsStream("/openfire_init.xml");
                if (in !=null) {
                    SAXReader reader=new SAXReader();
                    Document doc=reader.read(in);
                    String path=doc.getRootElement().getText();
                    try {
                        if (path !=null) {
                            openfireHome=verifyHome(path, jiveConfigName);
                        }
                    }
                    catch (FileNotFoundException fe) {
                        fe.printStackTrace();
                    }
                }
            }
            catch (Exception e) {
                System.err.println("Error loading openfire_init.xml to find home.");
                e.printStackTrace();
            }
            finally {
                try {
                    if (in !=null) {
                        in.close();
                    }
                }
                catch (Exception e) {
                    System.err.println("Could not close open connection");
                    e.printStackTrace();
                }
            }

            if (openfireHome==null) {
                System.err.println("Could not locate home");
                throw new FileNotFoundException();
            }
            else {
                //Set the home directory for the config file
```

```
        JiveGlobals.setHomeDirectory(openfireHome.toString());
        //Set the name of the config file
        JiveGlobals.setConfigName(jiveConfigName);
    }
}
```

locateOpenfire()用三个方法来设置 openfireHome 属性。首先是在环境变量中设置了 Openfire 的 Home 的情况下寻找 openfire.xml 文件；如果不成功，即根据上级目录设置；如果还不成功，将新建的工程目录下的 src/web/WEB-INF/classes/openfire_init.xml 文件导入到 eclipse 的查询目录里，如将 src /web/WEB-INF/classes 目录作为 eclipse 的源目录，这样 openfire_init.xml 自动复制到 $openfire_home/classses 下面，将 openfire_init.xml 中的 openfireHome 设置为 $openfire_home。

如果以上三个方法都不成功，locateOpenfire()方法将输出 Could not locate home 的错误信息，并抛出 FileNotFoundException()异常。

可以更改第二部分的代码，让 Openfire 找到 Home：

```
//If we still don't have home, let's assume this is standalone
//and just look for home in a standard sub-dir location and verify
//by looking for the config file
if (openfireHome==null) {
    try {
        //如果在 E:\Openfire 中安装了 Openfire,将源代码中的".."替换为路径"E:\\Openfire"
        openfireHome=verifyHome(" E:\\Openfire", jiveConfigName).getCanonicalFile();
    }
    catch (FileNotFoundException fe) {
        //Ignore.
    }
    catch (IOException ie) {
        //Ignore.
    }
}
```

这部分代码默认先找当前文件路径，可以修改它为安装 Openfire 的路径，这样问题就可以解决了。

修改 org.jivesoftware.openfire.starter.ServerStarter 中的如下两个 field：

```
private static final String DEFAULT_LIB_DIR="../lib";
private static final String DEFAULT_ADMIN_LIB_DIR="../plugins/admin/webapp/WEB-INF/lib";
```

将其改成：

```
private static final String DIR_PREFIX="$ openfire_home";
//to be your own openfire_home
private static final String DEFAULT_LIB_DIR=DIR_PREFIX+"lib";
private static final String DEFAULT_ADMIN_LIB_DIR=DIR_PREFIX+"plugins/admin/webapp/WEB-INF/lib";
```

② 打包 Openfire 的编译结果。

(a) 编译成功之后,可以将 Openfire 打包,以便安装和使用。

(b) 在源码里面有一个文件夹中有个打包的图标,双击那个图标,install4j 就会读取在 build.xml 文件里的信息,在里面完成打包工作。

(c) 单击进入 Arguments 选项卡,在 VM arguments 文本框中输入如下代码:

-DopenfireHome="$ {workspace_loc:openfire_src}/target/openfire"

单击 Apply 按钮。这个是用于 eclipse 执行 java 命令时传递的参数。"workspace_loc:openfire_src"表示工作区中 openfire_src 项目的地址,这样 openfire 程序可以通过 System.getProperty("openfireHome")得到 openfire 的本地位置。

此时运行该项目还会出现以下错误,如图 4-61 所示。

图 4-61 未得到安装位置

(d) 单击进入 Classpath 选项卡,选中 User Entries→Advanced,在 Advanced Options 页面中选择 Add Folders,单击 OK 按钮。默认情况下,已经将 Openfire 工程添加到了这里,而不需要进行该项操作,有多个工程的时候才需要执行该项操作,如图 4-62 所示。

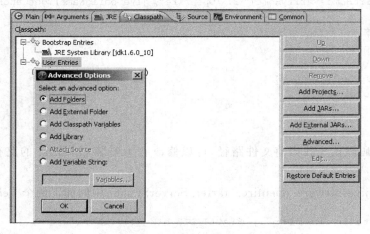

图 4-62 添加目录

用同样的方法把 openfire\src\i18n 和 openfire\src\resources 中的 jar 文件加入到 classpath 选项卡中,如图 4-63 所示。

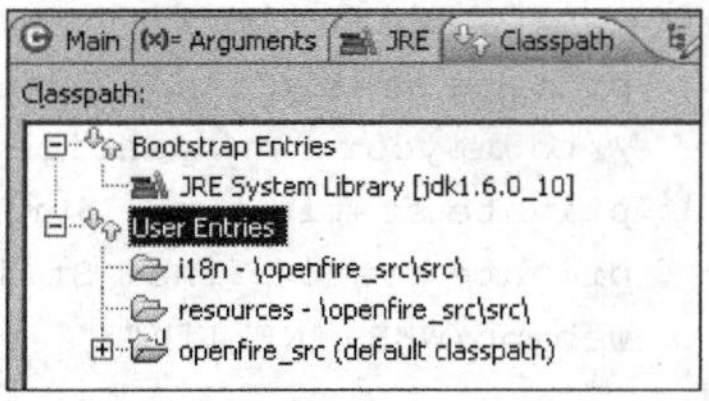

(e) 在 Common 选项卡中,选中 Run 复选框,单击 Apply 按钮。

至此即设置完毕,这样以后在运行这个工程的时候就会按照正确的配置进行了。debug 的设置和 run 的设置类似,如果成功运行,控制台会出现如图 4-64 所示的

图 4-63 Openfire 的国际化

信息。

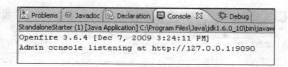

图 4-64　在开发环境下成功运行程序

尽管系统可以运行，但进行系统配置时往往会提示错误，如图 4-65 所示。

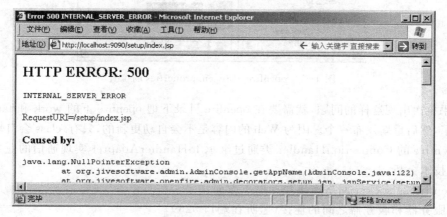

图 4-65　文件路径出错

这是因为文件路径所导致的问题，需要将 admin-sidebar.xml 和 openfire_i18n_en.properties 这两个文件直接放在 openfire_src\bin 目录下即可解决这个问题。

admin-sidebar.xml 所在的位置是 D:\workspace\openfire_src\src\resources\jar，如图 4-66 所示。

图 4-66　admin-sidebar.xml 所在位置

openfire_i18n_en.properties 所在位置是 D:\workspace\openfire_src\src\i18n，如

图 4-67 所示。

图 4-67　openfire_i18n_en.properties 的位置

如果再次出现这样的问题，就需要在 openfire 目录下把 openfire 下的 work 和 target 文件都删除了，然后重新发布一个。因为 Web 的内容是不会自动更新的，只有 .class 会自动更新。

Openfire 的 ConnectionHandler 类通过继承 IoHandlerAdapter 实现通信的业务。

2) 技术分析

Openfire 的 socket 网络连接包括以下方面：

- 服务器和服务器之间的连接（监听在端口 5269）。
- 外部组件和服务器之间的连接（监听在端口 5275）。
- 多元（complex）连接（监听在端口 5269）。
- 客户端和服务器的连接（监听在端口 5222）。
- 客户端通过 TLS/SSL3.0 和服务器的连接（监听在端口 5223）。

这些连接都是通过 ConnectionManager 接口实现管理的，程序中对 ConnectionManager 接口的实现类是 ConnectionManagerImpl，它是作为一个模块（Module）类加载到服务器中的。

(1) 客户端和服务器的连接

在 ConnectionManagerImpl 中是通过调用 startClientListeners 方法来初始化和开始端口监听的。

startClientListeners 方法使用的是 Apache 的 Mina 框架来实现网络连接的，Mina 框架的模式如图 4-68 所示。

① IoFilter。IoFilter 为 MINA 的功能扩展提供了接口。它拦截所有的 I/O 事件进行事件的预处理和后处理。它与 Servlet 中的 filter 机制十分相似。多个 IoFilter 存放在 IoFilterChain 中，IoFilter 能够实现以下功能：

(a) 数据转换。

(b) 事件日志。

(c) 性能检测。

在 Openfire 中主要用 filter 这种机制来进行数据转换。

② Protocol Codec Factory。Protocol Codec Factory 提供了方便的 Protocol 支持，通过它的 Encoder 和 Decoder，可以方便地扩展并支持各种基于 Socket 的网络协议，比如 HTTP 服务器、FTP 服务器、Telnet 服务器等。

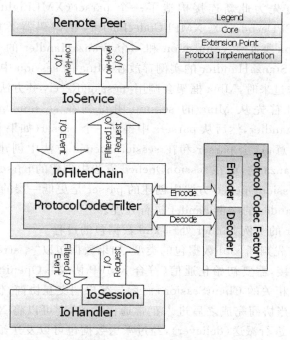

图 4-68　MINA 框架的模式

要实现自己的编码/解码器(codec),只需要实现"interface:ProtocolCodecFactory"即可,在 Openfire 中实现 ProtocolCodecFactory 的类为 XMPPCodecFactory。

③ IoHandler。MINA 中所有的业务逻辑都由实现了 IoHandler 的 class 完成,当事件发生时,将触发 IoHandler 中的以下方法:

- sessionCreated
- sessionOpened
- sessionClosed
- sessionIdle
- exceptionCaught
- messageReceived
- messageSent

在 Openfire 中客户端和服务器连接的 IoHandler 实现类是 ClientConnectionHandler,它是从 ConnectionHandler 中继承来的。

startClientListeners 方法首先为 Mian 框架设置线程池,再将一个由 XMPPCodecFactory 作为 Protocol Codec Factory 的 Filter 放入到 FilterChain 中,然后绑定到端口 5222,并将 ClientConnectionHandler 作为 IoHandler 对数据进行处理。完成这些步骤后,Openfire 就在端口 5222 等待客户端的连接。

(2) 客户端连接的处理过程

① 当有客户端进行连接时,根据 Mina 框架的模式,首先调用的是 sessionOpened 方法。

sessionOpened 首先为此新连接构造了一个 parser(XMLLightWeightParser)，这个 parser 是专门给 XMPPDecoder(是 XMPPCodecFactory 的解码器类)使用的，再创建一个 Openfire 的 Connection 类实例 connection 和一个 StanzaHandler 的实例。最后将以上的 parser、connection 和 StanzaHandler 的实例存放在 Mina 的 session 中，以便以后使用。

② 当有数据发送过来时，Mina 框架会调用 messageReceived 方法。

messageReceived 首先从 Mina 的 session 中得到在 sessionOpened 方法中创建的 StanzaHandler 实例 handler，然后从 parsers 中得到一个 parser(如果 parsers 中没有可以创建一个新的实例。注意，这个 parser 和在 sessionOpened 方法中创建的 parser 不同，这个 parser 是用来处理 Stanza 的，而在 sessionOpened 方法中创建的 parser 是在 filter 中用来解码的，也就是说，在 sessionOpened 方法中创建的 parser 是更低一层的 parser)。最后将 xml 数据包交给 StanzaHander 的实例 hander 进行处理。

③ StanzaHander 的实例 hander 处理 xml 数据包的过程。

StanzaHander 首先判断 xml 数据包的类型，如果数据包以"＜stream：stream"打头，那么说明客户端刚刚连接，需要初始化通信(符合 XMPP 协议)，Openfire 首先为此客户端建立一个与客户端 JID 相关的 ClientSession，而后与客户端交互协商，例如是否使用 SSL，是否使用压缩等问题。当协商完成之后进入正常通信阶段，则可以将 XML 数据包交给这个用户的 ClientSession 进行派送(deliever)，经过派送数据包可以发送给 PacketRouteImpl 模块进行处理。

在 PacketRouteImpl 包中将进一步被细化处理。

第 5 章　Java 安全技术

本章介绍的 Java 的安全性的支持主要是通过 Java 虚拟机加载器和 Java 提供的安全 API 来实现。

Java 体系结构提供的安全 API，主要有 Java 认证和授权服务（JAAS），Java 安全套接字扩展（JSSE）和 Java 加密扩展（JCE）API 提供了加密算法，实现对任意数据的加密和解密。

加密算法 JCE 中提供了 DES、多重 DES、PBEWithMD5AndDES、RSA 和 Blowfish 等。

Java 安全套接字扩展包 JSSE 提供的是基于套接字直接传递的数据进行加密，JSSE 实现了 SSL（安全套接字层）的加密，SSL 作为 HTTPS 协议的基础，提供了在 TCP 套接字上对数据进行加密的方法，也是基于 Web 应用最常用的一种加密方式。

5.1　类装载器

Java 的类装载器是 Java 动态性的核心，本节介绍 Java 的类装载器，及相关的 parent delegation 模型、命名空间、运行时包等概念。

【实例】　编写程序测试所使用的 JVM 的 ClassLoader。

1. 分析与设计

程序框架如下：

```
package myp;
/* LoaderSample1.java */
class LoaderSample1 {
    main(String[] args) {
        获得系统类装载器；
        输出该类装载器的父类装载器，直到出现 Bootstrap；
        输出 Object 和当前类的类装载器；
    }
}
```

2. 实现过程

1）获得系统类装载器

语句：

```
Class c;
ClassLoader cl;
cl=ClassLoader.getSystemClassLoader();
System.out.println(cl);
```

分析：c 是类变量，cl 是类装载器变量。ClassLoader.getSystemClassLoader()方法获取系统类装载器。

2）输出该类装载器的父类装载器直到出现 Bootstrap

语句：

```
while (cl !=null) {
    cl=cl.getParent();
    System.out.println(cl);
}
```

分析：getParent()方法返回类装载器的父类装载器，当返回 null 时表示是 Bootstrap。

3）输出 Object 和当前类的类装载器

语句：

```
try {
    c=Class.forName("java.lang.Object");
    cl=c.getClassLoader();
    System.out.println("java.lang.Object's loader is "+cl);
    c=Class.forName("myp.LoaderSample1");
    cl=c.getClassLoader();
    System.out.println("LoaderSample1's loader is "+cl);
} catch (Exception e) {
    e.printStackTrace();
}
```

分析：分别用 getClassLoader()方法获取 java.lang.Object 和 myp.LoaderSample1 的类装载器。

3. 源代码

```
package myp;
/* LoaderSample1.java */
public class LoaderSample1 {
    public static void main(String[] args) {
        Class c;
        ClassLoader cl;
        cl=ClassLoader.getSystemClassLoader();
        System.out.println(cl);
        while (cl !=null) {
            cl=cl.getParent();
            System.out.println(cl);
        }
        try {
            c=Class.forName("java.lang.Object");
            cl=c.getClassLoader();
            System.out.println("java.lang.Object's loader is "+cl);
            c=Class.forName("myp.LoaderSample1");
            cl=c.getClassLoader();
            System.out.println("LoaderSample1's loader is "+cl);
        } catch (Exception e) {
            e.printStackTrace();
```

        }
    }
}

4. 测试与运行

运行程序,输出如图 5-1 所示的结果。

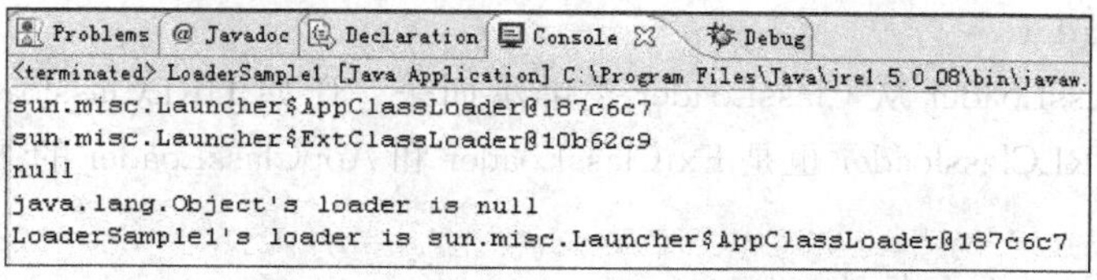

```
Problems  @ Javadoc  Declaration  Console  Debug
<terminated> LoaderSample1 [Java Application] C:\Program Files\Java\jre1.5.0_08\bin\javaw.
sun.misc.Launcher$AppClassLoader@187c6c7
sun.misc.Launcher$ExtClassLoader@10b62c9
null
java.lang.Object's loader is null
LoaderSample1's loader is sun.misc.Launcher$AppClassLoader@187c6c7
```

图 5-1 myp.LoaderSample1 的运行结果

第一行表示系统类装载器实例继承自类 sun.misc.Launcher $ AppClassLoader。
第二行表示系统类装载器的 parent 实例继承自类 sun.misc.Launcher $ ExtClassLoader。
第三行表示系统类装载器 parent 的父类为 Bootstrap。
第四行表示核心类 java.lang.Object 是由 Bootstrap 装载的。
第五行表示用户类 LoaderSample1 是由系统类装载器装载的。

5. 技术分析

1) 类装载器的功能及分类

类装载器是用来把类(class)装载进 JVM 的。JVM 规范定义了两种类型的类装载器:启动内装载器(bootstrap)和用户自定义装载器(user-defined class loader)。

Bootstrap 是 JVM 自带的类装载器,用来装载核心类库,如 java.lang.*等。由实例可以看出,java.lang.Object 是由 Bootstrap 装载的。

Java 提供了抽象类 ClassLoader,所有用户自定义类装载器都实例化自 ClassLoader 的子类。System Class Loader 是一个特殊的用户自定义类装载器,由 JVM 的实现者提供,在编程者不特别指定装载器的情况下默认装载用户类。系统类装载器可以通过 ClassLoader.getSystemClassLoader()方法得到。

归纳起来,Java 的类加载器分为以下几种。

(1) Bootstrap ClassLoader

用 C++ 实现,是所有类加载器的最终父加载器,负责将一些关键的 Java 类,如 java.lang.Object 和其他一些运行时代码,先加载进内存中。

(2) ExtClassLoader

用 Java 实现,是 Launcher.java 的内部类,编译后的名字为 Launcher $ ExtClassLoader.class。此类由 Bootstrap ClassLoader 加载,但由于 Bootstrap ClassLoader 已经脱离了 Java 体系(C++),所以 Launcher $ ExtClassLoader.class 的 Parent(父加载器)被设置为 null。它用于装载 Java 运行环境扩展包(jre/lib/ext)中的类,而且一旦建立,其加载的路径将不再改变。

(3) AppClassLoader

用 Java 实现,也是 Launcher.java 的内部类,编译后的名字为 Launcher $ AppClassLoader.class。AppClassLoader 是当 Bootstrap ClassLoader 加载完 ExtClassLoader 后,再被 Bootstrap ClassLoader 加载,所以 ExtClassLoader 和 AppClassLoader 都是被 Bootstrap ClassLoader 加载,

但 AppClassLoader 的父类被设置为 ExtClassLoader。可见父类和由哪个类加载器来加载不一定是对应的。

这个类装载器可以通过调用 ClassLoader.getSystemClassLoader()方法来获得,如果程序中没有使用类装载器相关操作设定或者自定义新的类装载器,那么编写的所有 Java 类都会由它来装载。而它的查找区域就是 Classpath,一旦建立,其加载路径也不再改变。

(4) ClassLoader

自定义的 ClassLoader 从 ClassLoader 类继承而来。比如 URLClassloader 是 ClassLoader 的一个子类,而 URLClassloader 也是 ExtClassLoader 和 AppClassLoader 的父类(注意不是父加载器)。

2) parent delegation 模型

在 Java 类加载器中除了引导类加载器(即 Bootstrap ClassLoader),所有的类加载器都有一个父类加载器。Java 的双亲委托模型更好地保证了 Java 平台的安全。在此模型下,当一个装载器被请求装载某个类时,它首先委托自己的 parent 去装载,若 parent 能装载,则返回这个类所对应的 Class 对象;若 parent 不能装载,则由 parent 的请求者去装载。

如图 5-2 所示,loader2 的 parent 为 loader1,loader1 的 parent 为 system class loader。假设 loader2 被要求装载类 MyClass,在 parent delegation 模型下,loader2 首先请求 loader1 代为装载,loader1 再请求系统类装载器去装载 MyClass。若系统装载器能成功装载,则将 MyClass 所对应的 Class 对象的 reference 返回给 loader1,loader1 再将 reference 返回给 loader2,从而成功将 MyClass 类装载进虚拟机。若系统类装载器不能装载 MyClass,loader1 会尝试装载 MyClass。若 loader1 也不能成功装载,loader2 会尝试装载。若所有的 parent 及 loader2 本身都不能装载,则装载失败。

若有一个能成功装载,实际装载的类装载器被称为定义类装载器,所有能成功返回 Class 对象的装载器(包括定义类装载器)被称为初始类装载器,如图 5-2 所示,假设 loader1 实际装载了 MyClass,则 loader1 为 MyClass 的定义类装载器,loader2 和 loader1 为 MyClass 的初始类装载器。

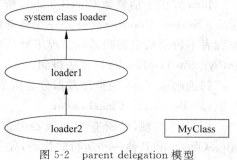

图 5-2　parent delegation 模型

需要指出的是,Class Loader 是对象,它的父子关系和类的父子关系没有任何关联。一对父子 loader 可能继承自同一个 Class,也可能不是,甚至父 loader 继承自子类,子 loader 继承自父类。假设 MyClassLoader 继承自 ParentClassLoader,可以有如下父子 loader:

```
ClassLoader loader1=new MyClassLoader();
//参数 loader1 为 parent
ClassLoader loader2=new ParentClassLoader(loader1);
```

那么 parent delegation 模型为什么更安全了?因为在此模型下用户自定义的类装载器不可能装载应该由父亲装载器装载的可靠类,从而防止不可靠甚至恶意的代码代替由父亲装载器装载的可靠代码。实际上,类装载器的编写者可以自由选择,不用把请求委托给 parent,但正如上面所说,会带来安全的问题。

3) 命名空间及其作用

每个类装载器有自己的命名空间,命名空间由所有以此装载器为创始类装载器的类组成。

载入 JVM 的类有一个具体的标识,Java 中一个类用其完全匹配类名(fully qualified class name)作为标识,这里指的完全匹配类名是包名和类名。不过在 JVM 中一个类是用其全名再附加上一个加载类 ClassLoader 的实例作为唯一标识。因此,如果一个名为 Pg 的包中有一个名为 Cl 的类,被类加载器 KlassLoader 的一个实例对象 kl1 加载,生成 Cl 的对象,即 Cl.class(这里指类,而非对象)。在 JVM 中表示为(Cl, Pg, kl1),这意味着两个类加载器的实例(Cl, Pg, kl1) 和 (Cl, Pg, kl2)是不同的,被它们所加载的类也因此完全不同,且是互不兼容的。

Java 中每个类都是由某个类加载器的实体来载入的,因此在 Class 类的实体中都会有字段记录载入它的类加载器的实体(当为 null 时,其实是指 Bootstrap ClassLoader)。

不同命名空间的两个类是不可见的,但只要得到类所对应的 Class 对象的 reference,还是可以访问另一命名空间的类。

【例 5-1】 演示了一个命名空间的类如何使用另一命名空间的类。在例子中,LoaderSample2 由系统类装载器装载,LoaderSample3 由自定义的装载器 loader 负责装载,两个类不在同一命名空间,但 LoaderSample2 得到了 LoaderSample3 所对应的 Class 对象的 reference,所以它可以访问 LoaderSample3 中公共的成员(如 age)。

不同命名空间的类的访问示例代码如下。

```java
/* LoaderSample2.java */
import java.net.*;
import java.lang.reflect.*;
public class LoaderSample2 {
    public static void main(String[] args) {
        try {
            String path=System.getProperty("user.dir");
            URL[] us={new URL("file://"+path+"/sub/")};
            ClassLoader loader=new URLClassLoader(us);
            Class c=loader.loadClass("LoaderSample3");
            Object o=c.newInstance();
            Field f=c.getField("age");
            int age=f.getInt(o);
            System.out.println("age is "+age);
        } catch (Exception e) {
            e.printStackTrace();
        }
    }
}
/* sub/Loadersample3.java */
public class LoaderSample3 {
    static {
        System.out.println("LoaderSample3 loaded");
    }
    public int age=30;
```

}

编译代码的命令如下:

```
javac LoaderSample2.java;
javac sub/LoaderSample3.java
```

运行代码的命令如下:

```
java LoaderSample2
LoaderSample3 loaded
age is 30
```

从运行结果中可以看出,在 LoaderSample2 类中可以创建处于另一命名空间的 LoaderSample3 类中的对象并可以访问其公共成员 age。

4)运行时包(runtime package)

由同一类装载器定义装载的属于相同包的类组成了运行时包,决定两个类是不是属于同一个运行时包,不仅要看它们的包名是否相同,还要看它们的定义类装载器是否相同。只有属于同一运行时包的类才能互相访问包可见的类和成员。这样的限制避免了用户自己的代码冒充核心类库的类访问核心类库包可见成员的情况。假设用户自己定义了一个类 java.lang.Yes,并用用户自定义的类装载器装载,由于 java.lang.Yes 和核心类库 java.lang.* 由不同的装载器装载,它们属于不同的运行时包,所以 java.lang.Yes 不能访问核心类库 java.lang 中类的包可见的成员。

前面简单讨论了类装载器,parent delegation 模型、命名空间、运行时包。命名空间并没有完全禁止属于不同空间的类的互相访问,双亲委托模型加强了 Java 的安全,运行时包增加了对包可见成员的保护。

5)扩展 ClassLoader 方法

为了创建自己的类装载器,应该扩展 ClassLoader 类,这是一个抽象类。创建自己的装载器需要覆盖 ClassLoader 中的 findClass(String name)方法,这个方法通过类的名字而得到一个 Class 对象。

```java
public Class findClass(String name)
{
    byte[] data=loadClassData(name);
    return defineClass(name, data, 0, data.length);
}
```

还应该提供一个方法 loadClassData(String name),通过类的名称返回 class 文件的字节数组。然后使用 ClassLoader 提供的 defineClass()方法就可以返回 Class 对象了。

```java
public byte[] loadClassData(String name){
    FileInputStream fis=null;
    byte[] data=null;
    try {
        fis=new FileInputStream(new File(drive+name+fileType));
        ByteArrayOutputStream baos=new ByteArrayOutputStream();
        int ch=0;
```

```
    while ((ch=fis.read()) !=-1){
        baos.write(ch);
    }
    data=baos.toByteArray();
  } catch (IOException e){
      e.printStackTrace();
  }
  return data;
}
```

6. 问题与思考

（1）分析 Java 类装载器的种类及其作用。

（2）用 classloader.HelloWorld 类的 main()方法输出字符串"Hello,World！"。编写类装载器 UserDefinedClassLoader 来装载 classloader.HelloWorld.class 并启动。

提示

UserDefinedClassLoader 必须对 ClassLoader 进行继承，并实现 findClass()、defineClass() 等方法，参考代码如下：

```
public Class findClass(String name){
  byte[] data=loadClassData(name);
  return defineClass(name, data, 0, data.length);
}
//装入类文件
private byte[] loadClassData(String name){
  byte[] data=null;
  try {
    //根据类名找到对应的文件，如 classloader.HelloWorld 转化为 classloader/HelloWorld.class
    FileInputStream in= new FileInputStream(new File("D:/Java/jdk/bin/"+name.replace('.', '/')+".class"));
    ByteArrayOutputStream out=new ByteArrayOutputStream();
    int ch=0;
    while((ch=in.read()) !=-1) {
      out.write(ch);
    }
    data=out.toByteArray();
  }
  catch (IOException e){
    e.printStackTrace();
  }
  return data;
}
```

其中"D：/Java/jdk/bin/"是类文件所在的目录。利用 UserDefinedClassLoader 装载 classloader.HelloWorld.class 后并启动的代码如下：

```
try{
    UserDefinedClassLoader userLoader=new UserDefinedClassLoader();
    Class c=userLoader.findClass("classloader.HelloWorld");
```

```
        //用反射调用 main 方法
        String[] args=new String[] {};
        Method m=c.getMethod("main", args.getClass());
        m.invoke(null, (Object) args);
    } catch(Exception e){  }
```

> **注意**
>
> 装载类时候不能用"userLoader.loadClass("classloader.HelloWorld");"语句,否则不能启动用户自定义的类的装载方法。

（3）编写程序把 HelloWorld.class 的每一个字节进行左循环后,保存在 HelloWorld.loop 文件中。再使用用户自定义类装载器装入 HelloWorld.loop,装入时经右循环重新还原成原始的 HelloWorld.class 并启动它。

5.2 消息摘要

消息摘要是一种与消息认证码结合使用以确保消息完整性的技术。主要使用单向散列函数算法,可用于检验消息的完整性,以及通过散列密码直接以文本形式保存等,目前广泛使用的算法有 MD4、MD5、SHA-1。java.security.MessageDigest 提供了一个简易的操作方法。

【实例】 编写程序 MessageDigestExample.java,输出经编译后.class 文件的 MD5 消息摘要。

1. 分析与设计

程序框架如下:
MessageDigestExamle 类输出文件的 MD5 消息摘要。

```
/**
 * 输出文件的 MD5 消息摘要
 */
class MessageDigestExample {
    /**
     * 输出一个文件的 MD5 消息摘要
     * @param f 文件名
     * @return MD5 消息摘
     */
    public static String md(String f){
        //根据文件对象和 MessageDigest 对象建立摘要输入流
        //将摘要输入流读到字节数组中
        //生成并返回消息摘要
    }
}
```

为了将消息摘要按照十六进制格式输出,需要 Conversion 类实现对二进制字节数据到十六进制字符的转换。

```java
/**
 * 二进制转换为十六进制
 */
class Conversion {
    /**
     * 把一个字节的二进制数转为十六进制字符格式
     * @param b 需转换的字节
     * @return 十六进制字符
     */
    String byteToHexString(byte b)

    /**
     * 二进制字节数组转换为十六进制字符格式
     * @param b 字节数组
     * @return 十六进制字符格式
     */
    String byteArrayToHexString(byte[] b)
}
```

2. 实现过程

1) 根据文件对象和 MessageDigest 对象建立摘要输入流

语句如下:

```java
file=new BufferedInputStream(new FileInputStream(f));
//Create an MD5 message digest
md=MessageDigest.getInstance("MD5");
//Filter the file as a DigestInputStream object
in=new DigestInputStream(file,md);
```

分析: file 是文件, md 是 MD5 的 MessageDigest 对象, in 是摘要输入流。

2) 将摘要输入流读到字节数组中

语句如下:

```java
int i;
byte[] buffer=new byte[BUFFER_SIZE];
//Read the file and compute the digest
do{
  i=in.read(buffer,0,BUFFER_SIZE);
}while(i==BUFFER_SIZE);
//Get the final digest and convert it ti a String.
md=in.getMessageDigest();
in.close();
```

分析: 用字节数组 buffer 保存摘要流数据, BUFFER_SIZE 是程序定义的 buffer 的大小。摘要流的 getMessageDigest() 方法返回相关的 MessageDigest 对象。

3) 生成消息摘要

语句如下:

```java
byte[] digest=md.digest();
digestString=Conversion.byteArrayToHexString(digest);
```

分析：MessageDigest 的 digest()方法生成消息摘要，保存在字节数组 digest 中。Conversion.byteArrayToHexString(digest)方法将消息摘要转换成相应的十六进制码以便输出。

3. 源代码

```java
/* MessageDigestExample.java */
package md5;
import java.io.*;
import java.security.*;

public class MessageDigestExample {
  private static int BUFFER_SIZE=32*1024;
  public static void main (String[] args) throws Exception {
    //check args and get plaintext
    if (args.length !=1) {
      System.err.println("Usage: java MessageDigestExample text");
      System.exit(1);
    }
    System.out.println(args[0]+":"+md(args[0]));
  }
  public static String md(String f){
    MessageDigest md;
    BufferedInputStream file;
    String digestString;
    DigestInputStream in;
    try{
      //Open the file
      file=new BufferedInputStream(new FileInputStream(f));
      //Create an MD5 message digest
      md=MessageDigest.getInstance("MD5");
      //Filter the file as a DigestInputStream object
      in=new DigestInputStream(file,md);
      int i;
      byte[] buffer=new byte[BUFFER_SIZE];
      //Read the file and compute the digest
      do{
        i=in.read(buffer,0,BUFFER_SIZE);
      }while(i==BUFFER_SIZE);
      //Get the final digest and convert it ti a String.
      md=in.getMessageDigest();
      in.close();
      byte[] digest=md.digest();
      digestString=Conversion.byteArrayToHexString(digest);
    }catch(FileNotFoundException e){
      return f+" not found.";
    }catch (NoSuchAlgorithmException e){
      return "MD5 not supported.";
    }catch (IOException e){
      return "Error reading from "+f+".";
    }
```

```
        //Return the final digest as a String.
        return digestString;
    }
}

/* Conversion.java */
package md5;

public class Conversion {
    private static String[] hexDigits={"0","1","2","3","4","5","6","7",
        "8","9","a","b","c","d","e","f"};
    public static String byteToHexString(byte b){
        int n=b;
        if (n<0) n=256+n;
        int d1=n/16;
        int d2=n%16;
        return hexDigits[d1]+hexDigits[d2];
    }
    public static String byteArrayToHexString(byte[] b){
        String result="";
        for(int i=0;i<b.length;++i)
            result+=byteToHexString(b[i]);
        return result;
    }
}
```

4. 测试与运行

在 Eclipse 中，被编译好的.class 文件保存在工作本项目的 bin 目录下，如果有包还需有子目录。要输出 md5 包中 MessageDigestExample.class 文件的 MD5 消息码，命令行参数应该是"bin\md5\MessageDigestExample.class"，如图 5-3 所示。

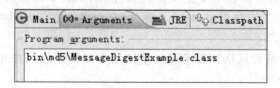

图 5-3　在 Eclipse 中配置命令行参数

配置好命令行参数运行程序，输出如图 5-4 的结果。

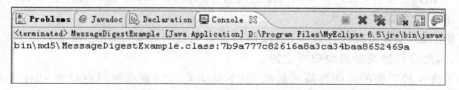

图 5-4　MessageDigestExample 的运行结果

程序输出了 16 字节的 MessageDigestExample.class 的 MD5 消息摘要。

5. 技术分析

随着计算机技术的发展,安全性攻击正在变得越来越成熟和频繁。利用各种最新技术和工具是应用程序安全性的一个关键;另一个关键是由经过考验的技术(如数据加密、认证和授权)构筑的牢固基础。

Java 平台的基本语言和库扩展都提供了用于编写安全应用程序的极佳基础。本节讨论密码术基础知识与如何用 Java 编程语言实现密码术,并提供了样本代码来说明这些概念。

在这个两部分教程的第一部分中,讨论库扩展中的内容,这些库扩展被称为 Java 密码术扩展(Java Cryptography Extension,JCE)和 Java 安全套接字扩展(Java Secure Sockets Extension,JSSE)。此外,还介绍了 CertPath API。在第二部分中,将把讨论范围扩大到由 Java 平台中 Java 认证和授权服务(Java Authentication and Authorization Service,JAAS)管理的访问控制。

1) 安全性编程概念

(1) Java 平台使安全编程更方便

Java 编程语言和环境有以下一些特性使安全编程更方便。

- 无指针。这意味着 Java 程序不能对地址空间中的任意内存位置寻址。
- 字节码验证器。在编译成 .class 文件之后运行,在执行之前检查安全性问题。例如,访问超出数组大小的数组元素的尝试将被拒绝。因为缓冲区溢出攻击是造成大多数系统漏洞的主要原因,所以这是一种重要的安全性特性。
- 对资源访问的细颗粒度控制。用于 applet 和应用程序。例如,可以限制 applet 对磁盘空间的读或写,或者可以授权它仅从特定目录读数据。可以根据对代码签名的人(请参阅代码签名的概念)以及代码来源处的 HTTP 地址来进行授权。这些设置都出现在 java.policy 文件中。
- 大量库函数。这些函数用于主要密码构件和 SSL(本教程的主题)以及认证和授权(在本系列的第二本教程中讨论)。此外,有众多的第三方库可用于额外的算法。

(2) 安全编程技术

简单地说,有多种编程风格和技术可以帮助用户确保应用程序更安全。考虑下列两个一般示例。

- 存储/删除密码。如果密码是存储在 Java String 对象中,则直到对它进行垃圾收集或进程终止之前,密码会一直驻留在内存中。即使进行了垃圾收集,它仍会存在于空闲内存堆中,直到重用该内存空间为止。密码 String 在内存中驻留得越久,遭到窃听的危险性就越大。

更糟的是,如果实际内存减少,则操作系统会将这个密码 String 换页调度到磁盘的交换空间,因此容易遭受磁盘块窃听攻击。

为了将这种泄密的可能性降至最低(但不是消除),应该将密码存储在 char 数组中,并在使用后对其置零。(String 是不可变的,所以无法对其置零)

- 智能序列化。当为存储器或传输任何私有字段而序列化对象时,默认情况下,这些对象都呈现在流中。因此,敏感数据很容易被窃听。可以使用 transient 关键字来标记属性,这样在流中将忽略该属性。

> **提示**
> 当在本书中需要用到这些技术以及其他技术时,将更详细地讨论它们。

(3) JDK 中集成了安全性

许多安全性功能必须作为扩展添加到基本 Java 代码分发版中。严格的美国出口限制要求这种功能的分离。

现在,新的宽松法规使安全性特性和基本语言更紧密的集成成为可能。下列软件包(在 1.4 发行版之前作为扩展使用)现在集成到了 JDK 1.4 以后的版本中:

- JCE(Java 密码术扩展)
- JSSE(Java 安全套接字扩展)
- JAAS(Java 认证和授权服务)

JDK 1.4 以后的版本还引入了两种新功能:

- JGSS(Java 通用安全性服务(Java General Security Service))
- CertPath API(Java 证书路径 API (Java Certification Path API))
- JCE、JSSE 和 CertPath API 是本书讨论的主题。

(4) 第三方库充实了安全性

可以用第三方库(也称为提供程序)来增强当前 Java 语言中已经很丰富的功能集。提供程序添加了额外的安全性算法。

作为库示例,将使用 Bouncy Castle 提供程序(请参阅参考资料)。Bouncy Castle 库提供了其他密码算法,包括公钥密码术和数字签名中讨论的流行 RSA 算法。

尽管目录名和 java.security 文件可能有一点不同,但仍可用以下模板安装 Bouncy Castle 提供程序。要安装这个库,请下载 bcprov-jdk14-112.jar 文件并将它存放到 j2sdk1.4.0\jre\lib\ext 和 Program Files\Java\J2re1.4.0\lib\ext 目录中。在两个 java.security 文件(位于相同目录的 security 子目录而不是 ext 子目录)中,将下面的行

```
security.provider.6=org.bouncycastle.jce.provider.BouncyCastleProvider
```

添加至以下行的末尾:

```
security.provider.1=sun.security.provider.Sun
security.provider.2=com.sun.net.ssl.internal.ssl.Provider
security.provider.3=com.sun.rsajca.Provider
security.provider.4=com.sun.crypto.provider.SunJCE
security.provider.5=sun.security.jgss.SunProvider
security.provider.6=org.bouncycastle.jce.provider.BouncyCastleProvider
```

以上介绍了 Java 语言提供的有助于确保编程安全的特性(无论是完全集成的还是基于扩展的)。提供了一些安全编程技术的通用示例以帮助大家熟悉这个概念。还介绍了过去是作为扩展的功能但现在集成到版本 1.4 发行版中的安全性技术;也介绍了两种新的安全性技术。还说明了第三方库通过提供新技术能够增强安全性程序。

在余下部分,将提供安全的消息传递的概念(因为它们应用于 Java 编程):

- 消息摘要。这是一种与消息认证码结合使用以确保消息完整性的技术。
- 私钥加密。被设计用来确保消息机密性的技术。

- 公钥加密。允许通信双方不必事先协商秘钥即可共享秘密消息的技术。
- 数字签名。证明另一方的消息确实来自正确通信方的位模式。
- 数字证书。通过让第三方认证机构认证消息,向数字签名添加另一级别安全性的技术。
- 代码签名。由可信的实体将签名嵌入被传递的代码中的概念。
- SSL/TLS。在客户机和服务器之间建立安全通信通道的协议。传输层安全性(Transport Layer Security,TLS)是安全套接字层(Secure Sockets Layer,SSL)的替代品。

2) 确保消息的完整性

(1) 概述

本节中了解消息摘要,它获取消息中的数据并生成一个被设计用来表示该消息"指纹"的位块。还将讨论 JDK 1.4 支持的与消息摘要相关的算法、类和方法,并为消息摘要和消息认证特性提供代码示例和样本的执行代码。

(2) 什么是消息摘要

消息摘要是一种确保消息完整性的功能。消息摘要获取消息作为输入并生成位块(通常是几百位长),该位块表示消息的指纹。消息中很小的更改(比如,由闯入者和窃听者造成的更改)将引起指纹发生显著更改。

消息摘要函数是单向函数。从消息生成指纹是很简单的事情,但生成与给定指纹匹配的消息却很难。

消息摘要可强可弱。校验和(消息的所有字节异或运算的结果)是弱消息摘要函数的一个示例。很容易修改一个字节以生成任何期望的校验和指纹。大多数强函数使用散列法。消息中 1 位更改将引起指纹中巨大的更改(理想的比例是更改指纹中 50% 的位)。

(3) 算法、类和方法

Java 支持下列消息摘要算法:
- MD2 和 MD5 都是 128 位算法。
- SHA-1 是 160 位算法。
- SHA-256、SHA-383 和 SHA-512 提供更长的指纹,大小分别是 256 位、383 位和 512 位。

其中,MD5 和 SHA-1 是最常用的算法。

下面介绍 MessageDigest 类操作消息摘要。消息摘要代码示例中使用下列方法。
- MessageDigest.getInstance("MD5"):创建消息摘要。
- .update(plaintext):用明文字符串计算消息摘要。
- .digest():读取消息摘要。

如果密钥被用作消息摘要生成过程的一部分,则将该算法称为消息认证码。Java 支持 HMAC/SHA-1 和 HMAC/MD5 消息认证码算法。

Mac 类使用由 KeyGenerator 类产生的密钥操作消息认证码。消息认证码示例中使用了下列方法。
- KeyGenerator.getInstance("HmacMD5") 和 .generateKey():生成密钥。
- Mac.getInstance("HmacMD5"):创建 MAC 对象。

- .init(MD5key)：初始化 MAC 对象。
- .update(plaintext) 和 .doFinal()：用明文字符串计算 MAC 对象。

【例 5-2】 输出消息认证码消息摘要。

```java
import java.security.*;
import javax.crypto.*;
//
//Generate a Message Authentication Code
public class MessageAuthenticationCodeExample {
    public static void main (String[] args) throws Exception {
        //
        //check args and get plaintext
        if (args.length !=1) {
            System.err.println
                ("Usage: java MessageAuthenticationCodeExample text");
            System.exit(1);
        }
        byte[] plainText=args[0].getBytes("UTF8");
        //
        //get a key for the HmacMD5 algorithm
        System.out.println("\nStart generating key");
        KeyGenerator keyGen=KeyGenerator.getInstance("HmacMD5");
        SecretKey MD5key=keyGen.generateKey();
        System.out.println("Finish generating key");
        //
        //get a MAC object and update it with the plaintext
        Mac mac=Mac.getInstance("HmacMD5");
        mac.init(MD5key);
        mac.update(plainText);
        //
        //print out the provider used and the MAC
        System.out.println("\n"+mac.getProvider().getInfo());
        System.out.println("\nMAC: ");
        System.out.println(new String(mac.doFinal(), "UTF8"));
    }
}
```

消息认证样本执行情况如下：

```
D:\IBM>java MessageAuthenticationCodeExample "This is a test!"
Start generating key
Finish generating key
SunJCE Provider (implements DES, Triple DES, Blowfish, PBE, Diffie-Hellman, HMAC
-MD5, HMAC-SHA1)
    MAC:
    Dkdj47x4#.@kd#n8a-x>
```

⚠提示

因为代码用线程行为定时来生成优质的伪随机数，所以密钥生成很费时。一旦生成了第一个数，其他数的生成就快得多了。

另外,与消息摘要不同的是,消息认证码使用密码提供程序。

6. 问题与思考

1) 任意输入一个字符串,输出其 MD5 消息摘要。

> **提示**
>
> 主要程序段如下:
>
> ⋮
> ```
> byte[] plainText=args[0].getBytes("UTF8");
> MessageDigest messageDigest=MessageDigest.getInstance("MD5");
> messageDigest.update(plainText);
> System.out.println(new String(messageDigest.digest(),"UTF8"));
> ```
> ⋮

2) Base64 是一种编码方式,通常用于把二进制数据编码为可写的字符形式的数据。编码后的数据是一个字符串,其中包含的字符为:A~Z、a~z、0~9、+、/等。

Base64 的 64 个字符用 6 位二进制来表示,数值为 0~63,见表 5-1 所示。

表 5-1 Base64 编码表

码值	字符	码值	字符	码值	字符	码值	字符
0	A	16	Q	32	g	48	w
1	B	17	R	33	h	49	x
2	C	18	S	34	i	50	y
3	D	19	T	35	j	51	z
4	E	20	U	36	k	52	0
5	F	21	V	37	l	53	1
6	G	22	W	38	m	54	2
7	H	23	X	39	n	55	3
8	I	24	Y	40	o	56	4
9	J	25	Z	41	p	57	5
10	K	26	a	42	q	58	6
11	L	27	b	43	r	59	7
12	M	28	c	44	s	60	8
13	N	29	d	45	t	61	9
14	O	30	e	46	u	62	+
15	P	31	f	47	v	63	/

这样,长度为 3 字节的数据经过 Base64 编码后就变为 4 字节。例如,字符串"Xue"经过 Base64 编码后变为"WHVl",如图 5-5 所示。

长度为 3 字节的数据位数是 $8 \times 3 = 24$,可以精确地分成 6×4。

如果数据的字节数不是 3 的倍数,则其位数就不是 6 的倍数。此时,需在原数据后面添

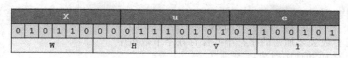

图 5-5　"Xue"的 Base64 编码

加 1 个或 2 个零值字节,使其字节数为 3 的倍数。即在编码后的字符串后面添加 1 个或 2 个等号"=",表示所添加的零值字节数。

例,字符串"Xu"经过 Base64 编码后变为"WHU=",如图 5-6 所示。

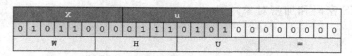

图 5-6　2 个字节转换为 Base64 编码

字符串"X"经过 Base64 编码后变为"WA==",如图 5-7 所示。

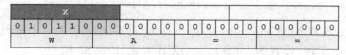

图 5-7　1 个字节转换为 Base64 编码

编写程序,增加 Conversion 类中的方法,实现二进制字节和 Base64 之间的转换。方法定义如下:

```
/**
 * 把二进制字节数组按 Base64 进行编码
 * @param b 为二进制字节数组
 * @return 为按 Base64 编码的字符串
 */
public static String byteArrayToBase64String(byte[] b)
/**
 * 把 Base64 字符转换为字节数组
 * @param s 为按照 Base64 编码的字符
 * @return 为二进制字节数组
 */
public static byte[] base64StringToByteArray(String s)
```

5.3　私钥密码术

在本节将研究私钥加密的使用,并讨论诸如密码块、填充、序列密码和密码方式之类的概念。将迅速地讨论密码算法、类和方法的细节,同时用代码示例和样本执行来说明这个概念。

【实例】　编写程序 PrivateCipher.java,演示对字符串进行 DES 加密和解密的过程。

1. 分析与设计

程序框架如下:

```
class PrivateCipher {
  void main (String[] args) throws Exception {
    //从命令行参数去要加密的字符串并保存在字节数组中
    //生成 DES 密码和加密对象
    //加密并输出密文
    //解密并输出明文
  }
}
```

2. 实现过程

1）生成 DES 密码和加密对象

语句如下：

```
KeyGenerator keyGen=KeyGenerator.getInstance("DES");
keyGen.init(56);
Key key=keyGen.generateKey();

Cipher cipher=Cipher.getInstance("DES/ECB/PKCS5Padding");
```

分析：密码生成器 KeyGenerator 的 generateKey()方法产生一个密码。Cipher 对象由方法 getInstance()实现，设置为 DES 加密、ECB 方式、PKCS5 填充。

2）加密并输出密文

语句如下：

```
cipher.init(Cipher.ENCRYPT_MODE, key);
byte[] cipherText=cipher.doFinal(plainText);
System.out.println(new String(cipherText, "UTF8"));
```

分析：doFinal(plainText)方法将明文 plainText 加密成为密文 cipherTest。

3）解密并输出明文

语句如下：

```
cipher.init(Cipher.DECRYPT_MODE, key);
byte[] newPlainText=cipher.doFinal(cipherText);
System.out.println(new String(newPlainText, "UTF8"));
```

分析：cipher.init(Cipher.DECRYPT_MODE，key)的设置使 doFinal()方法将做解密操作。

3. 源代码

```
/* PrivateCipher.java */
package privatecipher;
import java.security.*;
import javax.crypto.*;
//
//encrypt and decrypt using the DES private key algorithm
public class PrivateCipher {
  public static void main (String[] args) throws Exception {
    //
    //check args and get plaintext
```

```
if (args.length !=1) {
  System.err.println("Usage: java PrivateExample text");
  System.exit(1);
}
byte[] plainText=args[0].getBytes("UTF8");
//
//  get a DES private key
System.out.println("\nStart generating DES key");
KeyGenerator keyGen=KeyGenerator.getInstance("DES");
keyGen.init(56);
Key key=keyGen.generateKey();
System.out.println("Finish generating DES key");
//
//get a DES cipher object and print the provider
Cipher cipher=Cipher.getInstance("DES/ECB/PKCS5Padding");
System.out.println("\n"+cipher.getProvider().getInfo());
//
//encrypt using the key and the plaintext
System.out.println("\nStart encryption");
cipher.init(Cipher.ENCRYPT_MODE, key);
byte[] cipherText=cipher.doFinal(plainText);
System.out.println("Finish encryption: ");
System.out.println(new String(cipherText, "UTF8"));
//
//decrypt the ciphertext using the same key
System.out.println("\nStart decryption");
cipher.init(Cipher.DECRYPT_MODE, key);
byte[] newPlainText=cipher.doFinal(cipherText);
System.out.println("Finish decryption: ");
System.out.println(new String(newPlainText, "UTF8"));
  }
}
```

4．测试与运行

首先配置好命令行参数，如图 5-8 所示。

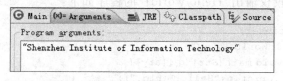

图 5-8 在 Eclipse 中配置命令行参数

运行程序，输出如图 5-9 所示的结果。

字符串"Shenzhen Institute of Information Technology"先被加密，然后又被解密输出。

5．技术分析

1) 私钥密码术

消息摘要可以确保消息的完整性，但不能用来确保消息的机密性。要确保机密性，需要使用私钥密码术来交换私有消息。

```
<terminated> PrivateCrypt [Java Application] D:\Program Files\MyEclipse 6.5\jre\bin\javaw.exe (Jun 12, 2010 9:41:33 AM)
Start generating DES key
Finish generating DES key

SunJCE Provider (implements RSA, DES, Triple DES, AES, Blowfish, ARCFOUR, RC2, PBE, Diffie-Hellman, HMAC)

Start encryption
Finish encryption:
_;□?K
O$□}}?J>??M$soK??ⅢV
?S??d??□x?r?W?$A/2

Start decryption
Finish decryption:
Shenzhen Institute of Information Technology
```

图 5-9　PrivateCipher 的运行结果

Alice 和 Bob 各有一个只有他们两人知道的共享密钥，并且约定使用一种公用密码算法或密码。也就是说，他们保持密钥的私有性。当 Alice 想给 Bob 发送消息时，她加密原始消息（称为明文）以创建密文，然后将密文发送给 Bob。Bob 接收了来自 Alice 的密文并用自己的私钥对它解密，以重新创建原始明文消息。如果窃听者 Eve 侦听该通信，她仅得到密文，因此消息的机密性得以保持。

可以加密单一位或位块（称为块）。块（称为密码块）通常是 64 位大小。如果消息大小不是 64 位的整数倍，那么必须填充短块。单一位加密在硬件实现中更常见。单一位的密码被称为序列密码。

私钥加密的强度取决于密码算法和密钥的长度。如果算法比较好，那么攻击它的唯一方法就是使用尝试每个可能密钥的蛮力攻击，它平均要尝试 $(1/2) \times 2 \times n$ 次，其中 n 是密钥的位数。

在美国出口法规很严时，只允许出口 40 位密钥。这种密钥长度相当弱。美国官方标准（DES 算法）使用 56 位密钥，但随着处理器速度的增加，它变得越来越弱。现在，通常首选 128 位密钥。如果每秒可以尝试一百万个密钥，那么，使用 128 位密钥，找到密钥所需的平均时间是宇宙年龄的许多倍。

【例 5-3】　编写程序，对一个 .class 文件进行加密。加密过程是对该文件的每一个字节加 3。

一个大家熟悉的仅仅输出"Hello world!"的程序如下：

```java
package privatecipher;
public class HelloWorld {
  public static void main(String []arg){
      System.out.println("Hello world!");
  }
}
```

利用 JDK 很容易把它编译成 HelloWorld.class。将 HelloWorld.class 作为明文，编写程序对 HelloWorld.class 进行加密，产生密文 HelloWorld.caesar。程序如下：

```java
package privatecipher;
import java.io.*;
public class Caesar {
  public static void main(String[] args){
```

```
    if (args.length !=3){
      System.out.println("USAGE: java Caesar in out key");
      return;
    }
    try {
      FileInputStream in=new FileInputStream(args[0]);
      FileOutputStream out=new FileOutputStream(args[1]);
      int key=Integer.parseInt(args[2]);
      int ch;
      while ((ch=in.read())!=-1){
    byte c=(byte)(ch+key);
    out.write(c);
      }
      in.close();
      out.close();
    }catch(IOException e){
      System.out.println("Error: "+e);
    }
  }
}
```

在 Eclipse 中设置命令行参数,如图 5-10 所示。

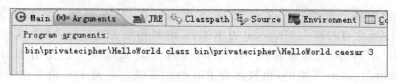

图 5-10　设置命令行参数

运行程序后,会在 HelloWorld.class 相同的目录生成密文文件 HelloWorld.caesar。例 5-3 是一种简单的私钥加密,这里的密码是 3。如果把明文和密文进行对比,很容易找到密码和还原算法,所以这种加密是不可靠的,很难在实际中应用。

实际的私钥加密没这么简单,密码生成、加密、解密过程都很复杂,但这些都不是本书要研究的内容,因为 Java 程序可以利用 JDK 相关的类和方法轻松地实现密码生成、加密及解密。

2) 填充

如前所述,如果使用分组密码而消息长度不是块长度的整数倍,那么,必须用字节填充最后一个块以凑成完整的块大小。有许多方法填充块,譬如全用 0 或 1。在本书中对私钥加密使用 PKCS5 填充,而对公钥加密使用 PKCS1。

使用 PKCS5 时,由一个其值表示剩余字节数的重复字节来填充短块。JDK 支持下列填充技术:

- 无填充
- PKCS5
- OAEP
- SSL3

BouncyCastle 库支持其他填充技术。

3) 加密方式

可以以各种方式使用给定密码,并允许用户确定加密是如何工作的。

例如,可以允许一个块的加密依赖于前一个块的加密,也可以使块的加密独立于任何其他块的加密。

根据需求选择方式,并且必须考虑各方面的权衡(安全性、并行处理能力以及明文和密文的容错等)。方式的选择超出了本书的讨论范围,Java 平台支持下列方法。

- ECB(电子密码本,Electronic Code Book)
- CBC(密码块链接,Cipher Block Chaining)
- CFB(密码反馈方式,Cipher Feedback Mode)
- OFB(输出反馈方式,Output Feedback Mode)
- PCBC(填充密码块链接,Propagating Cipher Block Chaining)

4) 算法、类和方法

Java 支持下列私钥算法。

- DES:DES(数据加密标准)是由 IBM 于 20 世纪 70 年代发明的,美国政府将其采纳为标准。它是一种 56 位分组密码。
- TripleDES:该算法被用来解决使用 DES 技术的 56 位时密钥日益减弱的强度,其方法是使用两个密钥对明文运行 DES 算法三次,从而得到 112 位有效密钥强度。TripleDES 有时称为 DESede(表示加密、解密和加密这三个阶段)。
- AES:AES(高级加密标准)取代 DES 成为美国标准。它是由 Joan Daemen 和 Vincent Rijmen 发明的,也被称为 Rinjdael 算法。它是 128 位分组密码,密钥长度为 128 位、192 位或 256 位。
- RC2、RC4 和 RC5:这些算法来自领先的加密安全性公司 RSA Security。
- Blowfish:这种算法是由 Bruce Schneier 开发的,它是一种具有从 32 位到 448 位(都是 8 的整数倍)可变密钥长度的分组密码,被设计用于在软件中有效实现微处理器。
- PBE:PBE(基于密码的加密)可以与多种消息摘要和私钥算法结合使用。

Cipher 类使用由 KeyGenerator 类产生的密钥操作私钥算法。私钥密码术代码示例中使用了下列方法。

- KeyGenerator.getInstance("DES")、.init(56) 和.generateKey():生成密钥。
- Cipher.getInstance("DES/ECB/PKCS5Padding"):创建 Cipher 对象(确定算法、方式和填充)。
- .init(Cipher.ENCRYPT_MODE, key):初始化 Cipher 对象。
- .doFinal(plainText):用明文字符串计算密文。
- .init(Cipher.DECRYPT_MODE, key):解密密文。
- .doFinal(cipherText):计算密文。

6. 问题与思考

(1) 编写一个类装载器,对例 5-3 生成的密文文件 HelloWorld.caesar 进行解密装载,并启动 HelloWorld 类。

> 提示

主要程序段如下：

...
```
in=new FileInputStream(fname);
ByteArrayOutputStream buffer=new ByteArrayOutputStream();
int ch;
while ((ch=in.read())!=-1){
    byte b=(byte)(ch-key);
    buffer.write(b);
}
```
...

(2) 编写程序对一个字符串进行加密。加密过程是对字符串的每一个字节顺时针旋转 3 个位置，输出密文，再解密输出名文。

(3) 用 KeyGenerator 生成一个私钥并保存到文件中，实现通信时的加密和解密。

> 提示

(1) 下面的代码利用 DES 算法生成一个私钥，并保存到 key.key 文件中，以便通信双方取出。

```
KeyGenerator keyGen=KeyGenerator.getInstance("DES");
keyGen.init(56);
Key key=keyGen.generateKey();
System.out.println(key);
//用输出流输出到文件
ObjectOutputStream o=new ObjectOutputStream (new FileOutputStream ("key.key"));
o.writeObject(key);
o.close();
```

(2) sendData(String message)方法

该方法利用对象输出流 output 实现对 message(信息)的发送。发送前需要从 key.key 文件中取出私钥对 message 的加密，加密后转换为 BASE64 码发送。已存在 byteArrayToBase64String (byte[] b)方法可以对字节数组转为 BASE64 码。参考下面的代码：

```
void sendData(String message) throws Exception {
    ObjectInputStream keyin=new ObjectInputStream(new FileInputStream("key.key"));
    Key key=(Key) keyin.readObject();
    byte[] plainText=message.getBytes("UTF8");
    Cipher cipher=Cipher.getInstance("DES/ECB/PKCS5Padding");
    cipher.init(Cipher.ENCRYPT_MODE, key);
    byte[] cipherText=cipher.doFinal(plainText);
    message=byteArrayToBase64String(cipherText);//将字节数组转为字符串

    output.writeObject(message);
    output.flush();
}
```

(3) receiveData()方法

该方法不断用对象输入流 input 获取密文的 BASE64 字符串到 message(信息)中,还原为密文后解密并显示,直到读到字符串"TERMINATE"为止。已存在 base64StringToByteArray (String b)方法,实现 BASE64 字符到字节数组的转换。参考代码如下:

```java
void receiveData() throws Exception {
    do {
        message=(String) input.readObject();

        ObjectInputStream keyin=new ObjectInputStream(new FileInputStream("key.key"));
        Key key= (Key) keyin.readObject();
        byte[] cipherText=base64StringToByteArray (message);
        Cipher cipher=Cipher.getInstance("DES/ECB/PKCS5Padding");
        cipher.init(Cipher.DECRYPT_MODE, key);
        byte[] newPlainText=cipher.doFinal(cipherText);
        message=new String(newPlainText, "UTF8");
        System.out.println(message);

    } while (!message.equals("TERMINATE"));//未读到结束信息

}
```

5.4 用公钥加密数据

本节将研究公钥密码术,该特性解决在事先没有约定密钥的通信双方之间加密消息的问题。讨论的内容包括支持公钥功能的算法、类和方法,并提供代码样本和执行来说明该概念。

公钥加密也叫不对称加密,不对称算法使用一对密钥对,即一个公钥、一个私钥,使用公钥加密的数据只有私钥能解开(可用于加密),另外使用私钥加密的数据只有公钥能解开(签名)。但是速度很慢(比私钥加密慢 100~1000 倍),公钥的主要算法有 RSA,还包括 Blowfish、Diffie-Helman 等。

下面是一个公钥加密的例子,Cipher 类使用 KeyPairGenerator 生成的公钥和私钥。

【实例】 编写 PublicKey 类,实现对字符串进行 RSA 加密和解密的过程。

1. 分析与设计

程序框架如下:

```java
class PublicKey {
    void main()   {
        //初始化要加密的字符串并保存在字节数组 plainText 中
        //利用密钥生成器产生一对密钥
        //获得一个 RSA 的 Cipher 对象并进行公钥加密
        //使用私钥解密
    }
}
```

2. 实现过程

1) 利用密钥生成器产生一对密钥

语句如下：

```
KeyPairGenerator keyGen=KeyPairGenerator.getInstance("RSA");
keyGen.initialize(1024);
KeyPair key=keyGen.generateKeyPair();
```

分析：keyGen.initialize(1024)定义密钥长度为 1024 位，通过 KeyPairGenerator 产生的密钥 key 是一对钥匙。

2) 获得一个 RSA 的 Cipher 对象进行公钥加密

语句如下：

```
Cipher cipher=Cipher.getInstance("RSA/ECB/PKCS1Padding"); cipher.init(Cipher.ENCRYPT_MODE, key.getPublic());
byte[] cipherText=cipher.doFinal(plainText);
String after1=new String(cipherText, "UTF8");
```

分析：Cipher.ENCRYPT_MODE 的意思是加密，即从一对钥匙中得到公钥 key.getPublic()。cipher.doFinal(plainText)用公钥进行加密，返回一个字节流。new String(cipherText，"UTF8")以 UTF8 格式把字节流转化为 String。

3) 使用私钥解密

语句如下：

```
cipher.init(Cipher.DECRYPT_MODE, key.getPrivate());
byte[] newPlainText=cipher.doFinal(cipherText);
String after2=new String(newPlainText, "UTF8");
```

分析：Cipher.DECRYPT_MODE 的意思是解密，从一对钥匙中得到私钥 key.getPrivate()。cipher.doFinal(cipherText)用私钥进行解密，返回一个字节流。

3. 源代码

```
/* PublicKey */
package publickey;

import java.security.KeyPair;
import java.security.KeyPairGenerator;
import javax.crypto.Cipher;

public class PublicKey {
    public static void main(String[] args) throws Exception {

        String before="Shenzhen Institute of Information Technology";
        byte[] plainText=before.getBytes("UTF8");

        //产生一个 RSA 密钥生成器 KeyPairGenerator(即一对钥匙生成器)
        KeyPairGenerator keyGen=KeyPairGenerator.getInstance("RSA");
        //定义密钥长度为 1024 位
        keyGen.initialize(1024);
```

```
        //通过 KeyPairGenerator 产生密钥。注意:这里的 key 是一对钥匙
        KeyPair key=keyGen.generateKeyPair();

        //获得一个 RSA 的 Cipher 类,使用公钥加密
        Cipher cipher=Cipher.getInstance("RSA/ECB/PKCS1Padding");
        System.out.println("\n"+cipher.getProvider().getInfo());

        System.out.println("\n用公钥加密...");
        //Cipher.ENCRYPT_MODE 的意思是加密,即从一对钥匙中得到公钥 key.getPublic()
        cipher.init(Cipher.ENCRYPT_MODE, key.getPublic());
        //用公钥进行加密,返回一个字节流
        byte[] cipherText=cipher.doFinal(plainText);
        //以 UTF8 格式把字节流转化为 String
        String after1=new String(cipherText, "UTF8");
        System.out.println("用公钥加密完成:"+after1);


        //使用私钥解密
        System.out.println("\n用私钥解密...");
        //Cipher.DECRYPT_MODE 的意思是解密,即从一对钥匙中得到私钥 key.getPrivate()
        cipher.init(Cipher.DECRYPT_MODE, key.getPrivate());
        //用私钥进行解密,返回一个字节流
        byte[] newPlainText=cipher.doFinal(cipherText);

        String after2=new String(newPlainText, "UTF8");
        System.out.println("用私钥解密完成:"+after2);
    }
}
```

4. 测试与运行

运行程序,输出如图 5-11 所示的结果。

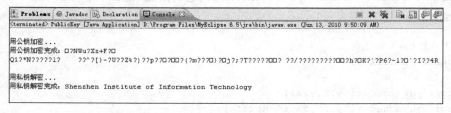

图 5-11　PublicKey 的运行结果

字符串"Shenzhen Institute of Information Technology"先被加密,后又被解密输出。

5. 技术分析

1) 什么是公钥密码术

私钥密码术受到一个主要缺点的困扰:一开始怎样将私钥交给 Alice 和 Bob 呢?如果 Alice 生成了私钥,则必须将它发送给 Bob,但私钥是敏感信息,所以应该加密。但是,还没有交换密钥来执行加密。

公钥密码术是 20 世纪 70 年代发明的,它解决在没有事先约定密钥的通信双方之间加密消息的问题。

在公钥密码术中，Alice 和 Bob 不仅有不同的密钥，而且每人有两个密钥。一个是私有的，不应与任何人共享。另一个是公共的，可以与任何人共享。

当 Alice 想给 Bob 发送安全消息时，她用 Bob 的公钥加密消息并将结果发送给 Bob。Bob 使用他的私钥解密消息。当 Bob 想给 Alice 发送安全消息时，他用 Alice 的公钥加密消息并将结果发送给 Alice。Alice 使用她的私钥解密消息。Eve 可以窃听公钥和已加密的消息，但她不能解密消息，因为她没有任何一个私钥。

公钥和私钥是成对生成的，并需要比同等强度的私钥加密密钥更长。RSA 算法的典型密钥长度是 1024 位。从该密钥对的一个成员派生出另一个是不可行的。

公钥加密比较慢（比私钥加密慢 100 到 1000 倍），因此实际上通常使用混合技术。公钥加密被用于向对方分发称为会话密钥的私钥，使用该私有会话密钥的私钥加密被用于进行大量的消息加密。

公钥加密中使用下列两种算法：

- RSA 这个算法是最流行的公钥密码。
- Diffie-Hellman 技术上将这种算法称为密钥协定算法。它不能用于加密，但可以用来允许双方通过在公用通道上共享信息来派生出秘钥。然后这个密钥可以用于私钥加密。

Cipher 类使用由 KeyPairGenerator 类产生的密钥来操作公钥算法。公钥密码术代码示例中使用了下列方法：

- KeyPairGenerator.getInstance("RSA")、.initialize(1024) 和.generateKeyPair()：生成密钥对。
- Cipher.getInstance("RSA/ECB/PKCS1Padding") 创建 Cipher 对象（确定算法、方式和填充）。
- .init(Cipher.ENCRYPT_MODE, key.getPublic())：初始化 Cipher 对象。
- .doFinal(plainText)：用明文字符串计算密文。
- .init(Cipher.DECRYPT_MODE, key.getPrivate()) 和.doFinal(cipherText)：解密密文。

2）通信中如何保证解密的正确性

把一个指定的数据加密后返回一个 byte 数组，解密时也需要把这个 byte 数组传给解密的 doFinal 方法，才能解密成功。

在通信过程中，往往不能直接传递 byte 数组，只能通过 String 传送。如果客户端解密的 doFinal 方法的参数是普通字符串产生的 byte 数组，就会抛出"Data must start with zero"的提示。

解决方案 1：密文发送前先转换为 BASE64 字符串或十六进制字符串，接收方接收到这样的字符串后，先还原为密文再解密。

解决方案 2：在客户端为了得到加密后产生的 byte 数组，下面的程序在转成 String 传送前在各个 byte 数组之间加个空格标识符，而后再根据空格分隔转换回 byte 数组，还原加密后的字节数组。否则，由于 byte 值可能是一位到三位，无法知道某一个 byte 是在哪里结束，所以还原不了经加密后的字节数组。

程序如下：

```java
package mina;

import java.security.*;
import java.security.interfaces.*;
import javax.crypto.Cipher;

public class RSATest {
  public static void main(String[] args) {
    try {
      RSATest encrypt=new RSATest();

      KeyPairGenerator keyPairGen=KeyPairGenerator.getInstance("RSA");
      keyPairGen.initialize(1024);
      KeyPair keyPair=keyPairGen.generateKeyPair();
      RSAPrivateKey privateKey=(RSAPrivateKey) keyPair.getPrivate();
      RSAPublicKey publicKey=(RSAPublicKey) keyPair.getPublic();

      String str="Hello World!";
      System.out.println("String will be encrypted: "+str);
      byte[] e=encrypt.encrypt(publicKey, str.getBytes());
      String tmp1=encrypt.bytesToString(e);
      //System.out.println("encrypted String's bytes, use bytesToString() method convert bytes to string: "+tmp1);
      String[] strArr=tmp1.split(" ");
      int len=strArr.length;
      //把字符串转回为字节数组并还原成加密后的字节数组
      byte[] clone=new byte[len];
      for (int i=0; i<len; i++) {
        /*
         * byte parseByte(String s)方法将 s 参数解析为有符号的十进制 byte。
         * 除了第一个字符可以是表示负值的 ASCII 负号 '-' ('\u002D') 之外,
         * 该字符串中的字符必须都是十进制数字。返回得到的 byte 值与以该 s 参数和基数 10
         * 为参数的 parseByte(java.lang.String, int) 方法所返回的值一样。
         **/
         clone[i]=Byte.parseByte(strArr[i]);
      }
       //System.out.println(" convert to String, then back to bytes again: "+ encrypt.bytesToString(clone));
       //得到解密数组
       byte[] d=encrypt.decrypt(privateKey, clone);
       //System.out.println("decrypted String's bytes, use bytesToString() method convert bytes to string:"+encrypt.bytesToString(d));
       //解密数组输出前再转成字符串
       System.out.println("construct a string by decrypted string's bytes: "+new String(d));
    } catch (Exception e) {
      e.printStackTrace();
    }
  }

  protected String bytesToString(byte[] encrytpByte) {
```

```java
    String result="";
    //bytes 的值从 encrytpByte[0]到 encrytoByte[encrytpByte.length-1]进行循环
    for (Byte bytes : encrytpByte) {
      result+=bytes.toString()+" ";
    }
      return result;
    }

  protected byte[] encrypt(RSAPublicKey publicKey, byte[] obj) {
    if (publicKey !=null) {
      try {
        Cipher cipher=Cipher.getInstance("RSA");
        cipher.init(Cipher.ENCRYPT_MODE, publicKey);
        return cipher.doFinal(obj);
      } catch (Exception e) {
        e.printStackTrace();
      }
    }
    return null;
  }

  protected byte[] decrypt(RSAPrivateKey privateKey, byte[] obj) {
    if (privateKey !=null) {
      try {
        Cipher cipher=Cipher.getInstance("RSA");
        cipher.init(Cipher.DECRYPT_MODE, privateKey);
        return cipher.doFinal(obj);
      } catch (Exception e) {
        e.printStackTrace();
      }
    }
    return null;
  }
```

程序运行的结果如图 5-12 所示。

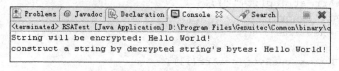

图 5-12　程序运行结果

6．问题与思考

（1）本节实例中加密的数据为什么会输出乱码？改进程序，使其能输出数据的十六进制码。

（2）编写一个通信程序，用公钥加密技术在服务端产生一对密码，将公钥发送给客户端。客户端得到公钥，对要发送的信息进行加密后发送给服务端，服务端将来自客户端的数据解密后显示。

(3) 编写一个通信程序,用公钥加密技术在服务端产生一对密码,将公钥保存在一个文件中,再交送给客户端。客户端得到公钥,对要发送的信息进行加密后再发送给服务端,服务端将来自客户端的数据解密后显示。

提示

服务端通信程序产生一对密钥,通过对象流保存在两个文件中,便于以后取得密钥。主要程序段如下:

```java
⋮
KeyPairGenerator keyGen=KeyPairGenerator.getInstance("RSA");
//定义密钥长度为1024位
keyGen.initialize(1024);
//通过KeyPairGenerator产生密钥。注意:这里的key是一对钥匙
KeyPair key=keyGen.generateKeyPair();
//获得一个RSA的Cipher类,并使用公钥加密
Cipher cipher=Cipher.getInstance("RSA/ECB/PKCS1Padding");
Key public_key=key.getPublic();
Key private_key=key.getPrivate();
ObjectOutputStream o=new ObjectOutputStream (new FileOutputStream("src\\publickey.
    out"));
o.writeObject(public_key);

o.close();

ObjectOutputStream q=new ObjectOutputStream (new FileOutputStream("src\\privatekey.
    out"));
q.writeObject(private_key);
    q.close();
⋮
```

服务端业务程序的messageReceived()方法一旦收到数据,将其还原为加密字节数组,解密后再打印结果,主要程序如下:

```java
⋮
String str=message.toString();
String[] strArr=str.split(" ");
int len=strArr.length;
byte[] clone=new byte[len];
for(int i=0;i<len;i++){
  clone[i]=Byte.parseByte(strArr[i]);
}

Cipher cipher=Cipher.getInstance("RSA/ECB/PKCS1Padding");
ObjectInputStream in=new ObjectInputStream(new FileInputStream("src\\privatekey.
    out"));
Key private_key=(Key)in.readObject();
cipher.init(Cipher.DECRYPT_MODE, private_key);
byte[] newPlainText=cipher.doFinal(clone);
String after=new String(newPlainText, "UTF8");
System.out.println(after);
⋮
```

客户端通信对发送的数据进行加密并转成字符串后,用ConnectFuture对象直接将其传送到服务端,主要程序段如下:

```
  ⋮
String before="Shenzhen Institute of Information Technology";
byte[] plainText=before.getBytes();

ObjectInputStream in=new ObjectInputStream(new FileInputStream("src\\publickey.
    out"));
Key public_key=(Key)in.readObject();

Cipher cipher=Cipher.getInstance("RSA/ECB/PKCS1Padding");
cipher.init(Cipher.ENCRYPT_MODE, public_key);

byte[] cipherText=cipher.doFinal(plainText);
String string=encreypt.byteToString(cipherText);
cf.getSession().write(string);
  ⋮
```

(4) 编写一个通信程序,用公钥加密技术在服务端产生一对密码,将公钥发送给客户端。客户端得到公钥后,再生成一个私钥,并利用公钥把私钥发送给服务端,接下来双方用这个私钥进行通信。

5.5 数字签名

本节将研究数字签名,它是确定交换消息的通信方身份的第一个级别。通过代码样本说明标识消息源的两种方法。本节还将列出 JDK 支持的数字签名算法,并研究所涉及的类和方法。

【实例】 编写程序,用 RSA 密码对的私钥对消息摘要加密,实现一般签名的效果。用公钥对加密的消息摘要解密,比较和加密前的消息摘要是否相同,如果可以还原为原来的消息摘要,则验证通过,否则验证无法通过。

1. 分析与设计

程序框架如下:

```
class DigitalSignatureTest {
 main () {
    //获得被签名字符串的消息摘要并存入 byte 数组 md 中
    //生成 RSA 密钥对
    //利用密码对的私钥对消息摘要进行加密
    //签名验证
    System.out.println("\nStart decryption");
    cipher.init(Cipher.DECRYPT_MODE, key.getPublic());
    byte[] newMD=cipher.doFinal(cipherText);
    System.out.println("Finish decryption: ");
    System.out.println(new String(newMD, "UTF8"));
    //then, recreate the message digest from the plaintext
```

```java
        //to simulate what a recipient must do
        System.out.println("\nStart signature verification");
        messageDigest.reset();
        messageDigest.update(plainText);
        byte[] oldMD=messageDigest.digest();
        //verify that the two message digests match
        int len=newMD.length;
        if (len >oldMD.length) {
          System.out.println("Signature failed, length error");
          System.exit(1);
        }
        for (int i=0; i <len;++i)
          if (oldMD[i] !=newMD[i]) {
            System.out.println("Signature failed, element error");
            System.exit(1);
          }
        System.out.println("Signature verified");
    }
}
```

2. 实现过程

这里对验证过程予以说明。

语句如下：

```java
...
System.out.println("\nStart decryption");
cipher.init(Cipher.DECRYPT_MODE, key.getPublic());
byte[] newMD=cipher.doFinal(cipherText);
System.out.println("Finish decryption: ");
System.out.println(new String(newMD, "UTF8"));
//then, recreate the message digest from the plaintext
//to simulate what a recipient must do
System.out.println("\nStart signature verification");
messageDigest.reset();
messageDigest.update(plainText);
byte[] oldMD=messageDigest.digest();
//verify that the two message digests match
int len=newMD.length;
if (len >oldMD.length) {
  System.out.println("Signature failed, length error");
  System.exit(1);
}
for (int i=0; i <len;++i)
  if (oldMD[i] !=newMD[i]) {
    System.out.println("Signature failed, element error");
    System.exit(1);
  }
System.out.println("Signature verified");
```

分析：用RSA密码对的公钥对加密的消息摘要解密，比较和加密前的消息摘要是否相同。如果还原原来的消息摘要，则验证通过，否则验证不通过。

3. 源代码

```java
/* DigitalSignatureTest.java */
package signature;

import java.security.*;
import javax.crypto.Cipher;

public class DigitalSignatureTest {
  public static void main (String[] args) throws Exception {
    //
    //check args and get plaintext
    if (args.length !=1) {
      System.err.println("Usage: java DigitalSignature1Example text");
      System.exit(1);
    }
    byte[] plainText=args[0].getBytes("UTF8");
    //
    //get an MD5 message digest object and compute the plaintext digest
    MessageDigest messageDigest=MessageDigest.getInstance("MD5");
    System.out.println("\n"+messageDigest.getProvider().getInfo());
    messageDigest.update(plainText);
    byte[] md=messageDigest.digest();
    System.out.println("\nDigest: ");
    System.out.println(new String(md, "UTF8"));
    //generate an RSA keypair
    System.out.println("\nStart generating RSA key");
    KeyPairGenerator keyGen=KeyPairGenerator.getInstance("RSA");
    keyGen.initialize(1024);
    KeyPair key=keyGen.generateKeyPair();
    System.out.println("Finish generating RSA key");
    //get an RSA cipher and list the provider
    Cipher cipher=Cipher.getInstance("RSA/ECB/PKCS1Padding");
    System.out.println("\n"+cipher.getProvider().getInfo());
    //encrypt the message digest with the RSA private key
    //to create the signature
    System.out.println("\nStart encryption");
    cipher.init(Cipher.ENCRYPT_MODE, key.getPrivate());
    byte[] cipherText=cipher.doFinal(md);
    System.out.println("Finish encryption: ");
    System.out.println(new String(cipherText, "UTF8"));
    //to verify, start by decrypting the signature with the
    //RSA private key
    System.out.println("\nStart decryption");
    cipher.init(Cipher.DECRYPT_MODE, key.getPublic());
    byte[] newMD=cipher.doFinal(cipherText);
    System.out.println("Finish decryption: ");
    System.out.println(new String(newMD, "UTF8"));
    //then, recreate the message digest from the plaintext
    //to simulate what a recipient must do
    System.out.println("\nStart signature verification");
```

```
      messageDigest.reset();
      messageDigest.update(plainText);
      byte[] oldMD=messageDigest.digest();
      //verify that the two message digests match
      int len=newMD.length;
      if (len >oldMD.length) {
        System.out.println("Signature failed, length error");
        System.exit(1);
      }
      for (int i=0; i <len;++i)
        if (oldMD[i] !=newMD[i]) {
          System.out.println("Signature failed, element error");
          System.exit(1);
        }
      System.out.println("Signature verified");
    }
}
```

4．测试与运行

首先把命令行参数也配置为"Shenzhen Institute of Information Technology"。运行程序，输出如图 5-13 所示的结果。

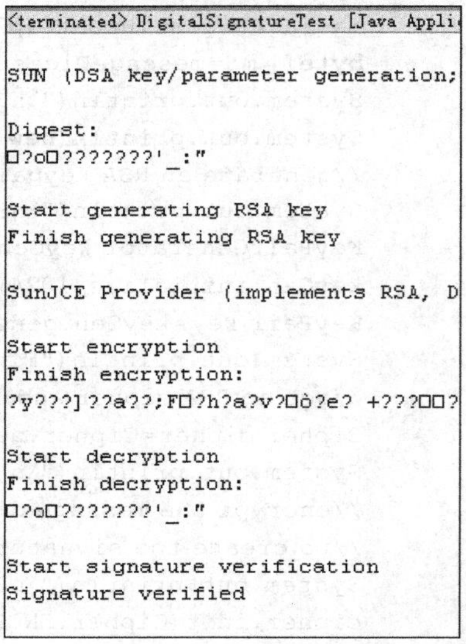

每个人的签名有唯一性，所以和平时验证一个人的身份只要看其签名一样，数字签名是用私钥对消息摘要加密，所以起到一般签名的效果。

5．技术分析

1) 数字签名

注意到公钥密码术中描述的公钥消息交换的缺陷了吗？Bob 怎么能够证实该消息确实是来自于 Alice 呢？Eve 可以用她的公钥替代 Alice 的公钥，然后 Bob 就会与 Eve 交换消息，并以为她就是 Alice。这被称为中间人(Man-in-the-Middle)攻击。

可以通过使用数字签名解决该问题。数字签名是证实消息来自特定通信方的位模式。

实现数字签名的方法之一，不是用公钥加密或用私钥解密，而是由发送方用私钥来对消息签名，然后接收方用发送方的公钥来解密消息。因为只有发送方才知道私钥，所以接收方可以确保消息确实是来自接收方。

图 5-13　DigitalSignatureTest 程序的运行结果

实际上，消息摘要是用私钥签名的位流。因此，如果 Alice 想发送一条签名的消息给 Bob，她就生成了该消息的消息摘要，然后用私钥对它签名。她将消息(以明文形式)和签名的消息摘要发送给 Bob。Bob 用 Alice 的公钥解密签名的消息摘要，然后计算明文消息的消息摘要并检查两个摘要是否匹配。如果它们匹配，则 Bob 可以确认消息来自 Alice。

提示

数字签名不提供消息加密，所以如果还需要机密性，则必须将加密技术与签名结合使用。

可以将 RSA 算法用于数字签名和加密。名为 DSA(数字签名算法,Digital Signature Algorithm)的美国标准可以用于数字签名,但不可以用于加密。

2) 算法

Java 支持下列数字签名算法:

- MD2/RSA
- MD5/RSA
- SHA1/DSA
- SHA1/RSA

下面将研究两个示例。首先研究困难的方法,它使用已经讨论过的用于消息摘要和公钥密码术的原语来实现数字签名。然后研究简单的方法,它使用 Java 语言对签名的直接支持来实现数字签名。

Signature 类使用由 KeyPairGenerator 类产生的密钥来操作数字签名。

- KeyPairGenerator.getInstance("RSA")、.initialize(1024) 和 .generateKeyPair():生成密钥。
- Cipher.getInstance("MD5WithRSA"):创建 Signature 对象。
- .initSign(key.getPrivate()):初始化 Signature 对象。
- .update(plainText) 和 .sign():用明文字符串计算签名。
- .initVerify(key.getPublic()) 和 .verify(signature):验证签名。

【例 5-4】 用 Signature 类来实现数字签名。

```
package signature;

import java.security.*;

public class DigitalSignatureExample {
  public static void main (String[] args) throws Exception {
    //check args and get plaintext
    if (args.length !=1) {
      System.err.println("Usage: java DigitalSignature1Example text");
      System.exit(1);
    }
    byte[] plainText=args[0].getBytes("UTF8");
    //generate an RSA keypair
    System.out.println("\nStart generating RSA key");
    KeyPairGenerator keyGen=KeyPairGenerator.getInstance("RSA");
    keyGen.initialize(1024);
    KeyPair key=keyGen.generateKeyPair();
    System.out.println("Finish generating RSA key");
    //get a signature object using the MD5 and RSA combo
    //and sign the plaintext with the private key,
    //listing the provider along the way
    Signature sig=Signature.getInstance("MD5WithRSA");
    sig.initSign(key.getPrivate());
    sig.update(plainText);
```

```java
byte[] signature=sig.sign();
System.out.println(sig.getProvider().getInfo());
System.out.println("\nSignature:");
System.out.println(new String(signature, "UTF8"));
//verify the signature with the public key
System.out.println("\nStart signature verification");
sig.initVerify(key.getPublic());
sig.update(plainText);
try {
  if (sig.verify(signature)) {
    System.out.println("Signature verified");
  } else System.out.println("Signature failed");
}
catch (SignatureException se) {
  System.out.println("Signature failed");
}
  }
 }
}
```

3）数字证书

（1）概述

数字证书是确定消息发送方身份的第二个级别，下面将研究认证中心以及它们所起的作用，还将研究密钥、证书资源库和管理工具（keytool）和密钥库（keystore），并讨论 CertPath API（一组用于构建和验证证书路径的函数）。

身份标识可以证实消息是由特定的发送方发送的，但怎么才能知道发送方确实是特定的某个人呢？如果某人实际上是 Amanda，却自称 Alice，并对一条消息进行了签名，那会怎么样呢？可以通过使用数字证书来改进安全性，它将一个身份标识连同公钥一起进行封装，并由称为认证中心或 CA 的第三方进行数字签名。

从实际意义上来说，认证中心是验证某个实体的身份并用 CA 私钥对该实体的公钥和身份进行签名的组织。消息接收方可以获取发送方的数字证书并用 CA 的公钥验证（或解密）该证书。这可以证实证书是否有效，并允许接收方抽取发送方的公钥来验证其签名或向他发送加密的消息。浏览器和 JDK 本身都带有内置的来自几个 CA 的证书及其公钥。

JDK 支持 X.509 数字证书标准。

（2）理解 keytool 和密钥库

Java 平台将密钥库用作密钥和证书的资源库。从物理上讲，密钥库是默认名称为 .keystore 的文件（有一个选项使它成为加密文件）。密钥和证书可以拥有名称（称为别名），每个别名都由唯一的密码保护。密钥库本身也受密码保护；可以选择让每个别名密码与主密钥库密码匹配。

Java 平台使用 keytool 来操作密钥库。这个工具提供了许多选项。后面的示例演示了（keytool 示例）生成公钥对和相应的证书以及通过查询密钥库查看结果的基本方法。

可以用 keytool 将密钥以 X.509 格式导出到文件中，由认证中心对该文件签名，然后将其重新导入到密钥库中。

还有一个用来保存认证中心（或其他可信的）证书的特殊密钥库，它又包含了用于验证其他证书有效性的公钥。这个密钥库称为 truststore。Java 语言在名为 cacerts 的文件中提

供了默认的 truststore。如果搜索这个文件名,就会发现至少有两个这样的文件。可以使用下列命令显示其内容:

```
keytool -list -keystore cacerts
Use a password of "changeit"
```

(3) keytool 示例

在本示例中,使用默认密钥库 .keystore,用 RSA 算法生成别名为 JoeUserKey 的自签名证书,然后查看所创建的证书。下面将在代码签名的概念中使用这个证书来对一个 jar 文件进行签名。

```
D:\IBM>keytool -genkey -v -alias JoeUserKey -keyalg RSA
Enter keystore password: password
What is your first and last name?
  [Unknown]: Joe User
What is the name of your organizational unit?
  [Unknown]: Security
What is the name of your organization?
  [Unknown]: Company, Inc.
What is the name of your City or Locality?
  [Unknown]: User City
What is the name of your State or Province?
  [Unknown]: MN
What is the two-letter country code for this unit?
  [Unknown]: US
Is CN=Joe User, OU=Security, O="Company, Inc.", L=User City, ST=MN, C=US
correct?
  [no]: y
Generating 1,024 bit RSA key pair and self-signed certificate (MD5WithRSA)
  for: CN=Joe User, OU=Security, O="Company, Inc.", L=User City,
  ST=MN, C=US
Enter key password for <JoeUserKey>
  (RETURN if same as keystore password):
[Saving .keystore]
D:\IBM>keytool -list -v -alias JoeUserKey
Enter keystore password: password
Alias name: JoeUserKey
Creation date: Apr 15, 2002
Entry type: keyEntry
Certificate chain length: 1
Certificate[1]:
Owner: CN=Joe User, OU=Security, O="Company, Inc.", L=User City, ST=MN,
C=US
Issuer: CN=Joe User, OU=Security, O="Company, Inc.", L=User City, ST=MN,
C=US
Serial number: 3cbae448
Valid from: Mon Apr 15 09:31:36 CDT 2002 until: Sun Jul 14 09:31:36
CDT 2002
Certificate fingerprints:
  MD5: 35:F7:F7:A8:AC:54:82:CE:68:BF:6D:42:E8:22:21:39
```

```
SHA1: 34:09:D4:89:F7:4A:0B:8C:88:EF:B3:8A:59:F3:B9:65:AE:CE:7E:C9
```

(4) CertPath API

证书路径 API 是 JDK 1.4 的新特性。它们是一组用于构建和验证证书路径或证书链的函数。这是在诸如 SSL/TLS 的协议和 jar 文件签名验证中隐式完成的,但有了这个支持后,就可以在应用程序中显式地完成了。

CA 可以用自己的私钥对证书签名,因此,如果接收方持有的 CA 证书具有签名验证所需要的公钥,则它可以验证已签名证书的有效性。

在上例中,证书链由两个环节组成,即信任锚(CA 证书)环节和已签名证书环节。自我签名的证书仅有一个环节的长度,信任锚环节就是已签名证书本身。

证书链可以有任意环节的长度,所以在三节的链中,信任锚证书 CA 环节可以对中间证书签名;中间证书的所有者可以用自己的私钥对另一个证书签名。CertPath API 可以用来遍历证书链以验证其有效性,也可以用来构造这些信任链。

证书虽然有期限,但有可能在过期之前泄露,因此必须检查证书撤销列表(Certificate Revocation Lists,CRL)以切实保证已签名证书的完整性。可以在 CA 网站查看这些列表,也可以使用 CertPath API 以编程方式进行操作。

特定 API 和代码示例不在本书讨论范围之中,但除了 API 文档之外,Sun 还提供了一些代码示例。

4) 信任代码

下面将研究代码签名的概念,主要讨论管理 jar 文件证书的工具 Jarsigner。

(1) 代码签名的概念

jar 文件在 Java 平台上相当于 ZIP 文件,允许将多个 Java 类文件打包到一个具有.jar 扩展名的文件中。然后,可以对这个 jar 文件进行数字签名,以证实其中的类文件代码的来源和完整性。该 jar 文件的接收方可以根据发送方的签名决定是否信任该代码,并可以确信该内容在接收之前没有被篡改过。JDK 提供了带有这种功能的 jarsigner 工具。

在部署中,可以通过在策略文件中放置访问控制语句并根据签名者的身份来分配对机器资源的访问权。

(2) jarsigner 工具

jarsigner 工具将一个 jar 文件、一个私钥和相应的证书作为输入,然后生成 jar 文件的签名版本作为输出。它为 jar 文件中的每个类计算消息摘要,然后对这些摘要进行签名以确保文件的完整性并标识文件的拥有者。

在 applet 环境中,HTML 页面引用已签名 jar 文件中包含的类文件。当浏览器接收这个 jar 文件时,会对照任何安装的证书或认证中心的公用签名检查该 jar 文件的签名以验证其有效性。如果未找到现有的证书,则会向用户显示一个提示屏幕,给出证书详细信息并询问用户是否打算信任该代码。

(3) 代码签名示例

在本示例中,首先从.class 文件创建 jar 文件,再通过用于签名的密钥库中指定证书的别名来对 jar 文件签名。然后对已签名的 jar 文件运行验证检查。

```
D:\IBM>jar cvf HelloWorld.jar HelloWorld.class
```

```
added manifest
adding: HelloWorld.class(in=372) (out=269)(deflated 27%)
D:\IBM>jarsigner HelloWorld.jar JoeUserKey
Enter Passphrase for keystore: password
D:\IBM>jarsigner -verify -verbose -certs HelloWorld.jar
  137 Mon Apr 15 12:38:38 CDT 2002 META-INF/MANIFEST.MF
  190 Mon Apr 15 12:38:38 CDT 2002 META-INF/JOEUSERK.SF
  938 Mon Apr 15 12:38:38 CDT 2002 META-INF/JOEUSERK.RSA
    0 Mon Apr 15 12:38:00 CDT 2002 META-INF/
smk 372 Mon Apr 15 12:33:02 CDT 2002 HelloWorld.class
  X.509, CN=Joe User, OU=Security, O="Company, Inc.", L=User City,
  ST=MN, C=US (joeuserkey)
  s=signature was verified
  m=entry is listed in manifest
  k=at least one certificate was found in keystore
  i=at least one certificate was found in identity scope
jar verified.
```

(4) 代码签名示例的执行

下面是用于以上程序的 HTML：

```
<HTML>
  <HEAD>
    <TITLE>Hello World Program </TITLE>
  </HEAD>
<BODY>
<APPLET CODE="HelloWorld.class" ARCHIVE="HelloWorld.jar"
    WIDTH=150 HEIGHT=25>
</APPLET>
</BODY>
</HTML>
```

当在将 Java 插件用作 Java 虚拟机的浏览器中执行这个示例时，会弹出一个对话框询问用户是否希望安装和运行由 Joe User 分发的已签名的 applet，并告知用户发布者的可靠性是由"Company, Inc."验证的，但安全性结论是由一家未获信任的公司发出的,该安全性证书还未过期并仍然有效。警告信息为：Joe User 断言该内容是安全的，仅当用户相信 Joe User 所作的断言时才应该安装或查看其内容，并向用户提供下列选项：

- 准许这个会话
- 拒绝
- 始终准许
- 查看证书

6. 问题与思考

(1) 改进本节的实例程序，使加密的数据消息摘要能以十六进制数输出。

(2) 用 keytool 工具创建一个证书，编写一个输出自己姓名的 Applet 程序，编译后为该 .class 文件创建 jar 文件，利用创建的证书对 jar 文件签名，并正确运行该 Applet 程序。

5.6 保护 C/S 通信的 SSL/TLS

安全套接字层(SSL)和取代它的传输层安全性(TLS)是用于在客户机和服务器之间构建安全的通信通道的协议。它也用来为客户机认证服务器,以及为服务器认证客户机。该协议在浏览器应用程序中比较常见,浏览器窗口底部的锁表明 SSL/TLS 有效。

SSL/TLS 使用本书中已经讨论过的三种密码术构件的混合体,但这一切对用户都是透明的。以下是该协议的简化版本。

当使用 SSL/TLS(通常使用 https://URL)向站点进行请求时,从服务器向客户机发送一个证书。客户机使用已安装的公共 CA 证书并通过这个证书验证服务器的身份,然后检查 IP 名称(机器名)与客户机连接的机器是否匹配。

客户机生成一些可以用来生成对话的私钥(称为会话密钥)的随机信息,然后用服务器的公钥对它加密并将它发送到服务器。服务器用自己的私钥解密消息,然后用该随机信息派生出和客户机一样的私有会话密钥。通常在这个阶段使用 RSA 公钥算法。

接下来,客户机和服务器使用私有会话密钥和私钥算法(通常是 RC4)进行通信。使用另一个密钥的消息认证码来确保消息的完整性。

下面先来看一个单向握手的 SSL 通信的例子。

【实例】 编写程序,构造一个简单的 SSL Server 和 SSL Client 来实现 SSL 单向握手通信,即客户端验证服务端的证书,服务端不认证客户端的证书。

1. 分析与设计

服务端有一个数字证书,当客户端连接到服务端时会得到这个证书,然后客户端会判断这个证书是否是可信的,如果是,则交换信道加密密钥进行通信;如果不信任这个证书,则连接失败。

2. 实现过程

(1) 服务端使用数字证书提供 SSL 通信

语句如下:

```
  ⋮
ServerSocket serversocket;
    System.setProperty("javax.net.ssl.trustStore", SERVER_KEY_STORE);
    SSLContext context=SSLContext.getInstance("TLS");

    KeyStore ks=KeyStore.getInstance("jceks");
    ks.load(new FileInputStream(SERVER_KEY_STORE), null);
    KeyManagerFactory kf=KeyManagerFactory.getInstance("SunX509");
    kf.init(ks, SERVER_KEY_STORE_PASSWORD.toCharArray());

    context.init(kf.getKeyManagers(), null, null);

    ServerSocketFactory factory=context.getServerSocketFactory();
    serversocket=factory.createServerSocket(5432);
    ((SSLServerSocket) serversocket).setNeedClientAuth(false);
  ⋮
```

分析：这段代码的主要作用是将证书导入并进行使用，其使用的 Socket 变成了 SSLServerSocket。

> **注意**
>
> 服务端证书里面的 CN 一定和服务端的域名统一，这里证书服务的域名是 localhost，那么客户端在连接服务端时一定也要用 localhost 来连接，否则根据 SSL 协议标准，域名与证书的 CN 不匹配，说明这个证书是不安全的，通信将无法正常运行。

（2）客户端使用数字证书提供 SSL 通信

语句如下：

```
…
    System.setProperty("javax.net.ssl.trustStore", CLIENT_KEY_STORE);
    //System.setProperty("javax.net.debug", "ssl,handshake");
    SSLClient client=new SSLClient();
…
```

分析：客户端使用信任证书仓库来完成 SSL 单向握手通信。即客户端验证服务端的证书。

3. 源代码

改造的服务端代码，让服务端使用数字证书并提供 SSL 通信。

```java
package ssl;
import java.io.DataOutputStream;
import java.io.FileInputStream;
import java.io.IOException;
import java.io.OutputStream;
import java.net.ServerSocket;
import java.net.Socket;
import java.security.KeyStore;

import javax.net.ServerSocketFactory;
import javax.net.ssl.KeyManagerFactory;
import javax.net.ssl.SSLContext;
import javax.net.ssl.SSLServerSocket;

public class SSLServer {
    private static String SERVER_KEY_STORE="E:/experiment/server_ks";
    private static String SERVER_KEY_STORE_PASSWORD="123456";

    public static void main(String[] args) throws Exception {
        ServerSocket serversocket;
        System.setProperty("javax.net.ssl.trustStore", SERVER_KEY_STORE);
        SSLContext context=SSLContext.getInstance("TLS");

        KeyStore ks=KeyStore.getInstance("jceks");
        ks.load(new FileInputStream(SERVER_KEY_STORE), null);
        KeyManagerFactory kf=KeyManagerFactory.getInstance("SunX509");
        kf.init(ks, SERVER_KEY_STORE_PASSWORD.toCharArray());
```

```java
            context.init(kf.getKeyManagers(), null, null);

            ServerSocketFactory factory=context.getServerSocketFactory();
            serversocket=factory.createServerSocket(5432);
            ((SSLServerSocket) serversocket).setNeedClientAuth(false);

            while (true) {
                try {
                    //等待与客户端连接
                    Socket socket=serversocket.accept();
                    //Get output stream associated with the socket
                    OutputStream outputstream=socket.getOutputStream();
                    DataOutputStream dataoutputstream=new DataOutputStream(outputstream);
                    //发送数据
                    dataoutputstream.writeUTF("Hello Net World!");
                    //Close the connection, but not the server socket
                    dataoutputstream.close();
                    socket.close();
                } catch (IOException e) { }
            }
        }
    }
```

客户端代码如下:

```java
package ssl;
import java.io.DataInputStream;
import java.io.IOException;
import java.io.InputStream;
import java.net.ConnectException;
import java.net.Socket;
import javax.net.SocketFactory;
import javax.net.ssl.SSLSocketFactory;

public class SSLClient {
    private static String CLIENT_KEY_STORE="E:/experiment/client_ks";
    public static void main(String[] args) throws Exception {
        try {
            //Set the key store to use for validating the server cert.
            System.setProperty("javax.net.ssl.trustStore", CLIENT_KEY_STORE);

            //System.setProperty("javax.net.debug", "ssl,handshake");

            SSLClient client=new SSLClient();
            Socket socket=client.clientWithoutCert();

            //Get an input stream from the socket
            InputStream inputstream=socket.getInputStream();
            //Decorate it with a "data" input stream
            DataInputStream datainputstream=new DataInputStream(inputstream);
```

```
        //Read the input and print it to the screen
        System.out.println(datainputstream.readUTF());

        //When done, just close the steam and connection
        datainputstream.close();
        socket.close();
    } catch (ConnectException connExc) {
        System.err.println("Could not connect to the server.");
    } catch (IOException e) {  }
}

private Socket clientWithoutCert() throws Exception {
    SocketFactory sf=SSLSocketFactory.getDefault();
    Socket s=sf.createSocket("localhost", 5432);
    return s;
    }
}
```

4. 测试与运行

首先要为服务端生成一个数字证书。Java 环境下，数字证书是用 keytool 生成的，这些证书被存储在证书仓库中。用下面的 keytool 命令为服务端生成数字证书和保存它使用的证书仓库：

```
keytool -genkey -v -alias ssl-server -keyalg RSA -keystore ./server_ks -dname "CN=localhost, OU=soft, O=sziit, L=sz, ST=gd, C=cn" -storepass server -keypass 123456
```

如图 5-14 所示，用 keytool 为服务端生成数字证书。

图 5-14　为服务端生成数字证书

这个命令在当前目录中生成了一个名为 server_ks 的密钥库文件。下面对 keytool 的一些参数作一说明。

-genkey　表示在用户主目录中创建一个默认文件".keystore"，该文件包含用户的公钥、私钥和证书。

-alias　产生别名。这里产生 ssl-server 的别名。

-v　显示密钥库中的证书详细信息。

-keyalg　指定密钥的算法，这里用 RSA 算法。

-keystore　指定密钥库文件的名称，默认在用户主目录的.keystore 文件中。这里指定文件名为 server_ks。

-dname　指定证书拥有者信息。例如："CN=localhost, OU=soft, O=sziit, L=sz,

ST=gd, C=cn"。
-storepass　指定密钥库的密码(获取 keystore 信息所需的密码)。
-keypass　指定别名条目的密码(私钥的密码)。
这样，就将服务端证书 ssl-server 保存在了 server_ks 这个库(store)文件当中。

由于服务端的证书是自己生成的，没有任何受信任机构的签名，所以客户端是无法验证服务端证书的有效性的，通信必然会失败。所以需要为客户端创建一个保存所有信任证书的仓库，然后把服务端证书导进这个仓库。这样，当客户端连接服务端时，会发现服务端的证书在自己的信任列表中，这样就可以正常通信了。

因此现在要做的是生成一个客户端的证书仓库，因为 keytool 不能仅生成一个空白仓库，所以和服务端一样，还是需要生成一个证书加一个仓库(客户端证书加仓库)，见下面的 keytool 命令：

```
keytool -genkey -v -alias ssl-client -keyalg RSA -keystore ./client_ks -dname "CN=localhost, OU=soft, O=sziit, L=sz, ST=gd, C=cn" -storepass client -keypass 654321
```

结果如图 5-15 所示，用 keytool 为客户端生成证书库。

图 5-15　为客户端生成证书库

接下来，要把服务端的证书导出来，并导入到客户端的仓库中。第一步是导出服务端的证书，如果导出的证书名为 server_key.cer，见下面的 keytool 命令：

```
keytool -export -alias ssl-server -keystore ./server_ks -file server_key.cer
```

执行结果如图 5-16 所示，用 keytool 命令导出服务端的证书。

图 5-16　导出服务端的证书

注意

这里输入的密码是 server。与建立服务端密钥库时设置的密码一致。
然后是把导出的证书导入到客户端证书仓库 client_ks 中，见下面的命令：

```
keytool -import -trustcacerts -alias ssl-server -file ./server_key.cer -keystore ./client_ks
```

如图 5-17 所示，把从服务端导出的证书再导入客户端证书库中。

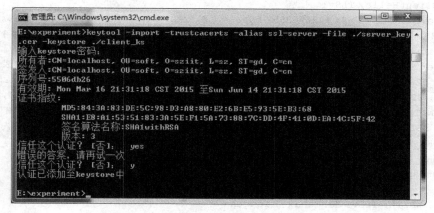

图 5-17　把证书导入客户端证书库

👉 **注意**

这里输入的密码是 client。与建立客户端密钥库时设置的密码一致。

通过以上完成 Java 环境下 SSL 单向握手的全部准备工作后运行程序，结果如图 5-18 所示。

```
Hello Net World!
```

图 5-18　程序的运行结果

如果要观察 SSL 通信的全过程，可在客户端程序中加入 System.setProperty("javax.net.debug", "ssl,handshake")这一行，在客户端设置了日志输出级别为 DEBUG。见下面的结果：

```
keyStore is :
keyStore type is : jks
keyStore provider is :
init keystore
init keymanager of type SunX509
trustStore is: E:\experiment\client_ks
trustStore type is : jks
trustStore provider is :
init truststore
adding as trusted cert:
  Subject: CN=localhost, OU=soft, O=sziit, L=sz, ST=gd, C=cn
  Issuer:  CN=localhost, OU=soft, O=sziit, L=sz, ST=gd, C=cn
  Algorithm: RSA; Serial number: 0x550789a0
  Valid from Tue Mar 17 09:55:44 CST 2015 until Mon Jun 15 09:55:44 CST 2015

adding as trusted cert:
  Subject: CN=localhost, OU=soft, O=sziit, L=sz, ST=gd, C=cn
  Issuer:  CN=localhost, OU=soft, O=sziit, L=sz, ST=gd, C=cn
  Algorithm: RSA; Serial number: 0x5506db26
  Valid from Mon Mar 16 21:31:18 CST 2015 until Sun Jun 14 21:31:18 CST 2015

trigger seeding of SecureRandom
done seeding SecureRandom
```

```
%% No cached client session
*** ClientHello, TLSv1
RandomCookie:  GMT: 1426508851 bytes = { 4, 220, 54, 72, 200, 98, 78, 189, 141, 153,
81, 85, 19, 150, 18, 182, 161, 33, 222, 164, 2, 51, 215, 9, 153, 241, 84, 50 }
Session ID:  {}
Cipher Suites: [SSL_RSA_WITH_RC4_128_MD5, SSL_RSA_WITH_RC4_128_SHA, TLS_RSA_WITH
_AES_128_CBC_SHA, TLS_DHE_RSA_WITH_AES_128_CBC_SHA, TLS_DHE_DSS_WITH_AES_128_CBC
_SHA, SSL_RSA_WITH_3DES_EDE_CBC_SHA, SSL_DHE_RSA_WITH_3DES_EDE_CBC_SHA, SSL_DHE_
DSS_WITH_3DES_EDE_CBC_SHA, SSL_RSA_WITH_DES_CBC_SHA, SSL_DHE_RSA_WITH_DES_CBC_
SHA, SSL_DHE_DSS_WITH_DES_CBC_SHA, SSL_RSA_EXPORT_WITH_RC4_40_MD5, SSL_RSA_
EXPORT_WITH_DES40_CBC_SHA, SSL_DHE_RSA_EXPORT_WITH_DES40_CBC_SHA, SSL_DHE_DSS_
EXPORT_WITH_DES40_CBC_SHA]
Compression Methods:  { 0 }
***
main, WRITE: TLSv1 Handshake, length=73
main, WRITE: SSLv2 client hello message, length=98
main, READ: TLSv1 Handshake, length=647
*** ServerHello, TLSv1
RandomCookie:  GMT: 1426508851 bytes = { 139, 124, 179, 16, 146, 180, 62, 86, 77, 20,
60, 30, 189, 144, 41, 53, 172, 132, 239, 59, 5, 170, 194, 126, 149, 158, 149, 78 }
Session ID:  {85, 7, 204, 51, 55, 68, 101, 227, 36, 219, 239, 0, 104, 233, 87, 82, 207,
182, 21, 142, 46, 147, 183, 159, 200, 85, 189, 46, 79, 171, 74, 216}
Cipher Suite: SSL_RSA_WITH_RC4_128_MD5
Compression Method: 0
***
%% Created:  [Session-1, SSL_RSA_WITH_RC4_128_MD5]
** SSL_RSA_WITH_RC4_128_MD5
*** Certificate chain
chain [0] = [
[
  Version: V3
  Subject: CN=localhost, OU=soft, O=sziit, L=sz, ST=gd, C=cn
  Signature Algorithm: SHA1withRSA, OID=1.2.840.113549.1.1.5

  Key:  Sun RSA public key, 1024 bits
  modulus:
145940948474598824230183073542413176154723973144993485375771447746938036578611285
271161002866338605820316537628813627940238991950747368220713570671187743927116202
995023231625820591280622625142993091928878580170514230547961746299492790136670164
103928968741450042062511659899552096159792800630653289115556969904 7
  public exponent: 65537
  Validity: [From: Mon Mar 16 21:31:18 CST 2015,
               To: Sun Jun 14 21:31:18 CST 2015]
  Issuer: CN=localhost, OU=soft, O=sziit, L=sz, ST=gd, C=cn
  SerialNumber: [    5506db26]

]
  Algorithm: [SHA1withRSA]
  Signature:
0000: 0B A7 24 A5 EF 1A 98 C2   F9 68 3F EF B9 5F A7 77  ..$......h?.._w
0010: FF 32 D1 18 5E C9 03 5A   9B C9 20 60 AF 6F 99 1F  .2..^..Z.. `.o..
```

```
0020: 01 26 83 E3 5F 41 57 0E    68 A9 5F 4D 1C 94 7F 5C    .&.._AW.h._M...\
0030: D0 C3 F4 2F C4 72 97 CB    6D 81 F8 EB 02 33 68 1E    .../.r..m....3h.
0040: 72 22 01 3A 18 48 DD C9    EF 9A 0D FC 9D 79 27 C4    r".:.H.......y'.
0050: 30 95 61 87 77 33 AC A4    6B 9C 5B F4 4D 84 0E 44    0.a.w3..k.[.M..D
0060: 65 FB E0 F2 BB C9 53 D6    E0 03 DC CF 1A FC E2 28    e.....S........(
0070: FE 91 20 70 CF 32 D3 87    A2 B4 43 1E 35 50 B5 C4    .. p.2....C.5P..
```

]
***
Found trusted certificate:
[
[
  Version: V3
  Subject: CN=localhost, OU=soft, O=sziit, L=sz, ST=gd, C=cn
  Signature Algorithm: SHA1withRSA, OID=1.2.840.113549.1.1.5

  Key: Sun RSA public key, 1024 bits
  modulus:
145940984874598824230183073542413176154723973144993485375771447746938036578611285271161002866338605820316537628813627940238991950747368220713570671187743927116202995023231625820591280622625142993091928878580170514230547961746299492790136670164103928968741450042062511659899552096159792800630653289115569699047
  public exponent: 65537
  Validity: [From: Mon Mar 16 21:31:18 CST 2015,
               To: Sun Jun 14 21:31:18 CST 2015]
  Issuer: CN=localhost, OU=soft, O=sziit, L=sz, ST=gd, C=cn
  SerialNumber: [5506db26]

]
  Algorithm: [SHA1withRSA]
  Signature:
```
0000: 0B A7 24 A5 EF 1A 98 C2    F9 68 3F EF B9 5F A7 77    ..$......h?.._.w
0010: FF 32 D1 18 5E C9 03 5A    9B C9 20 60 AF 6F 99 1F    .2..^..Z.. `.o..
0020: 01 26 83 E3 5F 41 57 0E    68 A9 5F 4D 1C 94 7F 5C    .&.._AW.h._M...\
0030: D0 C3 F4 2F C4 72 97 CB    6D 81 F8 EB 02 33 68 1E    .../.r..m....3h.
0040: 72 22 01 3A 18 48 DD C9    EF 9A 0D FC 9D 79 27 C4    r".:.H.......y'.
0050: 30 95 61 87 77 33 AC A4    6B 9C 5B F4 4D 84 0E 44    0.a.w3..k.[.M..D
0060: 65 FB E0 F2 BB C9 53 D6    E0 03 DC CF 1A FC E2 28    e.....S........(
0070: FE 91 20 70 CF 32 D3 87    A2 B4 43 1E 35 50 B5 C4    .. p.2....C.5P..
```

]
*** ServerHelloDone
*** ClientKeyExchange, RSA PreMasterSecret, TLSv1
main, WRITE: TLSv1 Handshake, length=134
SESSION KEYGEN:
PreMaster Secret:
```
0000: 03 01 61 AC B1 60 13 12    90 04 6D 40 01 C2 50 7B    ..a..`....m@..P.
0010: 51 39 58 E2 5F 5F D7 28    CD A4 5F 80 5F 1B C1 49    Q9X.__.(.._._..I
0020: 34 5B 0F DB F8 21 F6 CD    D8 93 F4 32 61 CE 1A 99    4[...!.....2a...
```
CONNECTION KEYGEN:
Client Nonce:

```
0000: 55 07 CC 33 04 DC 36 48   C8 62 4E BD 8D 99 51 55   U..3..6H.bN...QU
0010: 13 96 12 B6 A1 21 DE A4   02 33 D7 09 99 F1 54 32   .....!...3....T2
Server Nonce:
0000: 55 07 CC 33 8B 7C B3 10   92 B4 3E 56 4D 14 3C 1E   U..3.....>VM.<.
0010: BD 90 29 35 AC 84 EF 3B   05 AA C2 7E 95 9E 95 4E   ..)5...;.......N
Master Secret:
0000: 63 20 3A 1C 1F 97 B0 D7   A7 CD 71 AE 61 27 DE 66   c :......q.a'.f
0010: 03 BF A9 66 97 4A 0A C2   B9 B5 A1 DC 6F 1F 1A 8A   ...f.J......o...
0020: 55 28 F7 C2 04 A9 40 04   6C B0 BF A5 B1 3A 99 DD   U(....@.l....:..
Client MAC write Secret:
0000: 96 F9 A3 86 70 4D B5 3C   EA CF E2 45 FC DC E2 76   ....pM.<...E...v
Server MAC write Secret:
0000: F2 B4 D0 8D C4 87 B2 1D   7B E4 36 C3 42 F7 47 14   ........{.6.B.G.
Client write key:
0000: 58 45 4A C2 13 8A 13 79   F3 00 6E 56 05 E5 9F 4B   XEJ....y..nV...K
Server write key:
0000: B2 7A DC 4B F4 D4 56 68   97 C4 A1 D1 75 57 99 08   .z.K..Vh....uW..
... no IV used for this cipher
main, WRITE: TLSv1 Change Cipher Spec, length=1
*** Finished
verify_data:    { 108, 254, 204, 120, 158, 166, 199, 213, 141, 54, 143, 233 }
***
main, WRITE: TLSv1 Handshake, length=32
main, READ: TLSv1 Change Cipher Spec, length=1
main, READ: TLSv1 Handshake, length=32
*** Finished
verify_data:    { 177, 80, 229, 244, 225, 86, 251, 78, 184, 198, 88, 46 }
***
%% Cached client session: [Session-1, SSL_RSA_WITH_RC4_128_MD5]
main, READ: TLSv1 Application Data, length=34
Hello Net World!
main, called close()
main, called closeInternal(true)
main, SEND TLSv1 ALERT:   warning, description=close_notify
main, WRITE: TLSv1 Alert, length=18
main, called close()
main, called closeInternal(true)
```

以上这些日志可以更具体地了解通过 SSL 协议建立网络连接时的全过程。

5．技术分析

1） SSL 工作原理

SSL(Secure Socket Layer)为 Netscape 所研发，用于保障在 Internet 上传输数据的安全，利用数据加密(Encryption)技术可确保数据在网络上传输过程中不会被截取及窃听。

SSL 协议位于 TCP/IP 协议与各种应用层协议之间，为数据通信提供安全支持。SSL 协议可分为两层：SSL 记录协议(SSL Record Protocol)建立在可靠的传输协议(如 TCP)之上，为高层协议提供数据封装、压缩、加密等基本功能的支持。SSL 握手协议(SSL Handshake Protocol)它建立在 SSL 记录协议之上，用于在实际的数据传输开始前，使通信双方进行身份认证、协商加密算法、交换加密密钥等。

2) SSL 工作流程

服务器认证阶段：①客户端向服务器发送一个开始信息 Hello 以便开始一个新的会话连接；②服务器根据客户的信息确定是否需要生成新的主密钥，如需要则服务器在响应客户的 Hello 信息时将包含生成主密钥所需的信息；③客户根据收到的服务器响应信息产生一个主密钥，并用服务器的公开密钥加密后传给服务器；④服务器回复该主密钥，并返回给客户一个用主密钥认证的信息，以此让客户认证服务器。

用户认证阶段：在此之前，服务器已经通过了客户认证，这一阶段主要完成对客户的认证。经认证的服务器发送一个提问给客户，客户则返回（数字）签名后的提问和其公开密钥，从而向服务器提供认证。

SSL 协议提供的安全通道有以下三个特性。

机密性：SSL 协议使用密钥加密通信数据。

可靠性：服务器和客户都会被认证。客户的认证是可选的。

完整性：SSL 协议会对传送的数据进行完整性检查。

从 SSL 协议所提供的服务及其工作流程可以看出，SSL 协议运行的基础是商家对消费者信息保密的承诺，这就有利于商家而不利于消费者。在电子商务初级阶段，由于运作电子商务的企业大多是信誉较高的大公司，因此这些问题还没有充分暴露出来。但随着电子商务的发展，各中小型公司也参与进来，这样在电子支付过程中的单一认证问题就越来越突出。虽然在 SSL 3.0 中通过数字签名和数字证书可实现浏览器和 Web 服务器双方的身份验证，但是 SSL 协议仍存在一些问题，比如，只能提供交易中客户与服务器间的双方认证，在涉及多方的电子交易中，SSL 协议并不能协调各方间的安全传输和信任关系。在这种情况下，Visa 和 MasterCard 两大信用卡组织制定了 SET 协议，为网上信用卡支付提供了全球性的标准。

3) SSL 的体系结构

SSL 的体系结构中包含两个协议子层，其中底层是 SSL 记录协议层（SSL Record Protocol Layer）；高层是 SSL 握手协议层（SSL HandShake Protocol Layer）。

SSL 记录协议层的作用是为高层协议提供基本的安全服务。SSL 记录协议针对 HTTP 协议进行了特别的设计，使超文本的传输协议 HTTP 能够在 SSL 运行。记录封装各种高层协议，具体实施压缩解压缩、加密解密、计算和校验 MAC 等与安全有关的操作。

SSL 握手协议层包括 SSL 握手协议（SSL HandShake Protocol）、SSL 密码参数修改协议（SSL Change Cipher Spec Protocol）、应用数据协议（Application Data Protocol）和 SSL 告警协议（SSL Alert Protocol）。握手层的这些协议用于 SSL 管理信息的交换，允许应用协议传送数据之间相互验证、协商加密算法和生成密钥等。SSL 握手协议的作用是协调客户和服务器的状态，使双方能够达到状态的同步。

4) SSL 记录协议

SSL 记录协议为 SSL 连提供两种服务。

(1) 保密性：利用握手协议所定义的共享密钥对 SSL 净荷（Payload）加密。

(2) 完整性：利用握手协议所定义的共享的 MAC 密钥来生成报文的鉴别码（MAC）。

SSL 的工作过程如下。

(1) 发送方的工作过程如下。

从上次接受要发送的数据（包括各种消息和数据）；

对信息进行分段,分成若干记录;
使用指定的压缩算法进行数据压缩(可选);
使用指定的 MAC 算法生成 MAC;
使用指定的加密算法进行数据加密;
添加 SSL 记录协议的头,发送数据。
(2) 接收方的工作过程如下。
接收数据,从 SSL 记录协议的头中获取相关信息;
使用指定的解密算法解密数据;
使用指定的 MAC 算法校验 MAC;
使用压缩算法对数据解压缩(在需要进行);
将记录进行数据重组;
将数据发送给高层。
SSL 记录协议处理的最后一个步骤是附加一个 SSL 记录协议的头,以便构成一个 SSL 记录。SSL 记录协议头中包含了 SSL 记录协议的若干控制信息。

5) SSL 的会话状态

连接(Connection)和会话(Session)是 SSL 中两个重要的概念,在规范中定义如下。

(1) SSL 连接:用于提供某种类型的服务数据的传输,是一种点对点的关系。一般来说,连接的维持时间比较短暂,并且每个连接一定与某一个会话相关联。

(2) SSL 会话:是指客户和服务器之间的一个关联关系。会话通过握手协议来创建。它定义了一组安全参数。

一次会话过程通常会发起多个 SSL 连接来完成任务,例如一次网站的访问可能需要多个 HTTP/SSL/TCP 连接来下载其中的多个页面,这些连接共享会话定义的安全参数。这种共享方式可以避免为每个 SSL 连接单独进行安全参数的协商,而只需在会话建立时进行一次协商,提高了效率。

每一个会话(或连接)都存在一组与之相对应的状态,会话(或连接)的状态表现为一组与其相关的参数集合,最主要的内容是与会话(或连接)相关的安全参数的集合,用会话(或连接)中的加密解密、认证等安全功能的实现。在 SSL 通信过程中,通信算法的状态通过 SSL 握手协议实现同步。

根据 SSL 协议的约定,会话状态由以下参数来定义。

(1) 会话标识符:是由服务器选择的任意字节序列,用于标识活动的会话或可恢复的会话状态。

(2) 对方的证书:会话对方的 X.509v3 证书。该参数可为空。

(3) 压缩算法:在加密之前用来压缩数据的算法。

(4) 加密规约(Cipher Spec):用于说明对大块数据进行加密采用的算法,以及计算 MAC 所采用的散列算法。

(5) 主密值:一个 48 字节长的秘密值,由客户和服务器共享。

(6) 可重新开始的标识:用于指示会话是否可以用于初始化新的连接。

连接状态可用以下参数来定义。

(1) 服务器和客户端的随机数:即服务器和客户端为每个连接选择的用于标识连接的

字节序列。

(2) 服务器写 MAC 密值：服务器发送数据时，生成 MAC。

(3) 使用的密钥，长度为 128 bit。

(4) 客户写 MAC 密值，服务器发送数据时，用于数据加密的密钥，长度为 128 bit。

(5) 客户写密钥：客户发送数据时，用于数据加密的密钥，长度为 128 bit。

(6) 初始化向量：当使用 CBC 模式的分组密文算法是"="时，需要为每个密钥维护初始化向量。

(7) 序列号：通信的每一端都为每个连接中的发送和接收报文维持着一个序列号。

6) HTTPS

HTTPS(Hypertext Transfer Protocol Secure)安全超文本传输协议。它是由 Netscape 开发并内置于其浏览器中，用于对数据进行压缩和解压操作，并返回网络上传送回的结果。HTTPS 实际上应用了 Netscape 的完全套接字层（SSL）作为 HTTP 应用层的子层（HTTPS 使用端口 443，而不是像 HTTP 那样使用端口 80 来和 TCP/IP 进行通信）。SSL 使用 40 位关键字作为 RC4 流加密算法，这对于商业信息的加密是合适的。HTTPS 和 SSL 支持使用 X.509 数字认证，如果需要，用户可以确认发送者是谁。

HTTPS 是以安全为目标的 HTTP 通道，简单地讲是 HTTP 的安全版，即 HTTP 下加入 SSL 层，HTTPS 的安全基础是 SSL，因此加密的详细内容请见 SSL。

它是一个 URI scheme（抽象标识符体系），句法类同 HTTP 体系。用于安全的 HTTP 数据传输。"https：URL"表明它使用了 HTTP，但 HTTPS 具有不同于 HTTP 的默认端口及一个加密/身份验证层（在 HTTP 与 TCP 之间）。这个系统的最初研发由网景公司实施，提供了身份验证与加密通信方法，它被广泛用于万维网上安全敏感的通信，例如交易支付方面。

它的安全保护依赖于浏览器的正确实现以及服务器软件、实际加密算法的支持。

一种常见的误解是"银行用户在线使用'https：'就能充分彻底保障他们的银行卡号不被偷窃"。实际上，与服务器的加密连接中能保护银行卡号的部分，只有用户到服务器之间的连接及服务器自身，并不能绝对确保服务器自己是安全的，这点甚至已被攻击者利用，常见例子是模仿银行域名的钓鱼攻击。少数罕见攻击在网站传输客户数据时发生，攻击者尝试窃听数据于传输中。

人们期望商业网站尽早引入新的特殊处理程序到金融网关中，仅保留传输码 (transaction number)。不过他们常常将银行卡号存储在同一个数据库里。那些数据库和服务器有可能被未授权用户攻击和损害。

6．问题与思考

(1) 编写了一个使用 SSL 服务器套接字的 HTTPS 守护程序进程，该进程在浏览器与它连接时返回 HTML 流。该守护程序等待客户机浏览器的连接并返回"Hello, World!"。浏览器通过"https://localhost：8080"连接到该守护程序。

⚠提示

在 Java 编程中，要使用 SSL 服务器套接字工厂（Server SocketFactory）代替套接字工厂（Socket Factory），代码如下：

```java
SSLServerSocketFacctory sslf=
(SSLServerSocketFactor)SSLServerSocketFactory.getDefault();
ServerSocket serverSocket=sslf.createServerSocket(PORT);
```

下面是参考代码：

```java
import java.io.*;
import java.net.*;
import javax.net.ssl.*;
//Example of an HTTPS server to illustrate SSL certificate and socket
public class HTTPSServerExample {
    public static void main(String[] args) throws IOException {
        //create an SSL socket using the factory and pick port 8080
        SSLServerSocketFactory sslsf=
        (SSLServerSocketFactory)SSLServerSocketFactory.getDefault();
        ServerSocket ss=sslsf.createServerSocket(8080);
        //loop forever
        while (true) {
            try {
                //block waiting for client connection
                Socket s=ss.accept();
                System.out.println("Client connection made");
                //get client request
                BufferedReader in=new BufferedReader(
                    new InputStreamReader(s.getInputStream()));
                System.out.println(in.readLine());
                //make an HTML response
                PrintWriter out=new PrintWriter(s.getOutputStream());
                out.println("<HTML><HEAD><TITLE>HTTPS Server Example</TITLE>"+
"</HEAD><BODY><H1>Hello World!</H1></BODY></HTML>\n");
                //Close the stream and socket
                out.close();
                s.close();
            } catch (Exception e) {
                e.printStackTrace();
            }
        }
    }
}
```

接下来创建一个机器证书，名称必须与运行守护程序的计算机的机器名匹配，这里使用 localhost。此外专门为机器证书创建了一个单独的密钥库 sslKeyStore。

```
D:\IBM>keytool -genkey -v -keyalg RSA -alias MachineCert
    -keystore sslKeyStore
Enter keystore password: password
What is your first and last name?
  [Unknown]: localhost
What is the name of your organizational unit?
  [Unknown]: Security
What is the name of your organization?
```

```
    [Unknown]: Company, Inc.
What is the name of your City or Locality?
    [Unknown]: Machine Cert City
What is the name of your State or Province?
    [Unknown]: MN
What is the two-letter country code for this unit?
    [Unknown]: US
Is CN=localhost, OU=Security, O="Company, Inc.", L=Machine Cert City,
ST=MN, C=US correct?
    [no]: y
Generating 1,024 bit RSA key pair and self-signed certificate (MD5WithRSA)
    for: CN=localhost, OU=Security, O="Company, Inc.", L=Machine Cert City,
ST=MN, C=US
Enter key password for <MachineCert>
    (RETURN if same as keystore password):
[Saving sslKeyStore]
```

然后指定特殊的密钥库及其密码,并启动该服务器守护进程:

```
D:\IBM>java -Djavax.net.ssl.keyStore=sslKeyStore
-Djavax.net.ssl.keyStorePassword=password HTTPSServerExample
```

在等待数秒之后,启动一个浏览器并使它指向"https://localhost:8080",然后会提示是否要信任该证书。选择 yes 应该显示"Hello World!",接着单击 Internet Explorer 上的相应图标,则会给出证书的详细信息。

(2) 在本节实例的基础上实现双向认证的 SSL 通信。

提示

首先需要在客户端生成证书。同样,客户端的证书也是自己生成的,所以服务端需要做同样的工作:把客户端的证书导出来,并导入到服务端的证书仓库中。

完成了证书的导入,还要在客户端加入一段代码,以便在连接时客户端向服务器端出示自己的证书:

```java
private static String CLIENT_KEY_STORE="E:/experiment/client_ks";
private static String CLIENT_KEY_STORE_PASSWORD="654321";
…
…
SSLContext context=SSLContext.getInstance("TLS");
KeyStore ks=KeyStore.getInstance("jceks");

ks.load(new FileInputStream(CLIENT_KEY_STORE), null);
KeyManagerFactory kf=KeyManagerFactory.getInstance("SunX509");
kf.init(ks, CLIENT_KEY_STORE_PASSWORD.toCharArray());
context.init(kf.getKeyManagers(), null, null);

SocketFactory factory=context.getSocketFactory();
Socket s=factory.createSocket("localhost", 5432);
```

第 6 章 远 程 对 象

分布式对象技术主要是在分布式异构环境下建立应用系统框架和对象构件。在应用系统框架的支撑下,开发者可以将软件功能封装为更易管理和使用的对象,这些对象可以跨越不同的软、硬件平台进行互操作。目前,分布式互操作标准主要有 Microsoft 的 COM/DCOM 标准、Sun 公司的 Java RMI 标准和 OMG 组织的 CORBA 标准。

本章将解释那些使对象间通信成为可能的模型,解释分布式对象能发挥作用的情况。展示怎样使用远程对象以及在两个 Java 虚拟机间进行通信的远程方法调用(Remote Method Invocation,RMI)(它可以在不同的计算机上运行)。介绍公用对象请求代理结构(Common Object Request Broker Architecture,CORBA),它允许使用不同语言(Java 编程语言、C++ 等)编写的对象进行通信。

EJB 是 Sun 的 JavaEE 服务器端组件模型,设计目标与核心应用是部署分布式应用程序。并凭借 Java 跨平台的优势,用 EJB 技术部署的分布式系统可以不限于特定的平台。

6.1 RMI 远程方法的调用

Java RMI 指的是远程方法调用(Remote Method Invocation)。它是一种机制,能够让在某个 Java 虚拟机上的对象调用另一个 Java 虚拟机中对象的方法。可以用此方法调用的任何对象实现该远程接口。

下面是一个简单的 RMI 例子,远程对象只返回一个消息字符串。要使这个例子更有价值,需要做的就是完善远程对象实现类。

【实例】 编写程序,利用 RMI 技术访问一个远程对象,返回一个字符串消息。

1. 分析与设计

本例中,远程对象的本地接口是 Greater,它只有一个方法 public String getMessage()。远程对象的实现是 GreaterImpl,RMI 客户机是 GreatingClient,RMI 服务器是 GreateServer。

1) 远程对象的本地接口类

该类仅仅是一个接口,而不是实现,RMI 客户机可以直接使用它,RMI 服务器必须通过一个远程对象来实现它,并在某个 URL 注册它的一个实例。

2) RMI 客户类

RMI 客户使用 Naming.lookup 在指定的远程主机上查找对象,若找到就把它转换成本地接口中的 Greater 类型,然后像使用一个本地对象一样使用它。

3) 远程对象实现类

这个类真正实现 RMI 客户调用的远程对象,它必须继承 UnicastRemoteObject,其构造函数应抛出 RemoteException 异常。

4) RMI 服务器类

该类创建远程对象,用来实现 GreaterImpl 的一个实例,然后用一个特定的 URL 来注册它,所谓注册就是通过 Naming.bind 或 Naming.rebind 来将 GreaterImpl 实例绑定到 URL 上。

2. 实现过程

1) 远程对象的本地接口类

语句如下:

```
public interface Greater extends Remote {
    public String getMessage() throws RemoteException;
}
```

分析:本地接口(Greater)必须是公共的,否则客户机在加载一个实现该接口的远程对象时就会出错。此外,它还必须从 java.rmi.Remote 继承而来,接口中的每一个方法都必须抛出远程异常 java.rmi.RemoteException。

这个接口扩展了另一个接口 java.rmi.Remoto。Remoto 接口告诉 RMI:如果一个类直接或者通过继承实现了这个接口,那么它就是可以远程访问的。

2) RMI 客户类通过 URL 在远程主机上查找对象

语句如下:

```
    ⋮
Greater greater= (Greater) Naming.lookup ("rmi://localhost:1099/GreaterService");
System.out.println(greater.getMessage());    //调用远程对象的方法
    ⋮
```

分析:RMI 客户必须知道提供远程服务主机的 URL,这个 URL 可以通过 rmi://host/path 或 rmi://host:port/path 来指定,如果省略端口号,就使用 1099。Naming.lookup 可能产生三个异常:RemoteException、NotBoundException、MalformedURLException,三个异常都需要捕获。RemoteException、Naming 和 NotBoundException 在 java.rmi.* 中定义,MalformedURLException 在 java.net.* 中定义。另外,客户机将向远程对象传递串行化对象 Serializable,所以还应在程序中输入 java.io.*。

这个类希望与一个称为 GreetingServer 的服务器进行通信。

3) 远程对象的实现

语句如下:

```
public String getMessage() throws RemoteException {
    return ("Here is a remote message.");
}
```

分析:GreeterImpl 实现了 Greeter,但是它还扩展了 UnicastRemoteObject。UnicastRemoteObject 派生自 java.rmi.server.RemoteServer 和 java.rmi.server.RemoteObject

类。它支持在客户和已经激活的服务器之间进行点对点通信。它支持调用方法、传递参数和返回结果。它是为程序员提供的方便措施，以便使它们不必实现有效的 toString()、equals()、hashCode()方法(RMI 要求覆盖这些方法)。

4) RMI 服务器

语句如下：

```
GreaterImpl localObject=new GreaterImpl(); //生成远程对象实现的一个实例
//将远程对象实例绑定到服务器上
Naming.rebind("rmi://localhost:1099/GreaterService", localObject);
```

分析：GreeterServer 为服务命名并且使用这个名称注册 GreaterImpl 类对象。这是通过对命令服务执行 rebind()方法来完成的。在它的 main()方法中对服务器进行实例化。在这里使用 rebind()调用是因为如果注册表中已经存在这个名称，它不会抛出 AlreadyBoundException。

3. 源代码

1) 远程对象的本地接口类

```java
import java.rmi.*;
public interface Greater extends Remote {
    public String getMessage() throws RemoteException;
}
```

2) RMI 客户类

```java
import java.rmi.*;
import java.net.*;
import java.io.*;
public class GreatingClient{
  public static void main(String[] args){
    try {
      //通过 URL 在远程主机上查找对象,并把它转化为本地接口(Greater)类型
      Greater greater= (Greater) Naming.lookup ("rmi://localhost:1099/GreaterService");
      System.out.println(greater.getMessage());   //调用远程对象的方法
    }
    catch(RemoteException re) {System.out.println("RemoteException: "+re); }
    catch(NotBoundException nbe) {System.out.println("NotBoundException: "+nbe);}
    catch(MalformedURLException mfe){System.out.println("MalformedURLException:"+
    mfe);}
  }
}
```

3) 远程对象实现类

```java
import java.rmi.*;
import java.rmi.server.UnicastRemoteObject;
public class GreaterImpl extends UnicastRemoteObject implements Greater {
    public GreaterImpl() throws RemoteException {} //构造函数抛出 RemoteException
    public String getMessage() throws RemoteException {
        return("Here is a remote message.");
    }
```

} //向 RMI 客户返回一个消息串

4) RMI 服务器类

```java
import java.rmi.*;
import java.net.*;
public class GreaterServer {
  public static void main(String[] args) {
    try {
    GreaterImpl localObject=new GreaterImpl(); //生成远程对象实现的一个实例
      //将远程对象实例绑定到服务器上
      Naming.rebind("rmi://localhost:1099/GreaterService", localObject);
    }catch(RemoteException re){System.out.println("RemoteException:"+re); }
    catch(MalformedURLException mfe) {
      System.out.println("MalformedURLException: "+mfe);
    }
  }
}
```

4．测试与运行

下面对以上程序进行编译和运行。

1) 编译 RMI 客户和服务器

这将自动编译远程对象的本地接口和远程对象实现，如图 6-1 所示。

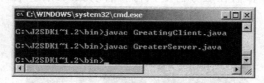

图 6-1　编译 RMI 客户和服务器

编译 GreatingClient.java 时，会自动编译远程对象的本地接口 Greater.java。

编译 GreaterServer.java 时，会自动编译远程对象实现 GreaterImpl.java。

2) 生成客户模块和服务器框架

现需要为 GreaterImpl 类生成代码存根。存根用于调度（加密和发送）参数和方法调用的结果，程序员不直接使用这些类。而且它们无须手工开发，rmic 工具自动生成这种类，如图 6-2 所示。

图 6-2　生成客户承接模块和服务器框架

这将构造 GreaterImpl_Stub.class 和 GreaterImpl_Skeleton.class。现将 Greater.class、GreatingClient.class 和 GreaterImpl_Stub.class 复制到 RMI 客户机中，将 Greater.class、GreaterImpl.class、GreaterServer.class 和 GreaterImpl_Skeleton.class 复制到 RMI 服务器中。

为方便实验,服务器和客户机为同一台计算机,所以程序中服务器的地址为"rmi:///localhost:1099/GreaterService"。

3) 启动 RMI 注册

用 rmiregistry 命令启动 RMI 注册,如图 6-3 所示。

图 6-3　启动 RMI 注册

该命令在服务器上执行。不论有多少个远程对象,本操作只需做一次。

4) 运行服务端程序

用 java 命令运行服务端程序,如图 6-4 所示。

图 6-4　启动 RMI 服务

启动 RMI 服务器操作需在服务器上执行。启动 RMI 客户程序需在客户端上执行,如图 6-5 所示。

图 6-5　启动客户端程序

因为 RMI 服务和客户程序同在一台计算机,为启动 RMI 客户,需重新打开一个命令窗口。启动客户程序后将输出"Here is a remote message."。

此命令的输出非常简单,但是它的确将一个对象从一个 JVM 发送到了另一个 JVM,并且接收回一个新对象。

5. 技术分析

1) 远程方法体系结构

远程方法调用机制 RMI 是构成 Java 分布对象模型的基础结构。RMI 系统包括框架层、远程引用层和传输层。目前,RMI 的传输层是基于 TCP 实现的,将来的 RMI 体系结构建立在 IIOP 协议之上,可以实现 Java 技术与 CORBA 技术的深层融合。应用层建立在 RMI 系统之上。图 6-6 给出了各层之间的关系。

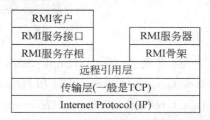

2) 远程方法调用实例

RMI 是 Java 引入的分布式对象软件包,它的出现

图 6-6　远程方法调用体系结构

简化了在多台机器上的 Java 应用之间的通信。

要使用 RMI，必须构建四个主要的类：远程对象的本地接口、远程对象实现、RMI 客户机和 RMI 服务器。RMI 服务器生成远程对象实现的一个实例，并用一个专有的 URL 注册。RMI 客户机在远程 RMI 服务器上查找服务对象，并将它转换成本地接口类型，然后像对待一个本地对象一样使用它。

见表 6-1，RMI 类遵循一定的命名规则。

表 6-1　RMI 类的命名规则

RMI 类	远 程 接 口
Impl 后缀（如 GreaterImpl）	实现接口的服务器类
Server 后缀（如 GreaterServer）	创建服务器对象的服务器程序
Client 后缀（如 GreatingClient）	调用远程方法的客户程序
_Stub 后缀（如 GreaterImpl_Stub）	rmic 程序自动生成的代码存根类
_Skel 后缀（如 GreaterImpl_Skeleton）	rmic 程序自动生成的框架类

3）RMI 案例

回顾生产者和消费者的例子，该实例由四个类组成，Factory、Producer、Consumer 和 Work。生产过程 putMessage() 和消费 getMessage() 过程在 Factory 类中定义。

现在准备把 Factory 类的功能在一台远程计算机上实现，再在客户端调用一个远程的 Factory 对象来实现生产者和消费者的功能。为此，除了在客户端编写程序 Consumer 和 Producer 外，需要编写接口 Factory、实现这个接口的类 FactoryImpl、服务端程序 FactoryServer 和客户端程序 FactoryClient。下面对这些程序进行分析。Consumer 和 Producer 与第 1 章的内容一致，这里不再赘述。

（1）远程对象的本地接口类（Factory.java）。该类仅仅是一个接口，而不是实现，RMI 客户机可以直接使用它，RMI 服务器必须通过一个远程对象来实现它，并用某个 URL 注册它的一个实例。代码如下：

```java
/**
 * Factory.java
 */
import java.rmi.*;

public interface Factory extends Remote{
    public void putMessage() throws RemoteException;
    public String getMessage() throws RemoteException;

}
```

该接口从 java.rmi.Remote 继承而来，接口中的两个方法 putMessage() 和 getMessage() 都必须抛出远程异常 java.rmi.RemoteException。

这个接口扩展了另一个接口 java.rmi.Remoto。Remoto 接口告诉 RMI：如果一个类直接或者通过继承实现了这个接口，那么它就是可以远程访问的。

（2）RMI 客户类（FactoryClient.java）。RMI 客户使用 Naming.lookup 在指定的远程主机上查找对象，若找到就把它转换成本地接口 Factory 类型，然后像一个本地对象一样使用它。RMI 客户还必须知道提供远程服务主机的 URL，默认端口是 1099。代码如下：

```java
/**
 * FactoryClient.java
 */
import java.rmi.*;
import java.net.*;
import java.io.*;

public class FactoryClient {

    public static void main(String[] args) {
        try{
            Factory factory=(Factory)Naming.lookup("rmi://127.0.0.1:1099/Service");
            Producer l1=new Producer(factory);
            Consumer l2=new Consumer(factory);
            l1.start();
            l2.start();
        }catch(RemoteException re){
            System.out.println("RemoteException"+re);
        }catch(NotBoundException nbe){
            System.out.println("NotBoundException"+nbe);
        }catch(MalformedURLException mfe){
            System.out.println("MalformedURLException"+mfe);
        }
    }
}
```

这个类希望与一个称为 FactoryServer 的服务器进行通信。一旦与服务端建立通信，就获得一个 Factory 对象 factory，利用该对象再分别建立 Producer 和 Consumer 对象。

类似第 1 章的程序，Producer 和 Consumer 都是线程，Producer 利用 Factory 对象不断产生字符串并放入 Vector 队列，Consumer 利用 Factory 对象不断取出字符串并显示。不同的是 Proceducer 和 Consumer 都是利用远程的 Factory 对象实现生产和消费的过程，有可能抛出一个 RemoteException 异常，所以与第 1 章的程序稍有不同。下面再次展示一下 Producer 和 Consumer 源程序。代码如下：

Producer 源程序如下：

```java
/**
 * Producer.java
 */
import java.rmi.*;

class Producer extends Thread{
    Factory t;
    public Producer(Factory s){
        t=s;
    }
```

```
    public void run(){
        try{
            while(true){
                try{
                        t.putMessage();
                }catch(RemoteException re){
                        System.out.println("RemoteException"+re);
                }
                sleep(1000);
            }
        }catch(InterruptedException e){}
    }
}
```

Consumer 源程序如下:

```
/**
 * Consumer.java
 */
import java.rmi.*;

class Consumer extends Thread{
    int i=0;
    Factory t;
    public Consumer(Factory s){
        t=s;
    }

    public void run(){
        try{
            while(true){
                try{
                        System.out.println("Gotmessage:"+t.getMessage());
                }catch(RemoteException re){
                        System.out.println("RemoteException"+re);
                }
                sleep(2000);
            }
        }catch(InterruptedException e){}
    }
}
```

(3) 远程对象实现类(FactoryImpl.java)。这个类从 UnicastRemoteObject 继承,实现 Factory 接口,其构造函数应抛出 RemoteException 异常。代码如下:

```
/**
 * FactoryImpl.java
 */
import java.rmi.*;
```

```java
import java.rmi.server.UnicastRemoteObject;
import java.util.Vector;

public class FactoryImpl extends UnicastRemoteObject implements Factory{
    static final int MAXQUEUE=5;
    private Vector messages=new Vector();

    public FactoryImpl() throws RemoteException{
    }

    public synchronized  void putMessage() throws RemoteException{
        while(messages.size()==MAXQUEUE){
            try{
                wait();
            }catch(InterruptedException e){
                System.out.println("InterruptedException"+e);
            }
        }
        messages.addElement(new java.util.Date().toString());
        notify();
    }

    public synchronized String getMessage() throws RemoteException{
        while(messages.size()==0){
            try{
                wait();
            }catch(InterruptedException e){
                System.out.println("InterruptedException"+e);
            }
        }
        String message= (String)messages.firstElement();
        messages.removeElement(message);
        notify();
        return message;
    }

}
```

FactoryImpl 实现 Factory,它扩展了 UnicastRemoteObject。UnicastRemoteObject 派生自 java.rmi.server.RemoteServer 类和 java.rmi.server.RemoteObject 类。支持在客户和已经激活的服务器之间进行点对点通信。

(4) RMI 服务器类(FactoryServer.java)。该类创建远程对象实现 FactoryImpl 的一个实例,然后用一个特定的 URL 来注册它,所谓注册就是通过 Naming.bind 或 Naming.rebind 来将 GreaterImpl 实例绑定到 URL 上。代码如下:

```java
/**
* FactoryServer.java
*/
import java.rmi.*;
import java.net.*;
```

```java
public class FactoryServer {
    public static void main(String[] args) {
        try{
            FactoryImpl localObject=new FactoryImpl();
            Naming.rebind("rmi://127.0.0.1:1099/Service",localObject);
        }catch(RemoteException re){
            System.out.println("RemoteException"+re);
        }catch(MalformedURLException mfe){
            System.out.println("MalformedURLException"+mfe);
        }
    }
}
```

FactoryServer 为服务命名并且使用这个名称注册 FactoryImpl 类对象。这是通过对命令服务执行 rebind()方法来完成的。在它的 main()方法中对服务器进行实例化。在这里使用 rebind( )方法调用是因为如果注册表中已经存在这个名称，它不会抛出 AlreadyBoundException。

下面对以上程序进行编译和运行。

（1）编译 RMI 客户和服务器，这将自动编译远程对象的本地接口和远程对象实现。

javac FactoryClient.java 命令自动编译远程对象的本地接口 Factory.java、Producer.java 和 Consumer.java。

javac FactoryServer.java 命令自动编译远程对象的实现 FactoryImpl.java，如图 6-7 所示。

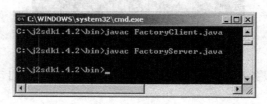

图 6-7　编译源程序

（2）生成客户模块和服务器框架。用 rmic FactoryImpl 命令生成客户模块和服务器框架，如图 6-8 所示。

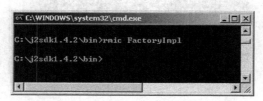

图 6-8　生成客户模块和服务框架

该命令构造 FactoryImpl_Stub.class 和 FactoryImpl_Skeleton.class。需要复制到客户端的类如下：

- Factory.class
- FactoryClient.class
- FactoryImpl_Stub.class
- Producer.class
- Consumer.class

需要复制到服务端的类如下：

- Factory.class
- FactoryImpl.class
- FactoryServer.class
- FactoryImpl_Skeleton.class

（3）启动 RMI 注册。用 rmiregistry 命令启动 RMI 注册，如图 6-9 所示。

图 6-9　启动 RMI 注册

该命令在服务器上执行。不论有多少个远程对象，本操作只需做一次。

（4）运行。首先运行服务端程序，如图 6-10 所示。

图 6-10　启动服务端程序

该命令启动 RMI 服务器（在服务器上执行），接下来在客户端启动客户端程序，如图 6-11 所示。

图 6-11　客户端程序的运行结果

与前面的结果类似，但不同的是，生产和消费过程的确是通过远程服务器来实现的。

6. 问题与思考

用 RMI 技术调用远程方法，实现加、减、乘、除运算。

提示

RMI 技术可以建立和编译服务接口的 Java 代码。这个服务接口定义了所有的提供远程服务的功能。下面是源程序：

```java
//Calculator.java
//define the interface
import java.rmi.Remote;
public interface Calculator extends Remote
{
    public long add(long a, long b)
        throws java.rmi.RemoteException;
    public long sub(long a, long b)
        throws java.rmi.RemoteException;
    public long mul(long a, long b)
        throws java.rmi.RemoteException;
    public long div(long a, long b)
        throws java.rmi.RemoteException;
}
```

这个接口继承自 Remote 类，每一个定义的方法都必须抛出一个 RemoteException 异常对象。

接下来的代码为远程服务的具体实现，这是一个 CalculatorImpl 类文件：

```java
//CalculatorImpl.java
//Implementation
import java.rmi.server.UnicastRemoteObject;
public class CalculatorImpl extends UnicastRemoteObject implements Calculator
{
    //这个实现必须有一个显式的构造函数,并且要抛出一个 RemoteException 异常
    public CalculatorImpl()
        throws java.rmi.RemoteException {
        super();
    }
    public long add(long a, long b)
        throws java.rmi.RemoteException {
        return a+b;
    }
    public long sub(long a, long b)
        throws java.rmi.RemoteException {
        return a -b;
    }
    public long mul(long a, long b)
        throws java.rmi.RemoteException {
        return a * b;
    }
    public long div(long a, long b)
        throws java.rmi.RemoteException {
        return a / b;
    }
}
```

6.2 CORBA

CORBA 是由 OMG 组织制定的一种标准的面向对象应用程序的体系规范。或者说 CORBA 体系结构是对象管理组织(OMG)为解决分布式处理环境(DCE)中硬件和软件系统的互联而提出的一种解决方案。

CORBA 是在当今快速发展的软件与硬件资源的情况下发展出的一种新技术。它可以让分布的应用程序完成通信,无论这种应用程序是什么厂商生产的,只要符合 CORBA 标准就可以相互通信。CORBA 用于在不同进程(程序)之间甚至是不同物理机器上的进程(程序)之间通信。

下面展示如何用 Java 编写一个 CORBA 远程对象。

【实例】 编写程序,用 Java 实现一个 CORBA 远程对象,调用时输出一个字符串。

1. 分析与设计

CORBA 使用 IDL(Interface Description Language,接口描述语言)描述对象中呈现出来的接口。CORBA 规定了从 IDL 到特定编程语言(如 C++或 Java)实现的映射。这个映射精确地描述了 CORBA 数据类型是如何被客户端和服务器端实现的。标准的映射有 Ada、C、C++、Smalltalk、Java 以及 Python。还有一些非标准的映射,为用 Perl 和 Tcl 语言编写的映射。

2. 实现过程

1) 生成客户端存根和服务器框架

通过 Sun 公司提供的将 IDL 文件编译成 Java 源代码的工具 idlj(jdk1.3.0_01 以上版本),为接口定义文件生成客户端存根和服务器框架。

语句如下:

```
module HelloApp
{
    interface Hello
    {
        string sayHello();
    };
};
```

分析:该说明文件定义了一个 Hello 接口和一个 sayHello()方法。

通过 Sun 提供的将 IDL 文件编译成 Java 源代码的工具 idlj(jdk1.3.0_01 以上版本),为接口定义文件生成客户端存根和服务器框架。具体操作如图 6-12 所示。

-f 参数指明生成的内容,all 包括客户端存根和服务器框架,这样在当前目录下生成一个 HelloApp 目录,其目录下将包括下列文件:

- HelloPOA.java
- _HelloStub.java
- HelloHolder.java

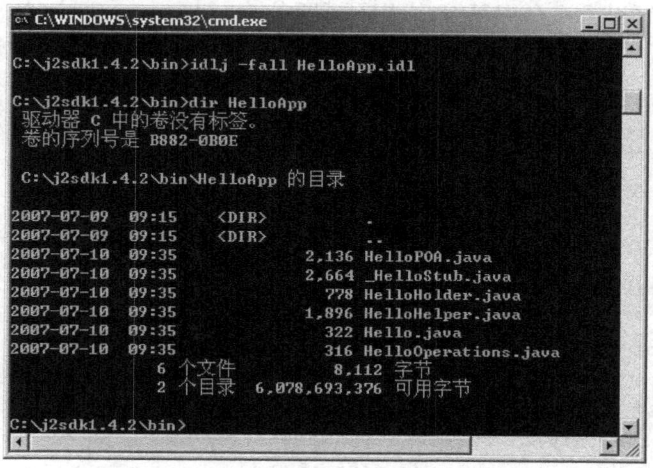

图 6-12 生成客户端存根和服务器框架

- HelloHelper.java
- Hello.java
- HelloOperations.java

2) 编写实现接口的程序

语句如下:

```
class HelloImpl extends HelloPOA //必须继承这个类,在helloApp目录中已自动生成
{
  private ORB orb;

  public void setORB(ORB orb_val) {
    orb=orb_val;
  }

  //实现接口的方法 sayHello()
  public String sayHello(){
    return "\nHello world !!\n";
  }
} //end class
```

分析: 接口实现程序 HelloImpl.java 需继承自 HelloPOA.java。

3) 编写服务端程序

语句如下:

```
//建立和初始化 ORB
ORB orb=ORB.init(args, null);

//get reference to rootpoa & activate the POAManager
POA rootpoa=
  (POA)orb.resolve_initial_references("RootPOA");
rootpoa.the_POAManager().activate();
```

269

```java
//create servant and register it with the ORB
HelloImpl helloImpl=new HelloImpl();
helloImpl.setORB(orb);

//get object reference from the servant
org.omg.CORBA.Object ref=
  rootpoa.servant_to_reference(helloImpl);

//and cast the reference to a CORBA reference
Hello href=HelloHelper.narrow(ref);

//get the root naming context
//NameService invokes the transient name service
org.omg.CORBA.Object objRef=
    orb.resolve_initial_references("NameService");
//Use NamingContextExt, which is part of the
//Interoperable Naming Service (INS) specification.
NamingContextExt ncRef=
  NamingContextExtHelper.narrow(objRef);

//bind the Object Reference in Naming
String name="Hello1";
NameComponent path[]=ncRef.to_name(name);
ncRef.rebind(path, href);

System.out.println
  ("HelloServer ready and waiting ...");

//wait for invocations from clients
orb.run();
```

分析：org.omg.CORBA.ORB 类的"static ORB init(String [] args, Properties props)"方法创建一个新的 ORB 对象并将它初始化。参数 arg 配置 ORB 的命令行参数，props 配置 ORB 的属性列表。

4) 编写客户端程序

语句如下：

```java
//create and initialize the ORB
ORB orb=ORB.init(args, null);

System.out.println("ORB initialised\n");

//get the root naming context
org.omg.CORBA.Object objRef=orb.resolve_initial_references("NameService");

//Use NamingContextExt instead of NamingContext,
//part of the Interoperable naming Service.
NamingContextExt ncRef=NamingContextExtHelper.narrow(objRef);

//resolve the Object Reference in Naming
```

```
    String name="Hello1";
    helloImpl=
      HelloHelper.narrow(ncRef.resolve_str(name));

    System.out.println
      ("Obtained a handle on server object: "
        +helloImpl);
    System.out.println(helloImpl.sayHello());
```

分析：org.omg.CORBA.ORB 类的 resolve_initial_refences(String name) 方法执行一个初始服务，name 是初始服务的名称。

3. 源代码

1) IDL 接口说明文件

```
/**
 * HelloApp.idl
 */
module HelloApp
{
    interface Hello
    {
        string sayHello();
    };
};
```

2) 接口实现程序

```
/**
 * HelloImpl.java
 */
import HelloApp.*;   //引入类包
import org.omg.CosNaming.*;
import org.omg.CosNaming.NamingContextPackage.*;
import org.omg.CORBA.*;
import org.omg.PortableServer.*;
import org.omg.PortableServer.POA;
import java.util.Properties;

class HelloImpl extends HelloPOA //必须继承这个类，在 helloApp 目录中已自动生成
{
    private ORB orb;

    public void setORB(ORB orb_val) {
      orb=orb_val;
    }

    //实现接口的方法 sayHello()
    public String sayHello()
      {
        return "\nHello world !!\n";
      }
```

} //end class

3) 服务端程序

```java
/**
 * HelloServer.java
 */
import HelloApp.*;
import org.omg.CosNaming.*;
import org.omg.CosNaming.NamingContextPackage.*;
import org.omg.CORBA.*;
import org.omg.PortableServer.*;
import org.omg.PortableServer.POA;
import java.util.Properties;

public class HelloServer {

  public static void main(String args[]) {
    try{
      //建立和初始化 ORB
      ORB orb=ORB.init(args, null);

      //get reference to rootpoa & activate the POAManager
      POA rootpoa=
        (POA)orb.resolve_initial_references("RootPOA");
      rootpoa.the_POAManager().activate();

      //create servant and register it with the ORB
      HelloImpl helloImpl=new HelloImpl();
      helloImpl.setORB(orb);

      //get object reference from the servant
      org.omg.CORBA.Object ref=
        rootpoa.servant_to_reference(helloImpl);

      //and cast the reference to a CORBA reference
      Hello href=HelloHelper.narrow(ref);

      //get the root naming context
      //NameService invokes the transient name service
      org.omg.CORBA.Object objRef=
          orb.resolve_initial_references("NameService");
      //Use NamingContextExt, which is part of the
      //Interoperable Naming Service (INS) specification.
      NamingContextExt ncRef=
        NamingContextExtHelper.narrow(objRef);

      //bind the Object Reference in Naming
      String name="Hello1";
      NameComponent path[]=ncRef.to_name(name);
```

```
      ncRef.rebind(path, href);

      System.out.println
        ("HelloServer ready and waiting ...");

      //wait for invocations from clients
      orb.run();
    }

      catch (Exception e) {
        System.err.println("ERROR: "+e);
        e.printStackTrace(System.out);
      }

      System.out.println("HelloServer Exiting ...");

  } //end main
} //end class
```

4) 客户端程序

```
/**
 * HelloClient.java
 */
import HelloApp.*;
import org.omg.CosNaming.*;
import org.omg.CosNaming.NamingContextPackage.*;
import org.omg.CORBA.*;

public class HelloClient
{
  static Hello helloImpl;
  String [] x=new String[6];
  public static void main(String args[]){
    try{
       //create and initialize the ORB
      ORB orb=ORB.init(args, null);

       System.out.println("ORB initialised\n");

       //get the root naming context
       org.omg.CORBA.Object objRef=orb.resolve_initial_references("NameService");

       //Use NamingContextExt instead of NamingContext,
       //part of the Interoperable naming Service.
       NamingContextExt ncRef=NamingContextExtHelper.narrow(objRef);

       //resolve the Object Reference in Naming
       String name="Hello1";
       helloImpl=
         HelloHelper.narrow(ncRef.resolve_str(name));
```

```
        System.out.println
          ("Obtained a handle on server object: "
            +helloImpl);
        System.out.println(helloImpl.sayHello());

    }
      catch (Exception e) {
        System.out.println("ERROR : "+e) ;
        e.printStackTrace(System.out);
      }
    } //end main

} //end class
```

4. 程序的测试与运行

下面对以上程序进行编译和运行。

1) 编译并运行程序

用 javac 命令编译源代码,如图 6-13 所示。

图 6-13　编译程序

编译过程包括生成客户端存根和服务器框架、编译接口实现程序、编译服务端程序、编译客户端程序。

2) 启动命名服务

tnameserv 命令可以启动命名服务,如图 6-14 所示。

图 6-14　启动命名服务

启动时,可通过 ORBInitiaPort 设定其端口,默认为 900,本例中为 10050。

COBRA 通过 IOR(Interoperable Object Reference,可互操作对象引用)给 CORBA 对

象定位。IOR 是以"IOR:"开头的长字符串,后面是十六进制数字。

3) 启动服务端程序

运行程序 HelloServer,如图 6-15 所示。注意,这里需指定端口。

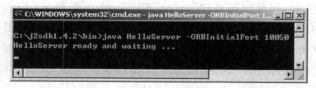

图 6-15 启动服务程序

4) 启动客户端程序

运行程序 HelloClient,如图 6-16 所示。

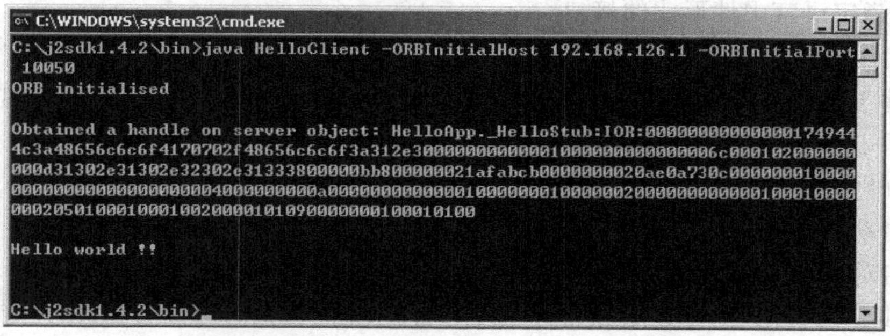

图 6-16 启动客户程序

在远程调用时,CORBA 客户机需要知道服务对象的主机名或 IP(IP 可通过 ORBInitialHost 参数指定),以及端口(可通过 ORBInitialPort 参数指定),图中 192.168.126.1 是服务器所在的 IP 地址。

在本地调用时,只需要指明服务端口即可,如图 6-17 所示。

图 6-17 本地调用

5. 技术分析

1) COBRA 简介

COBRA(通用对象请求代理体系结构)是 OMG(对象管理组织)于 1991 年提出的基于对象技术的分布计算应用软件体系结构。CORBA 标准主要分为三个部分:接口定义语言(IDL)、对象请求代理(ORB),以及 ORB 之间的互操作协议 IIOP,核心是对象请求代理。ORB是对象间CORBA通信的万能翻译器,它包含"启动服务""生存周期服务""命名服务"。

CORBA可以抽象系统平台、网络通信及编程语言的差异。通过在CORBA技术规范中定义多种类型的服务,如名字服务(Naming Service)、事务服务(Transaction Service)、对象生命期服务(LifeCycle Service)、并发控制服务(Concurrency Control Service)、时间服务(Time Service)等功能,为应用软件开发者提供一个全面、健壮、可扩展的分布对象计算平台,使面向对象的应用软件在分布异构环境下方便地实现可重用、易移植和互操作。

CORBA对象服务的实现方式分为两种:对象的命名引用方式和字符串化对象引用方式。不论采用何种高级语言,创建CORBA应用程序的过程大体如下。

(1) 进行系统分析,确定服务对象需要提供的功能。

(2) 用IDL开发指定对象工作的接口(IDL用于定义CORBA接口)。IDL是一个特殊语言,用来指定语言中性形式的接口。

(3) 使用目标语言的IDL编译器,产生服务器框架与客户端存根。

(4) 基于服务器框架,选择一门语言,编写服务器对象的实现代码,并编译这些代码。

(5) 基于客户端存根,编写客户对象调用程序。

(6) 分别编译客户对象和服务对象程序,启动CORBA命名服务。

(7) 启动服务对象程序。

(8) 启动客户对象程序。

这些步骤同使用RMI建立分布式应用程序的过程相似。可以使用IDL定义CORBA接口,在Java编程语言中实现客户程序和C++实现的服务器联系起来,还可以将C++客户程序同在Java编程语言中实现的服务器联系起来。

2) IDL语言

IDL指用于描绘类接口的接口定义语言,它负责实现和CORBA的连通。对于CORBA,一开始就需要编写符合IDL句法的接口:

```
interface Hello {
  string sayHello();
};
```

IDL语言中的接口定义以分号结尾。string类指的是CORBA概念下的字符串,它和Java字符串是不同的,IDL中string是小写形式。CORBA也有一个宽位字符的wchar类型。

"IDL to Java"编译器(即Java IDL编译器)将IDL定义转化为Java编程语言中编写的接口定义。例如,如果将IDL Hello定义放入Hello.idl文件中,并运行idlj,则会产生Hello.java文件。它具有以下内容:

```
package HelloApp;

public interface Hello extends HelloOperations, org.omg.CORBA.Object, org.omg.CORBA.portable.IDLEntity
{
} //interface Hello
```

从 IDL 到 Java 编程语言的翻译规则统称为 Java 编程语言捆绑（Java Programming Language Blinding）。OMG 标准化了语言捆绑，所有 CORBA 厂商都必须使用相同的规则。

IDL 编辑器给每一个接口生成一个具有后缀为 Holder 的类，例如，当编辑 Hello 接口时，它自动生成一个 HelloHolder 类。每一个 holder 类有一个公用的称作 value 的实例变量。

CORBA 支持接口继承，如 C++ 中一样，使用冒号（:）来表示继承性。接口可以继承多个接口。

在 IDL 中，可以将接口、类型、常数和异常归入模型块。

```
module HelloApp
{

interface Hello
    {
        string sayHello();
    };
};
```

在 Java 编程语言中模型块被翻译成包。

一旦拥有了 IDL 文件，就可以运行 ORB 厂商供应的 IDL 编译器，并获取目标语言（如 Java 编程语言和 C++ 语言）的代码存根类和 helper 类。

例如，要把 IDL 文件转化为 Java 语言可以运行的 idlj 程序，需在命令行中提供 IDL 文件名：

```
idlj Hello.idl
```

这个程序创建 HelloApp 目录及目录下的 6 个源文件：

```
HelloPOA.java          //实现类的超类
_HelloStub.java        //代码存根类,用于和 ORB 通信
HelloHolder.java       //out 参数的 holder 类
HelloHelper.java       //helper 类
Hello.java             //接口定义
HelloOperations.java
```

同样的 IDL 文件可编译成 C++，例如使用 omniORB。omniORB 包括称作 omniidl2 的 IDL-to-C++ 编译器。当在 Hello.idl 上运行这个编译器，就可以得到两个 C++ 文件。
- Hello.hh：主文件，它可以定义类 Hello、HelloHelper 和 _sk_Hello（服务器实现类的基类）。
- HelloSK.cpp：C++ 文件，它包括很多类的源代码。

然后由每一个厂商决定怎样生成和封装实现捆绑的代码。其他厂商的 IDL-to-C++ 编译器会产生一系列不同的文件。

6. 问题与思考

用 CORBA 技术调用远程方法，实现加、减、乘、除运算。

6.3 开发 EJB

EJB(Enterprise Java Bean)是 Sun 公司的 JavaEE 服务器端的组件模型,用于部署分布式应用程序。EJB 定义了一个用于开发基于组件的企业多重应用程序的标准,分别是会话 Bean(Session Bean)、实体 Bean(Entity Bean)和消息驱动 Bean(Message Driven Bean)。

下面展示如何用 Java 编写一个 EJB。

【实例】 编写一个名为 HelloWorldBean 的 EJB,实现远程接口 HelloWorld 中定义的业务方法,并输出一个字符串。

1. 分析与设计

整个 EJB 的开发步骤包括如下几个方面。

(1) 开发:首先是定义三个类,即 Bean 类本身、Bean 的本地和远程接口类。

(2) 配置:可以产生配置描述器。这是一个 XML 文件,声明了 Enterprise Bean 的属性,绑定了 Bean 的类文件(包括 stub 文件和 skeleton 文件)。最后将这些配置都放到一个 jar 文件中。还需要在配置器中定义环境属性。

(3) 组装应用程序:包括将 Enterprise Beans 安装到服务器中,并测试各层的连接情况。程序组装器将若干个 Enterprise Beans 与其他的组件结合起来,可以组合成一个完整的应用程序,或者将若干个 Enterprise Beans 组合成一个复杂的 Enterprise Bean。

下面将创建一个无状态的会话 Bean。本例中的 EJB 生成的 3 个 Java 文件如下。

- HelloWorld.java:Remote 接口。
- HelloWorldBean.java:Enterprise Bean 类。
- HelloWorldHome.java:Home 接口。

2. 实现过程

1) Remote 接口

语句如下:

```
public interface HelloWorld extends EJBObject{
    public String sayIt()throws CreateException,RemoteException;
}
```

分析:Remote 接口中定义了客户可以调用的业务方法。这些方法在 Enterprise Bean 类中实现。

2) Home 接口

语句如下:

```
public interface HelloWorldHome extends EJBHome{
    public HelloWorld create()throws CreateException,RemoteException;
}
```

分析：Home 接口定义了创建、查找和删除 EJB 的方法。本例中的接口 HelloWorldHome 包含了一个 create()方法。

3）Enterprise Java Bean 类

语句如下：

```
class HelloWorldBean implements SessionBean{
    void ejbActivate(){}
    void ejbRemove(){}
    void ejbPassivate(){}
    void setSessionContext(SessionContext ctx){}
    void ejbCreate() throws CreateException{}

    public String sayIt(){}
}
```

分析：本例中的 EJB 为 HelloWorldBean，它实现了远程接口 HelloWorld 中定义的业务方法。

3. 源代码

1）Remote 接口

```
package helloworldejb;
import java.rmi.RemoteException;
import javax.ejb.CreateException;
import javax.ejb.EJBObject;

public interface HelloWorld extends EJBObject{
    public String sayIt() throws CreateException,RemoteException;
}
```

2）Home 接口

```
/**
 * HelloWorldHome.java
 */
package helloworldejb;
import helloworldejb.*;
import java.rmi.RemoteException;
import javax.ejb.CreateException;
import javax.ejb.EJBHome;

public interface HelloWorldHome extends EJBHome{
    public HelloWorld create() throws CreateException,RemoteException;
}
```

3) Enterprise Java Bean 类

```java
/**
 * HelloWorldBean.java
 */
package helloworldejb;
import helloworldejb.*;
import javax.ejb.*;
import javax.naming.*;

public class HelloWorldBean implements SessionBean{

    public void ejbActivate(){}
    public void ejbRemove(){}
    public void ejbPassivate(){}
    public void setSessionContext(SessionContext ctx){}
    public void ejbCreate() throws CreateException{}

    public String sayIt(){
        System.out.println("Hello World EJB is called");
        return "Hello World";
    }

}
```

4. 测试与运行

1) JBoss 和 Tomcat 整合服务器

很多中小型应用程序不需要采用 EJB 等技术，使用 JSP 和 Servlet 已经足够。Tomcat 短小精悍，配置方便，能满足需求，这种情况下自然会选择 Tomcat。

但 Tomcat 不提供 EJB 等支持，如果与 JBoss（一个开源的应用服务器）集成到一块，则可以实现 J2EE 的全部功能。

JBoss＋Tomcat 是一个免费、开源、稳定的 J2EE 服务器。本书以 JBoss 3 为例，介绍如何部署 JBoss＋Tomcat 的 J2EE 服务器。本节主要介绍如何安装该软件产品，如何配置它与 Tomcat 的结合，如何通过 Tomcat 的 Servlet 调用 EJB。最终完成 Tomcat＋JBoss 的 Web 综合解决方案。

(1) 从 JBoss 主页 http://www.jboss.org 下载 JBoss 整合 Tomcat 的软件包 jboss-3.2.6.zip 并解压，如解压到 C:\jboss-3.2.6 目录中。

(2) 设置环境变量。

```
Java_HOME=c:\jdk1.4.2           //假设 Java 2.0 SDK 安装在 c:\jdk1.4.2 目录下
JBOSS_HOME=C:\jboss-3.2.6       //假设 Jboss 安装在 C:\jboss-3.2.6 目录下
TOMCAT_HOME=C:\tomcat           //假设 Tomcat 安装在 C:\Tomcat 目录下
```

(3) 启动 J2EE 服务器。运行"＜JBOSS_HOME＞/bin/run.bat"，这个命令会同时启动 JBoss 服务器和 Tomcat 服务器。Tomcat 的默认端口为 8080，JBoss 的默认端口为 8083。在浏览器地址栏输入网址"http://localhost：8080/"，可以看到页面显示如图 6-18 所示。

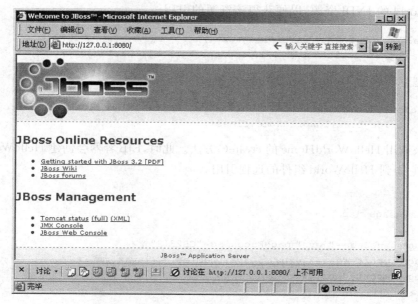

图 6-18　JBoss 的欢迎页面

2）编译源文件

大家可能已经注意到，以上三个文件都在 helloworldejb 包中，对应地要将三个文件放入 helloworldejb 目录中，如图 6-19 所示。

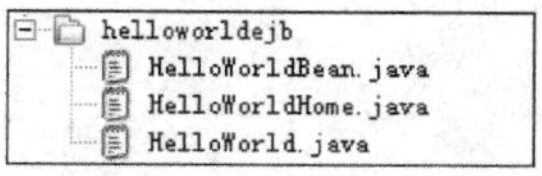

下面编译这些文件。之前要把 jboss-j2ee.jar 加入到 classpath 中。JBoss-j2ee.jar 文件的位置为 <JOSS_HOME>/server/default/lib/jboss-j2ee.jar，然后一起编译它们，例如：

图 6-19　helloworldejb 包内的文件

```
C:\j2sdk1.4.2\bin>set classpath=%classpath%;C:\jboss-3.2.6\server\default\lib
\jboss-j2ee.jar
C:\j2sdk1.4.2\bin>javac helloworldejb\*.java
C:\j2sdk1.4.2\bin>dir helloworldejb\*.class

 驱动器 C 中的卷没有标签。
 卷的序列号是 B882-0B0E

 C:\j2sdk1.4.2\bin\helloworldejb 的目录

2007-07-28  10:14               267 HelloWorld.class
2007-07-28  10:14               862 HelloWorldBean.class
2007-07-28  10:14               282 HelloWorldHome.class
               3 个文件      1,411 字节
               0 个目录  5,804,023,808 可用字节
```

以上过程产生了三个类文件。

3）在 Web 应用中访问 EJB 组件

HelloWorld 组件运行在 EJB 容器中，是一种 JNDI 资源。在 Web 应用中，应先查找名

为 HelloWorld 的 JNDI 资源，以便获得该资源的引用：

```
InitialContext ic=new InitialContext();
Object objRef=ic.lookup("java:comp/env/ejb/helloworldejb");
```

然后把它转换为 HelloWorldHome 类型：

```
HelloWorldHome home = (HelloWorldHome) PortableRemoteObject.narrow(objRef,
helloworldejb.HelloWorldHome.class);
```

接下来调用 HelloWorldHome 的 create()方法。此时，EJB 容器会创建 HelloWorldBean 的实例，通过它得到 HelloWorld 组件的远程引用。

```
/**
 * getmessage.jsp
 */
<%@page language="java" pageEncoding="GB2312" %>
<%@page import="javax.ejb.*,javax.naming.*,javax.rmi.*"%>
<%@page import="helloworldejb.*"%>
<html>
<head>
<title>GET MESSAGE</title>
</head>
<body bgcolor="#FFFFFF">
<%
   try{
       InitialContext ic=new InitialContext();
       //查找到 EJB 的引用
       Object objRef=ic.lookup("java:comp/env/ejb/helloworldejb");
HelloWorldHome home = (HelloWorldHome) PortableRemoteObject.narrow(objRef,
helloworldejb.HelloWorldHome.class);
       //创建一个 EJB 的实现类对象
       Object ejbobj=home.create();
       HelloWorld sayhello= (HelloWorld) PortableRemoteObject.narrow(ejbobj,HelloWorld.
class);
       out.println("get message: "+sayhello.sayIt());
   }catch(Exception re){
       out.print(re);
   }
%>
</body>
</html>
```

4）发布 J2EE 应用

在 JBoss 中发布 J2EE 组件的目录是"<JBOSS_HOME>/server/default/deploy。"JBoss 服务器有热部署功能，当 JBoss 服务器处于运行状态时能监视"<JBOSS_HOME>/server/default/deploy"目录下文件的更新情况，一旦监测到有新的 J2EE 组件发布到这个目录，或 J2EE 组件的文件发生更改，JBoss 会重新部署这些组件。

发布 Web 应用时，要打包成 WAR 文件。发布 EJB 组件应打包为 jar 文件。发布一个 J2EE 应用时，应该把它打包为 EAR 文件。

(1) 在 Jboss-Tomcat 上部署 EJB 组件。一个 EJB 组件由相关的类文件和 EJB 的发布描述文件构成,它的目录结构如图 6-20 所示。

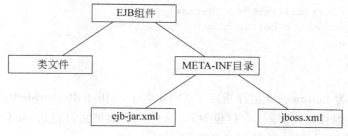

图 6-20 EJB 组件的文件目录结构

前面的例子中 EJB 组件的文件全部放在 ejb 目录下,现把写好的程序放在 helloworldejb 文件夹中,并创建 EJB 组件的文件 ejb。创建的文件和目录结构如图 6-21 所示。

除类文件以外,在 META-INF 目录下还包含了 ejb-jar.xml 和 jboss.xml 两个文件。ejb-jar.xml 是 EJB 组件的发布描述文件。这个文件定义了 EJB 组件的类型,指定了它的 Remote 接口、Home 接口和 Enterprise Bean 类对应的类文件。以下是本实例组件的 ejb-jar.xml 文件:

图 6-21 EJB 组件的文件目录结构

```xml
<?xml version="1.0" encoding="UTF-8"?>
<!DOCTYPE ejb-jar PUBLIC '-//Sun Microsystems, Inc.//DTD Enterprise JavaBeans 2.0//EN' 'http://java.sun.com/dtd/ejb-jar_2_0.dtd'>
<ejb-jar>
    <description>HelloWorld Application</description>
    <display-name>HelloWorldEJB EJB</display-name>
    <enterprise-beans>
      <session>
        <ejb-name>helloworld</ejb-name>
        <home>helloworldejb.HelloWorldHome</home>
        <remote>helloworldejb.HelloWorld</remote>
        <ejb-class>helloworldejb.HelloWorldBean</ejb-class>
        <session-type>Stateless</session-type>
        <transaction-type>Bean</transaction-type>
      </session>
    </enterprise-beans>
</ejb-jar>
```

以上配置文件定义了一个无状态的会话 Bean(Stateless Session Bean)。<ejb-name>指定了 EJB 组件的名称,<home>指定 Home 接口对应的类名,<remote>指定 Remote 接口对应的类名,<ejb-class>指定 Enterprise Bean 类对应的大类名。

jboss.xml 是当 EJB 组件发布到 JBoss 服务器中时才必须提供的发布描述文件,在这个文件中为 EJB 组件指定 JNDI 名字。以下是 helloworld 的 jboss.xml 源文件:

```xml
<?xml version="1.0" encoding="UTF-8"?>
```

```xml
<jboss>
  <enterprise-beans>
    <session>
      <ejb-name>helloworld</ejb-name>
      <jndi-name>ejb/helloworldejb</jndi-name>
    </session>
  </enterprise-beans>
</jboss>
```

上面的代码为 helloworld 组件指定了 JNDI 名字：ejb/helloworldejb。

在发布 EJB 组件时，应该把它打包为 jar 文件。下面把它打包成 jar 包。在控制台命令窗口中，转到正确的目录，运行如下命令进行打包：

```
C:\j2sdk1.4.2\bin>cd ejb

C:\j2sdk1.4.2\bin\ejb>set path=%path%;c:\j2sdk1.4.2\bin

C:\j2sdk1.4.2\bin\ejb>jar vcf helloworld.jar *.*
标明清单(manifest)
增加:helloworldejb/(读入=0) (写出=0) (存储了 0%)
增加:helloworldejb/HelloWorld.class(读入=267) (写出=198)(压缩了 25%)
增加:helloworldejb/HelloWorldHome.class(读入=282) (写出=197)(压缩了 30%)
增加:helloworldejb/HelloWorldBean.class(读入=862) (写出=457)(压缩了 46%)
忽略项 META-INF/
增加:META-INF/ejb-jar.xml(读入=700) (写出=332)(压缩了 52%)
增加:META-INF/jboss.xml(读入=222) (写出=132)(压缩了 40%)
```

> **注意**
>
> 因要使用<Java_HOME>/bin/jar 命令，所以之前用 set path=%path%;c:\j2sdk1.4.2\bin 命令设置命令环境。如果已经设置，这里不必再设置。命令环境一般在开机时已设定。

看到"jar vcf helloworld.jar *.*"命令在 ejb 目录下生成 helloworld.jar 文件。如果希望单独发布这个 EJB 组件，只要把这个 jar 文件复制到<JBOSS_HOME>/server/default/deploy 目录下即可。接下来，将这个 EJB 组件在相应的 J2EE 应用中发布。

（2）在 JBoss-Tomcat 上部署 Web 应用。如果在 JBoss-Tomcat 上发布 Web 应用，可完全保持原来的目录结构，只是在 WEB-INF 目录下增加一个 JBoss-web.xml 文件。

本例中 Web 应用的文件全部位于 war 目录下，图 6-22 所示是 war 目录的结构。

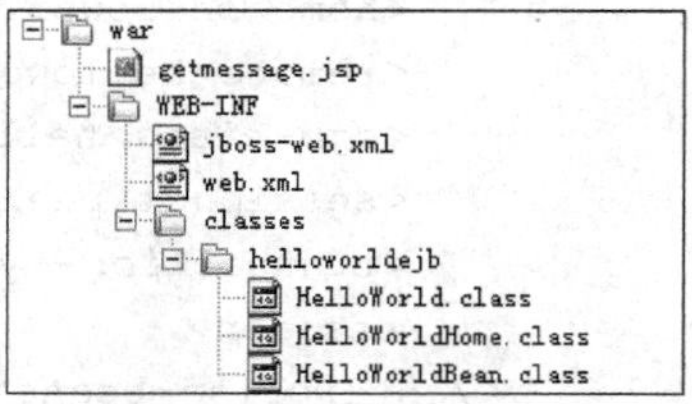

图 6-22 Web 应用的目录结构

下面实例的 Web 应用中访问了 helloworld 组件，所以应该在 web.xml 文件中加入<ejb-ref>元素，以便声明对这个 EJB 组件的引用。以下是 web.xml 的代码：

```xml
<?xml version="1.0" ?>
<!DOCTYPE web-app PUBLIC "-//Sun Microsystems, Inc.//DTD Web Application 2.3//
EN" "http://java.sun.com/dtd/web-app_2_3.dtd">
```

```xml
<web-app>
    <welcome-file-list>
        <welcome-file>index.jsp</welcome-file>
        </welcome-file-list>
    <error-page>
        <error-code>404</error-code>
        <location>/error.jsp</location>
    </error-page>
    <!--###EJB References (java:comp/env/ejb) -->
    <ejb-ref>
        <ejb-ref-name>ejb/helloworldejb</ejb-ref-name>
        <ejb-ref-type>Session</ejb-ref-type>
        <home>helloworldejb.HelloWorldHome</home>
        <remote>helloworldejb.HelloWorld</remote>
    </ejb-ref>
</web-app>
```

以上代码声明了对 helloworld 的引用，＜ejb-ref-type＞声明了所引用的 EJB 的类型，＜home＞声明了 EJB 的 Home 接口，＜remote＞声明了 EJB 的 Remote 接口。在 getmessage.jsp 中可以通过＜ejb-ref-name＞来获得 EJB 的引用，代码如下：

```java
InitialContext ic=new InitialContext();
Object objRef=ic.lookup("java:comp/env/ejb/helloworldejb");
```

jboss-web.xml 是当 Web 应用发布到 JBoss 服务器中才必须提供的发布描述文件，这个文件指定＜ejb-ref-name＞和＜jndi-name＞的映射关系。下面是 jboss-web.xml 的源文件：

```xml
<?xml version="1.0" encoding="ISO-8859-1"?>

<jboss-web>
    <ejb-ref>
        <ejb-ref-name>ejb/helloworldejb</ejb-ref-name>
        <jndi-name>ejb/helloworldejb</jndi-name>
    </ejb-ref>
</jboss-web>
```

在程序中访问 EJB 组件，既可以指定＜ejb-ref-name＞，也可以指定＜jndi-name＞。采用前者可以提高程序代码的独立性和灵活性。例如，如果部署 EJB 组件时 JNDI 名字发生更改，不需要修改程序代码，只需要修改 Jboss-web.xml 文件中＜ejb-ref-name＞和＜jndi-name＞的映射关系。

EJB 技术的基础是 RMI-IIOP 和 JND 两种技术。Java RMI-IIOP（Java Remote Method Invocation over the Internet Inter-ORB Protocol）是 J2EE 的网络机制。Java RMI-IIOP 允许编写分布式对象，使对象的通信范围能够在内存中跨 Java 虚拟机及物理设备。

JNDI（Java Naming and Directory Interface）是命名及目录接口，它是为了对高级网络应用开发中使用的目录基础结构进行访问。实际上这个目录是一个特殊的数据库，提供了对存储数据的快速访问，不像传统的目录服务访问方式必须提供不同的 API 接口去访问不同的目录服务（如 LDAP、NIS、ADS 等），而它提供了一种标准的 API 来访问类型不同的目录。据说，使用完整的 SDK 可以开发那些 JNDI 还不支持的目录服务提供者。

JNDI 是 J2EE 的一个 API，提供了一套标准的接口，以定位用户、机器、网络、对象以及服务。例如，可以使用 JNDI 来定位内部网中的一台打印机，也可以使用它来定位 Java 对象或连接到一个数据库。JNDI 可以用于 EJB、RMI-IIOP、JDBC 中，它是网络查找定位的标准方法。JNDI API 被用来访问命名和目录服务。它提供一个相容的模式来访问和操作大范围的企业资源。例如，一个应用服务器中的 DNS、LDAP、本地文件系统或者对象，有了上述两种技术的支持就可以实施分布式布署了。

发布 Web 应用时，需要把它打包成 WAR 文件。在控制台命令下转到 war 目录，运行如下命令：

```
C:\j2sdk1.4.2\bin>cd war
```

```
C:\j2sdk1.4.2\bin\war>jar vcf helloworld.war *.*
标明清单(manifest)
增加:getmessage.jsp(读入=808) (写出=396)(压缩了 50%)
增加:WEB-INF/(读入=0) (写出=0) (存储了 0%)
增加:WEB-INF/jboss-web.xml(读入=211) (写出=119)(压缩了 43%)
增加:WEB-INF/web.xml(读入=1873) (写出=581)(压缩了 68%)
增加:WEB-INF/classes/(读入=0) (写出=0) (存储了 0%)
增加:WEB-INF/classes/helloworldejb/(读入=0) (写出=0)(存储了 0%)
增加:WEB-INF/classes/helloworldejb/HelloWorld.class(读入=267) (写出=198)(压缩了 25%)
增加:WEB-INF/classes/helloworldejb/HelloWorldHome.class(读入=282) (写出=197)(压缩了 30%)
增加:WEB-INF/classes/helloworldejb/HelloWorldBean.class(读入=862) (写出=457)(压缩了 46%)
增加:WEB-INF/classes/helloworldejb/HelloWorldBean.java(读入=490) (写出=235)(压缩了 52%)
增加:WEB-INF/classes/helloworldejb/HelloWorldHome.java(读入=274) (写出=150)(压缩了 45%)
增加:WEB-INF/classes/helloworldejb/HelloWorld.java(读入=245) (写出=150)(压缩了 38%)
```

以上命令在 war 目录下生成了 helloworld.war 文件。如果希望单独发布这个 Web 应用，只要把这个 WAR 文件复制到＜JBOSS_HOME＞/server/default/deploy 目录下即可。下面将把这个 Web 应用加到 helloworld 应用中，然后再发布整个 J2EE 应用。

一个 J2EE 应用由 EJB 组件、Web 应用以及发布描述文件构成，它的目录结构如图 6-23 所示。

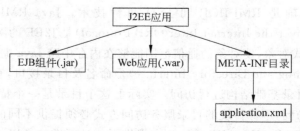

图 6-23　J2EE 应用的目录结构

首先创建 helloworld J2EE 应用文件 ear，把打成包的 helloworld.jar 和 helloworld.war 并放到 ear 目录下，如图 6-24 所示。

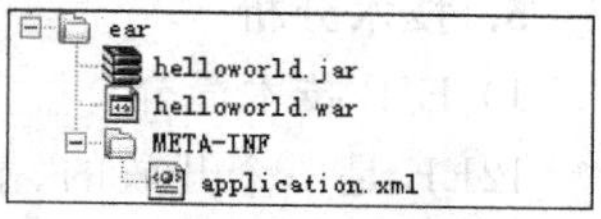

application.xml 文件是 J2EE 应用的发布描述文件，这个文件中声明了 J2EE 应用所包含的 Web 应用以及 EJB 组件。以下是 application.xml 源文件：

图 6-24　helloworld J2EE 应用目录结构

```xml
<?xml version="1.0" encoding="UTF-8"?>
<application>
<display-name>hello</display-name>
<module>
<web>
<web-uri>helloworld.war</web-uri>
<context-root>/helloworld</context-root>
</web>
</module>
<module>
<ejb>helloworld.jar</ejb>
</module>
</application>
```

以上代码指明在该 J2EE 应用中包含一个 helloworld Web 应用，WAR 文件为 helloworld.war，它的 URL 路径为/helloworld。此外还声明了一个 EJB 组件，这个组件的 jar 文件为 helloworld.jar。

发布 J2EE 应用时，需要把它们打包为 EAR 文件。下面用 jar 命令将其打成 EAR 包。在控制台命令行窗口下运行如下命令：

```
C:\j2sdk1.4.2\bin>cd ear

C:\j2sdk1.4.2\bin\ear>jar vcf helloworld.ear *.*
标明清单(manifest)
增加:helloworld.jar(读入=3495) (写出=2476)(压缩了 29%)
增加:helloworld.war(读入=4667) (写出=3213)(压缩了 31%)
忽略项 META-INF/
增加:META-INF/application.xml(读入=269) (写出=155)(压缩了 42%)
```

把打成包的 helloworld.ear 文件放到<JOSS_HOME>/server/default/deploy 目录下，运行<JOSS_HOME>/bin/run.bat。打开浏览器，在地址栏输入 http://127.0.0.1:8080/helloworld/getmessage.jsp,得到的结果如图 6-25 所示。

图 6-25　getmessage.jsp 的运行结果

5. 技术分析

1) EJB 技术简介

J2EE 是一个开放的、基于标准的平台，可以开发、部署和管理多层结构的、面向 Web 的、以服务器为中心的企业级应用，它是利用 Java 2 平台来简化与多级企业解决方案的开发、部署和管理相关的诸多复杂问题的应用体系结构。

J2EE 平台采用一个多层次分布式的应用模式。这意味着应用逻辑根据功能被划分成组件，组成 J2EE 应用的不同应用组件安装在不同的服务器上，这种划分是根据应用组件属于多层次 J2EE 环境中的哪一个层次来决定的，如图 6-26 所示，J2EE 应用可以由三或四个层次组成，J2EE 多层次应用一般被认为是三层应用，因为它们分布在三个不同的地点：客户端机器、J2EE 服务器和数据库或后端的传统系统服务器。三层架构应用是对标准的客户端/服务器应用架构的一种扩展，即在客户端应用和后台存储之间增加一台多线程应用服务器，如图 6-26 所示。

图 6-26 J2EE 多层应用

J2EE 体系包括 JSP、Servlet、EJB、Web Service 等多项技术。这些技术的出现给电子商务时代的 Web 应用开发提供了一个非常有竞争力的选择。怎样把这些技术组合起来，形成一个适应项目需要的稳定架构，是项目开发过程中一个非常重要的步骤。

EJB(Enterprise Java Bean)是 J2EE 架构的核心，也是 Java 中的商业应用组件技术。EJB 结构中的角色 EJB 组件结构是基于组件的分布式计算结构，是分布式应用系统中的组件。一个完整的基于 EJB 的分布式计算结构由六个角色组成，这六个角色可以由不同的开发商提供，每个角色所作的工作必须遵循 Sun 公司提供的 EJB 规范，以保证彼此之间的兼容性。这六个角色分别是 EJB 组件开发者（Enterprise Bean Provider）、应用组合者（Application Assembler）、部署者（Deployer）、EJB 服务器提供者（EJB Server Provider）、EJB 容器提供者（EJB Container Provider）、系统管理员（System Administrator）。

JavaBeans 是 Java 的组件模型。在 JavaBeans 规范中定义了事件和属性等特征。Enterprise JavaBeans 也定义了一个 Java 组件模型，但是 Enterprise JavaBeans 组件模型和 JavaBeans 组件模型是不同的。JavaBeans 重点是允许开发者在开发工具中可视化地操纵组件。JavaBeans 规范详细地解释了组件间事件登记、传递、识别和属性使用、定制和持久化的应用编程接口和语意。Enterprise JavaBeans 通常不发送和接收事件，同样也没有提及属性。

EJB 组件分为三大类。

（1）实体组件（Entity Bean）：是持久对象的建模。一个典型的实体组件对应关系数据库中的一行记录。实体组件分为 BMP（组件管理持久性的）实体组件和 CMP（容器管理持久性的）实体组件。

（2）会话组件（Session Bean）：用于组件与客户程序之间会话的建模。会话组件分为无状态（stateless）会话组件和有状态（stateful）会话组件。

（3）消息驱动组件（Message Driven Bean）：建立在 Java 消息服务（JMS）的基础之上，通常用于在服务端执行异步操作。

JMS 支持两种消息传递方式：点对点（P2P）风格和发布/订阅消息风格。其中点对点风格使用消息队列（Queue），而发布/订阅风格使用消息。

2）EJB 中各角色的分析

（1）EJB 组件开发者（Enterprise Bean Provider）。EJB 组件开发者负责开发执行商业逻辑规则的 EJB 组件，开发出的 EJB 组件打包成 ejb-jar 文件。EJB 组件开发者负责定义 EJB 的 remote 和 home 接口，编写执行商业逻辑的 EJB class，提供部署 EJB 的部署文件（Deployment Descriptor）。部署文件包含 EJB 的名字、EJB 用到的资源配置（如 JDBC 等）。EJB 组件开发者是典型的商业应用开发领域专家。EJB 组件开发者不需要精通系统级的编程，因此，不需要知道一些系统级的处理细节，如事务、同步、安全、分布式计算等。

（2）应用组合者（Application Assembler）。应用组合者负责利用各种 EJB 来组合一个完整的应用系统。应用组合者有时需要提供一些相关的程序，如在一个电子商务系统里，应用组合者需要提供 JSP（Java Server Page）程序。应用组合者必须掌握所用的 EJB 的 home 和 remote 接口，但不需要知道这些接口的实现。

（3）部署者（Deployer）。部署者负责将 ejb-jar 文件部署到用户的系统环境中。系统环境包含某种 EJB Server 和 EJB Container。部署者必须保证所有由 EJB 组件开发者在部署文件中声明的资源可用，例如，部署者必须配置好 EJB 所需的数据库资源。部署过程分两步：部署者首先利用 EJB Container 提供的工具生成一些类和接口，使 EJB Container 能够利用这些类和接口在运行状态管理 EJB。部署者安装 EJB 组件和其他在上一步生成的类到 EJB Container 中。部署者是某个 EJB 运行环境的专家。某些情况下，部署者在部署时还需要了解 EJB 包含的业务方法，以便在部署完成后写一些简单的程序测试。

（4）EJB 服务器提供者（EJB Server Provider）。EJB 服务器提供者是系统领域的专家，精通分布式交易管理，分布式对象管理及其他系统级的服务。EJB 服务器提供者一般由操作系统开发商、中间件开发商或数据库开发商提供。在目前的 EJB 规范中，假定 EJB 服务器提供者和 EJB 容器提供者来自同一个开发商，所以，没有定义 EJB 服务器提供者和 EJB 容器提供者之间的接口标准。

（5）EJB 容器提供者（EJB Container Provider）。EJB 容器提供者提供以下功能。提供 EJB 部署工具为部署好的 EJB 组件提供运行环境。EJB 容器负责为 EJB 提供交易管理、安全管理等服务。EJB 容器提供者必须是系统级的编程专家，还要具备一些应用领域的经验。EJB 容器提供者的工作主要集中在开发一个可伸缩的，且具有交易管理功能的集成在 EJB 服务器中的容器。EJB 容器提供者为 EJB 组件开发者提供了一组标准的、易用的 API 访问 EJB 容器，使 EJB 组件开发者不需要了解 EJB 服务器中的各种技术细节。EJB 容器提供者负责提供系统监测工具用来实时监测 EJB 容器和运行在容器中的 EJB 组件状态。

(6) 系统管理员(System Administrator)。系统管理员负责为 EJB 服务器和容器提供一个企业级的计算和网络环境。系统管理员负责利用 EJB 服务器和容器提供的监测管理工具监测 EJB 组件的运行情况。

3) EJB 的体系结构

EJB 技术定义了一组可重用的组件。程序员可以利用这些组件，像搭积木一样建立分布式应用程序。当代码编写好之后，这些组件就被组合到特定的文件中去。每个文件有一个或多个 Enterprise Beans，再加上一些配置参数。最后，这些 Enterprise Beans 被配置到一个装了 EJB 容器的平台上。客户能够通过这些 Beans 的 home 接口定位到某个 beans 上，并产生这个 beans 的一个实例。这样，客户就能够调用 Beans 的应用方法和远程接口。

所有的 EJB 实例都运行在 EJB 容器中。容器提供了系统级的服务，控制了 EJB 的生命周期。

EJB 组件是基于分布式事务处理的企业级应用程序的组件。EJB 包含了处理企业数据的应用逻辑，定义了 EJB 的客户界面。这样的界面不受容器和服务器的影响。于是，当一个 EJB 被集合到一个应用程序中去时，不用更改代码和重新编译。EJB 能够被定制各种系统级的服务，例如安全和事务处理的特性都不属于 EJB 类，而是由配置和组装应用程序的工具来实现。

EJB 分为 Session Beans 和 Entity Beans 两种类型。Session Beans 是一种单用户执行的对象。对远程的任务请求进行响应，容器中产生一个 Session Beans 的实例。一个 Session Beans 有一个用户。从某种程度上来说，一个 Session Bean 对于服务器来说就代表了它的那个用户。Session Beans 也能用于事务，它能够更新共享的数据，但它不直接描绘这些共享的数据。Session Beans 的生命周期是相对较短的。典型的情况是，只有当用户保持会话的时候，Session Beans 才处于激活状态。一旦用户退出，Session Beans 就不再与用户相联系了。Session Beans 被看成是瞬时的，因为如果容器崩溃了，那么用户必须重新建立一个新的 Session 对象来继续进行会话。

Session Bean 声明了与用户的互操作或者会话。也就是说，Session Bean 在客户会话期间，通过对方法的调用来掌握用户的信息。当用户终止与一个有状态的 Session Beans 互操作的时候，会话终止了，而且 Beans 也不再拥有状态值。Session Beans 也可能是无状态的，无状态的 Session Beans 并不掌握它的客户的信息或者状态。用户能够调用 Beans 的方法来完成一些操作。但是，Beans 只是在方法调用的时候才知道用户的参数变量。当方法调用完成以后，Beans 并不继续保持这些参数变量。这样，所有的无状态的 Session Beans 的实例都是相同的，除非它正处于方法调用期间。这样，无状态的 Session Beans 就能够支持多个用户。容器能够声明一个无状态的 Session Beans，能够将任何 Session Beans 指定给任何用户。

Entity Beans 对数据库中的数据提供了一种对象的视图。例如，一个 Entity Bean 能够模拟数据库表中一行相关的数据。多个客户能够共享访问同一个 Entity Bean，多个客户也能够同时访问同一个 Entity Bean。Entity Beans 通过事务的上下文来访问或更新下层的数据。这样，数据的完整性就能够被保证。Entity Beans 能存活相对较长的时间，并且状态是持续的。只要数据库中的数据存在，Entity Beans 就一直存活，而不是按照应用程序或者服务进程来决定。即使 EJB 容器崩溃了，Entity Beans 也是存活的。Entity Beans 生命周期能够被容器或者 Beans 自己管理。Entity Beans 是由主键（Primary Key 是一种唯一的对象标识符）标识的。

6. 问题与思考

编写一个能输出自己姓名的 EJB 并发布。

第 7 章　OSGi 技术

OSGi(Open Service Gateway initiative)是 Java 动态模块编程标准,从 1999 年到现在已经有十多年的历史,目前市场上一些主要的实现框架有 Equinox 和 Felix 等。

7.1　OSGi 的 Bundle

OSGi 的 Bundle 比 Jar 文件更易实现模块化。本节通过开发一个能输出 Hello World 的 Bundle 来说明其基本结构。

【实例】　在 Eclipse 中利用 OSGi 编程标准,开发能输出 Hello World 的 Bundle。

1. 分析与设计

1) Activator.java 文件

如果想让开发的 Bundle 能在其启动或关闭时通知自身,那么应新建一个类,让它实现 BundleActivator 接口,同时,还需要遵行下列规则:

这个实现了 BundleActivator 接口的类必须有一个 public 类型的、不带参数的构造函数,这样,OSGi 框架就能调用该类的 Class.newInstance()方法创建这个 BundleActivator 对象。

容器将调用 Activator 类的 start()方法来启动 Bundle,因此,可以在 start()方法中执行一些资源初始化的操作。例如,可以在该方法中获取数据库连接等。这个 start()方法的唯一参数是一个 BundleObject 对象,Bundles 可以通过该对象和 OSGi 框架通信,可以从该对象中获取 OSGi 容器相关的一些信息。

如果某个 Bundle 抛出异常,容器将之置为 stopped(已停止)状态。此时这个 Bundle 就不能对外提供服务。

如果要关闭一个 Bundle,容器将调用 Activator 类中的 stop()方法。因此,可在 stop()方法中执行一些资源清理任务。

一旦 Activator 类准备就绪,就可以通过 MANIFEST.MF 文件把该包的合法名称传给容器。下面看看这个 MANIFEST.MF 文件。

2) MANIFEST.MF 文件

该文件是 Bundle 的部署描述文件,其格式和正常 Jar 文件包中的 MANIFEST.MF 文件相同,因此它由一系列的属性及这些属性对应的值组成,属性名位于每一行的开头,可以称其为属性头。OSGi 规范规定,可以使用属性头向容器描述 Bundle。

Bundle-ManifestVersion 属性头告诉 OSGi 容器,本 Bundle 将遵循 OSGi 规范,数值 2

表示本 Bundle 和 OSGi 规范第 4 版本兼容；如果该属性的数值为 1，则表示本包与 OSGi 版本 3 或更早版本兼容。

2．实现过程

下面的代码为 Bundle 的 MANIFEST.MF 文件。

语句如下：

```
Manifest-Version: 1.0
Bundle-ManifestVersion: 2
Bundle-Name: Osgi Plug-in
Bundle-SymbolicName: osgi
Bundle-Version: 1.0.0
Bundle-Activator: osgi.Activator
Bundle-ActivationPolicy: lazy
Bundle-RequiredExecutionEnvironment: JavaSE-1.6
Import-Package: org.osgi.framework;version="1.3.0"
```

分析：Bundle-Name 属性头为本 Bundle 定义了一个简短的、可以阅读的名称。

Bundle-SymbolicName 属性头为本 Bundle 定义了一个唯一的、非本地化的名字，当需要从别的 Bundles 中访问某一指定的 Bundle 时，就要使用这个名字。

Bundle-Version 属性头给出了本 Bundle 的版本号。

Bundle-Activator 属性头给出了本 Bundle 中使用的监听器类的名字，这个属性值是可选的。监听器将对 Activator 中的 start()和 stop()方法监听。在程序清单 2 中，该属性头的值为 com.sample.helloworld.Activator。

Bundle-Vendor 属性头是对本 Bundle 发行商的表述。

Bundle-Localization 属性头包含了本 Bundle 的本地化文件所在的位置，HelloWorld Bundle 中并没有本地化文件，但 Eclipse IDE 仍自动产生这个属性头。

Import-Package 属性头定义了本 Bundle 中引入的 Java 包。

3．源代码

```java
package osgi;

import org.osgi.framework.BundleActivator;
import org.osgi.framework.BundleContext;

public class Activator implements BundleActivator {

    /*
     * (non-Javadoc)
     * @see org.osgi.framework.BundleActivator#start(org.osgi.framework.BundleContext)
     */
    public void start(BundleContext context) throws Exception {
        System.out.println("Hello World!!");
    }

    /*
     * (non-Javadoc)
```

```
     * @see org.osgi.framework.BundleActivator#stop(org.osgi.framework.
BundleContext)
     */
    public void stop(BundleContext context) throws Exception {
        System.out.println("Goodbye World!!");
    }

}
```

🔔**注意**

Bundle 的 Activator 必须含有无参数构造函数,这样框架才能使用 Class.newInstance()方法反射构造 Bundle 的 Activator 实例。

4. 测试与运行

1) 新建 Bundle

(1) 在 Eclipse 中,单击 File→New→Project 菜单命令,会打开 New(新建项目)对话框,在该对话框中选择 Plug-in Project,如图 7-1 所示。

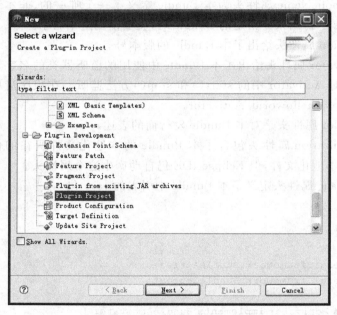

图 7-1　建立 OSGi 项目

(2) 单击 Next 按钮,打开 Plug-in Project 对话框。在该对话框的 Project Name 文本框中输入 osgi。在 Target Platform 选项区中选择 an OSGi framework,后面选择 standard,如图 7-2 所示。

(3) 其他的选项采用默认值,并单击 Next 按钮,在打开的对话框中继续单击 Next 按钮,选择默认值,进入 Templates 对话框。

(4) 在该对话框中选择 Hello OSGi Bundle 模板,然后单击 Finish 按钮完成该项目,如图 7-3 所示。

Eclipse 将生成 HelloWorld Bundle 模板的代码,并将新建两个文件:Activator.java 和

第 7 章 OSGi 技术

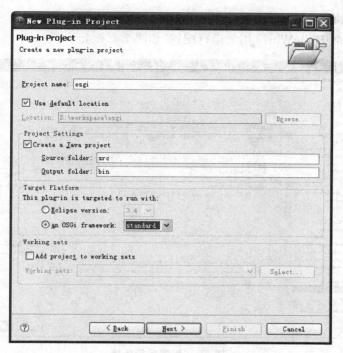

图 7-2 设置项目参数

图 7-3 选择 Bundle 模板

295

MANIFEST.MF。

2）运行 Bundle

首先创建一个 HelloWorld 用的运行配置，如图 7-4 所示。

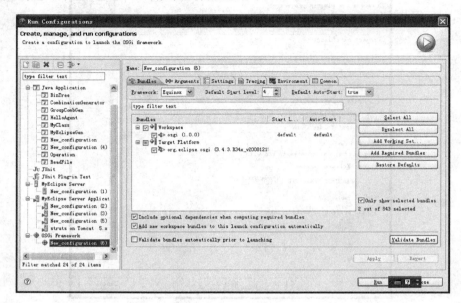

图 7-4　配置运行环境

在对话框右边的运行环境设置窗格中输入运行环境的名字、Default Start level 和依赖的插件。目前暂时不需要其他的第三方插件，因此只需要选中系统的 org.eclipse.osgi 插件。如果不选择此插件，该 Bundle 将无法运行。只有当单击了 Validate Bundles 按钮并且提示无问题之后，才表明运行环境配置成功了。

在列表框中取消选中 Target Platform 复选框，使 Target Platform 下面的项都变为不选中状态。接着单击右侧的 Add Required Bundles 按钮，这个时候发现 Target Platform 前的方框变为部分选择的状态，最后选中 Only show selected bundles 复选框，这样就完成了运行配置的设置。

单击 Run 按钮，看到控制台视图上打印出"Hello World!!"。

3）交互式运行 Bundle

设置 HelloWorld 的 Auto-Start 属性为 false，并且将 Target Platform 中不需要的 Bundle 去掉。

操作方法是直接单击 HelloWorld 这个 Bundle 配置行后面的 Auto-Start 列的 default，在下拉列表框中选择 false 选项，如图 7-5 所示。

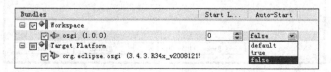

图 7-5　配置交互式运行方式

最后单击 Run 按钮,在控制台中出现"osgi>"的提示,这表明已经成功启动了第一个 OSGi 应用。

在 osgi>提示符下输入命令 ss,可以看到各个 Bundle 的 id 和状态(state)。

其中有"2529 RESOLVED osgi_1.0.0"这一项,可以看到 osgi Bundle 的 id 是 2529(不同环境会有所不同),表示程序已经被安装并且完成了解析,但是还没有启动。在 osgi> 提示符下输入 start 2529 来运行 osgi Bundle。并且通过 ss 命令,看到 osgi Bundle 的状态会从前面的 RESOVLED 变成 ACTIVE,说明 osgi Bundle 已经成功启动。

接着可以输入 stop 2529 命令停止 osgi Bundle 的运行,如图 7-6 所示。

停止时,在 Activator 中加入的信息"Goodbye World!!"在控制台中输出。通过 ss 命令可以看到 osgi Bundle 的状态从刚才的 ACTIVE 变为了 RESOLVED。

图 7-6 终止一个 Bundle

到这里即完成了第一个 OSGi Bundle,也尝试运行了第一个 OSGi 程序。

5. 技术分析

1) 从 Jar 到 OSGi 的 Bundle

随着科技和需求的发展及变化,现在的软件变得越来越庞大。这样,随之而来的最大挑战就是软件在设计上越来越复杂和维护上越来越困难。为了解决这个问题,软件架构师将软件切分成比较小的并且易于理解的多个模块。软件模块化能带来以下好处。

(1) 拆分人力。将软件模块化后,就可以分配独立的团队去处理独立的模块,从而将人力拆分开来。这样既便于管理,又会降低整个软件设计的复杂性。因为每个独立的团队可以专心去设计和实现其模块,而不用通盘考虑整个软件的复杂性。

(2) 抽象化。将软件模块化后,将整个软件抽象化成多层、多模块的一个集成。这样使整个软件易于理解,便于管理。

(3) 重用。将软件模块化后,每个模块有其独立的功能和封装。这样这个模块就可以在多处(甚至是将来其他的软件中)重用,从而节省人力。

(4) 易于维护。将软件模块化后,当软件出现问题后,可以容易地定位问题出在哪个模块,而每个模块又相对较小和易于理解,从而降低了软件维护的难度。

基于上述的 4 个优点,在当前的软件设计中,软件模块化是软件架构师的主流思想。为了实现软件模块化,应运而生的就是面向对象的高级编程语言,Java 是其中的典型代表。Java 用其独有的 Jar 格式文件去包装 Java 类和其他的资源文件,从而可以将软件组件封装成独立的 Jar 文件。这些 Jar 文件可以相互依赖并共同完成同一个工作,从而实现了软件的模块化。但是 Jar 却不能真正地带来软件模块化的那 4 个优点。

模块应该有以下 3 个特性。

(1) 自包含。一个模块应该是一个业务逻辑的整体。它应该可以作为一个独立的整体被移动、安装和卸载。模块不是一个原子体,它可以包含多个更小的部分,但这些部分不能独立存在。

(2) 高内聚。一个模块不应该做很多不相关的事情,它应该专注于 1 个业务逻辑的目标并尽全力实现这个目标。

(3) 低耦合。一个模块不应该关注其他模块的内部实现,松散的联系允许更改某个特定的模块，而不会影响到其他的模块。

而 Java 语言的 Jar 文件并不能完美地实现一个模块同时具有以上这 3 个特性。

为了解决 Java 在模块化中存在的问题，OSGi 模块系统出现了。OSGi 是基于 Java 之上开发的，它提供了一种建立模块化的 Java 应用程序的方法并定义了这些模块在运行时如何交互。

2) OSGi 特性

OSGi 是一个由大概 40 个公司组成的联盟所共同定义的一个标准。依照这个标准，目前有 4 种独立实现了的 OSGi 框架，分别说明如下。

(1) Equinox。Egquinox 是目前应用最广泛的 OSGi 框架。由 IBM 公司开发，目前已经被应用到 Eclipse、Lotus Notes、IBM WebSphere Application Server 等方面。

(2) Felix。这个 OSGi 框架实现了版本 4.x 的 OSGi 规范，它是由 Apache 开发和维护的。

(3) Knopflerfish。这是一个流行并成熟地实现了版本 3 和 4.1 的 OSGi 规范的 OSGi 框架。它是由 Makewave AB 公司开发和维护的。

(4) Concierge。这个 OSGi 框架实现了版本 3 的 OSGi 规范。

传统 Java 软件问题的根源就是全局扁平的类加载路径(Classpath)，所以 OSGi 采用了一种完全不同的类加载机制，那就是每个模块都有其独立的类加载路径。这几乎解决了传统 Java 在模块化中遇到的所有问题。然而一个新的问题又产生了，软件中的模块是要在一起工作的，这就意味着不同的模块之间存在类共享(否则一个模块就不能够调用到另外一个模块)。如果每个模块有一个类加载路径，模块间的类共享如何解决呢？为了解决这个问题，OSGi 定义了一个特殊且完善的类共享机制。OSGi 将会采用显式的导入和导出机制来控制模块间的类共享。

在 OSGi 中，模块被起了另外一个名字，叫作 Bundle。实际上 OSGi 的 Bundle 就是 Java 的一个 Jar 文件。OSGi 并没有定义一个新的标准去封装 Java 类和其他的资源文件，标准 Jar 文件可以很好地工作在 Java 应用软件中。在 OSGi 体系里，只是一些新的元数据信息被加入到 Jar 文件中，这些元数据信息使 Jar 文件变成一个 OSGi 体系中的 Bundle。那么什么样的元数据信息被加入进来了呢？具体如下。

① Bundle 的名字。OSGi 提供了一个 symbolic 名字作为这个 Bundle 的唯一标识符。

② Bundle 的版本信息。

③ Import 和 Export 列表。从这个列表中可以清楚地知道 OSGi Bundle 需要导入和导出哪些包的类。导入的包是本 Bundle 需要用到的外部资源，导出的包是其他 Bundle 可以用的本 Bundle 中的资源。

④ Bundle 需要运行的最小的 Java 版本。这个信息是可选的。

⑤ 其他信息，比如说 Bundle 的提供者、版权陈述、联系地址等。

这些元数据信息被放到 Jar 文件的 MANIFEST.MF 文件中，而这个文件是每个标准 Jar 文件的一部分。用一个标准的 Jar 文件作为 OSGi bundle 的一个好处是 Bundle 可以被用在 Jar 文件可以出现的任何一个地方，因为 Bundle 就是一个纯粹的 Jar 文件。当一个 Bundle 用在 OSGi 的运行时之外的时候，这些额外多出来的元数据信息会被 Java 运行时简单地忽略掉，所以说，Bundle 是向前兼容的。那么除此之外，OSGi 的 Bundle 还带来了什么样的好处呢？

为每一个 Bundle 提供一个类加载路径意味着什么呢？简单地说，为每一个 Bundle 提供了一个类加载器，这个类加载器能够看到这个 Bundle 文件里的类和其他资源文件。但是为了达到多个 Bundle 共同工作的目的，在 OSGi 的类加载器之间，类加载请求可以从一个 Bundle 的类加载器被委托到另外一个 Bundle 的类加载器。回想一下在标准 Java 和 J2EE 中，类加载器是一个树形结构，类加载请求总是被向上委托给每一个类加载器的父类。这种类加载机制不允许在水平的树节点之间进行类加载委托。为了让一个类库可以被类加载器树的多个树枝共同所见，就需要将这个类库推到这些树枝共同的祖先节点。这样这个版本的类库就会被这些树枝上的所有节点所见，而不管这些节点是否都想看到这个版本的类库。图 7-7 是一个典型的 J2EE 类加载器层次结构，它展示了为什么类库会不断推高的原因。

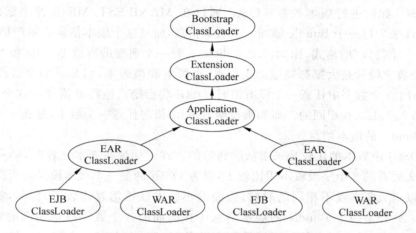

图 7-7 典型的 J2EE 类加载器层次结构

真正需要的是网状结构。两个组件之间的依赖关系不是简单的上下级的关系，而应该是一种提供者和使用者的网络关系。类的加载请求被从一个 Bundle 的类加载器委托到另外一个 Bundle 的类加载器，而这种委托是基于 Bundle 之间的这种网状的依赖关系。图 7-8 给出了一个 OSGi 中 Bundle 之间的网状的依赖关系的例子。

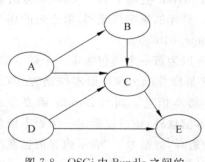

图 7-8 OSGi 中 Bundle 之间的网状依赖关系

因为在 OSGi 中，Bundle 之间的依赖关系是通过显示的 Import 和 Export 列表来决定的，所以没有必要导出一个 Bundle 中的所有类包，进而能起到隐藏 Bundle 中信息的作用。在 OSGi 中，只有那些被显示的导出的类包才能被其他的 Bundle 导入。

3）OSGi 版本控制

OSGi 不仅使 Bundle 之间通过类包名相互依赖，它还可以为类包加入版本信息。这样能够应付 Bundle 版本的变化问题。导出的类包也可以携带一个版本信息，而导入却可以引用一个版本范围内的所有类包，这让 Bundle 可以依赖一个版本范围内的所有类包。于是在 OSGi 中，同一个 Bundle 的多个版本就可以同时存在。

(1) OSGi 如果克服版本冲突。OSGi 之所以能够解决 Java 应用软件中组件的版本冲突问题,原因就是 OSGi 的网状类加载器和 OSGi Bundle 的版本信息控制。

OSGi 的网状类加载器架构使每个 OSGi Bundle 都拥有一个独立的类加载器,而 Bundle 只是一个标准 Jar 文件。这样,对同一个 Bundle 的不同版本就可以创建多个不同的 Jar 文件。这些 Jar 文件的实际内容可以完全一样,只是文件名不同(甚至文件名都可以相同,因为在 OSGi 框架中,Bundle 名和版本的组合才是唯一标识符)。因此这些 Jar 文件在 OSGi 框架看来是不同的 Bundle,于是同一个组件的不同版本可以被同时载入到 JVM 中,这就解决了 Java 应用软件中同一组件不同版本的并存问题,接下来只要解决版本辨识问题,那么 Java 软件中组件的版本冲突问题就克服了。

(2) OSGi 如何进行版本控制。OSGi 通过在 MANIFEST.MF 文件中添加 Bundle-Version 属性来为每一个 Bundle 添加一个版本信息,而且这个版本信息必须严格遵循"3 个数字段+1 个字符段"的格式,比如,6.2.0.beta_3 是一个典型的有效 Bundle 版本信息。这前面的 3 个数字段就是大家都知道的主版本、小版本和微版本,而最后的字母段则是校正段。当前面的 3 个数字中任意一个没有值时,OSGi 将会隐式地将 0 附加给这个字段,所以版本 1 是和 1.0、1.0.0 相同的。而如果没给 Bundle 指定任意一个版本,那么 0.0.0 将被认为是这个 Bundle 的版本信息。

另外 OSGi 中版本的比较是采用从前到后的方式。如果在版本比较时,第一个数字段就不同,那么后面的 3 个字段就不用比较了,因为 OSGi 的前一个版本段是后面所有字段值的总和,所以当大版本就不相同的时候,后面的小版本就不需要比较了,比如,2.0.0 大于 1.999.999。而如果两个 Bundle 的版本信息中在前面的 3 个数字段都相同的时候,OSGi 就会对最后的字母段进行比较。而最后的字母段可以包含大写或小写的字母 A 到 Z、数字、连接线和下划线,所以它的比较比较复杂。OSGi 采用了标准 Java 的 String 类的 compareTo() 方法的算法来进行比较,而标准 Java 的 String 类的 compareTo() 方法会对校正段的每一个字母按顺序进行比较,直到出现差异。另外如果字母相同,那么短的那个校正段的值将被认为小于长的校正段,beta_01 将会比 beta_010 小。

OSGi 不但可以为 Bundle 指定一个版本信息,还可以为每一个类包指定一个版本信息,即 Bundle 的版本控制是可以做到类包级别的(而且这是推荐的 OSGi 版本控制方式)。当 Bundle 在导出类包时,用户可以为每个类包指定一个版本信息。而当 Bundle 需要导入某特定版本的类包时,用户除了可以指定一个特定的版本信息外,还可以指定一个版本信息范围。而这个范围可以用方括号"["和圆括号"("来作为边界,方括号"["表示边界值也在范围之内,而圆括号"("则相反。比如[1.0.0,2.0.0)表示从版本 1.0.0 开始到 2.0.0 之间的所有的小版本,2.0.0 不在这个范围之内。表 7-1 中 x 代表有效的范围列表。

表 7-1 版本范围举例

样　　例	版 本 范 围
[1.2.3,4.5.6)	1.2.3≤x<4.5.6
[1.2.3,4.5.6]	1.2.3≤x≤4.5.6
(1.2.3,4.5.6)	1.2.3<x<4.5.6
(1.2.3,4.5.6]	1.2.3<x≤4.5.6

续表

样　例	版本范围
[1.2.3,1.2.3]	1.2.3
1.2.3	1.2.3≤x
	0.0.0≤x

将已有的 Jar 文件转换成 Bundle 非常简单，不需要改变任何 Java 代码，只需要将必要的 OSGi 的 Bundle 信息加入 Jar 文件的 MANIFEST.MF 中。

总之，OSGi 框架是实现 Java 应用软件模块化的重要手段。当前，OSGi 已经变得非常流行，很多著名的 Java 应用在底层已经开始采用 OSGi 框架，比如 Spring、IBM 的 Eclipse 和 WebSphere Application Server。所以将 Java 应用转变成支持 OSGi 是发展的趋势。

6. 问题与思考

在 Eclipse 中调试并通过一个 OSGi 的 Bundle，启动该 Bundle 时输出"Hello Bundle"，终止该 Bundle 时输出"Bye，Bundle"。

7.2　OSGi 应用程序开发

OSGi 的体系架构是基于插件式的软件结构，包括一个 OSGi 框架和一系列插件，在 OSGi 中，插件称为 Bundle。Bundle 之间可以通过 Import Package 和 Require-Bundle 来共享 Java 类，在 OSGi 服务平台中，用户通过开发 Bundle 来提供需要的功能，这些 Bundle 可以动态加载和卸载，或者根据需要远程下载和升级。

【实例】　Server、Customer 分别是 OSGi 的两个 Bundle。Customer 的 Login 接口存在唯一的 login() 方法。完成 Server 实现 Customer 中的 Login 接口的 login() 方法。当输入的用户名为 admin，密码是 123456 时，返回 true，否则返回 false，并在命令方式演示这两个 Bundle 的启动运行过程。

1. 分析与设计

Customer 中需要定义一个服务接口，没有接口规范就无法指导方法如何去调用。

定义接口的 Customer Bundle 需要导出定义接口的 package，而实现接口定义的 Server Bundle 需要导入前面导出的接口 package。

2. 实现过程

1) 获得一个接口的服务

语句如下：

```
Login l=null;
ServiceReference serviceref=context.getServiceReference(Login.class.getCanonicalName());

if (serviceref !=null)
    l=(Login)context.getService(serviceref);
```

分析：用 context 的 getServiceReference()来得到一个注册的服务。

因为其他的 Bundle 不需要在上下文中查找本 Bundle 的实例来调用，所以 Customer 中不需要向 BundleContext 注册自身的代码。

2）根据用户名和密码登录

语句如下：

```
boolean f=l.login(username,password);
if (f) System.out.println("登录成功...");
else System.out.println("登录失败...");
```

分析：用户名和密码可以在用户输入后保存到 username 和 password 中。

3）注册实例

语句如下：

```
ServiceRegistration servicereg=null;
servicereg=context.registerService(Customer.class.getName(), new ServerImpl(),
null);
```

分析：因为 Customer 需要在上下文中查找本 Bundle 的实例来调用，所以 Server 中需要向 BundleContext 注册自身的代码。当该 Bundle 结束时用 servicereg.unregister() 注销。

3. 源代码

1）Customer 源程序

在 Customer 项目中建立一个 com.weiyong.service.Login 接口，程序如下：

```
package com.weiyong.service;

public interface Login {
  public boolean login(String username,String password)
    throws Exception;
}
```

Customer 是个服务定义者，而且这里也将它作为打开程序界面的入口，所以它的 Activator 实现的 start() 方法中就会安排多做些事情，具体程序如下：

```
package com.weiyong;

import java.util.Scanner;

import org.osgi.framework.BundleActivator;
import org.osgi.framework.BundleContext;
import org.osgi.framework.ServiceReference;

import com.weiyong.service.Login;
//import com.weiyong.service.impl.LdapLoginImpl;

public class Activator implements BundleActivator {
    /*
```

```java
 * (non-Javadoc)
 * @see org.osgi.framework.BundleActivator#start(org.osgi.framework.BundleContext)
 */
public void start(BundleContext context) throws Exception {
    System.out.println("开始 Customer...");
    Login l=null;
    //获得一个接口的服务
    ServiceReference serviceref= context.getServiceReference(Login.class.getCanonicalName());

    if (serviceref !=null){
      l=(Login)context.getService(serviceref);
      Scanner scanner;
      String username, password;
      System.out.print("请输入用户名: ");
      scanner=new Scanner(System.in);
      username=scanner.next();
      System.out.println();
      System.out.print("请输入密码: ");
      scanner=new Scanner(System.in);
      password=scanner.next();

      try {
        boolean f=l.login(username,password);
        if (f) System.out.println("登录成功...");
        else System.out.println("登录失败...");
      }
      catch(Exception e){
        e.printStackTrace();
      }
    }else {
      System.out.println("缺少验证组件...");
    }
}
/*
 * (non-Javadoc)
 * @see org.osgi.framework.BundleActivator#stop(org.osgi.framework.BundleContext)
 */
public void stop(BundleContext context) throws Exception {
}
}
```

2）Server 源程序

Login 接口的实现类 com.weiyong.service.impl.ServerLoginImpl.java 的代码如下：

```java
package com.weiyong.service.impl;
package com.weiyong.service.impl;
import com.weiyong.service.Login;
```

```java
public class ServerLoginImpl implements Login{
    public boolean login(String username,String password) throws Exception{
        System.out.println("登录...");
        if ("admin".equals(username)&&"123456".equals(password)) return true;
        else return false;
    }
}
```

服务提供者的 BundleActivator 实现类 com.weiyong.Activator.java 的代码如下：

```java
package com.weiyong;
import org.osgi.framework.*;

import com.weiyong.service.Login;
import com.weiyong.service.impl.ServerLoginImpl;

public class Activator implements BundleActivator {
    private ServiceRegistration servicereg=null;
    /*
     * (non-Javadoc)
     * @see org.osgi.framework.BundleActivator#start(org.osgi.framework.BundleContext)
     */
    public void start(BundleContext context) throws Exception {
        System.out.println("开始登录... ");
        servicereg=context.registerService(Login.class.getName(), new ServerLoginImpl(), null);
    }

    /*
     * (non-Javadoc)
     * @see org.osgi.framework.BundleActivator#stop(org.osgi.framework.BundleContext)
     */
    public void stop(BundleContext context) throws Exception {
        System.out.println("终止登录... ");
        if (servicereg !=null) servicereg.unregister();
    }

}
```

4. 测试与运行

1) 建立 Plug-in Project 项目 Customer

进入 Eclipse 并选择 File→New→Project 子菜单，选择 Plug-in Project 命令，打开的对话框如图 7-9 所示。

输入项目名称 Customer，在"This plug-in is targeted to run with："选项区中选择"an OSGI framework：standard"，建立一个标准的 OSGi 项目。

接下来需输入 Bundle 的相关元数据信息，这些信息会反映在 META-INF/MANIFEST.

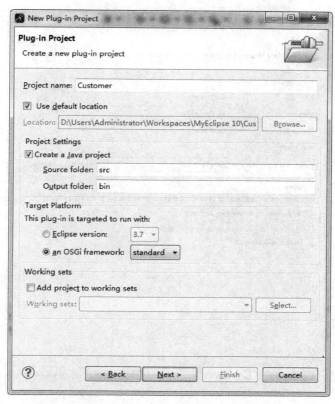

图 7-9 建立 Customer 项目

MF 文件中。

还要创建一个关键的 Activator 类，要好好考量一下包的名称，如图 7-10 所示。

如果不需要选择模板，直接单击 Finish 按钮结束操作。Eclipse 会进入到 MANIFEST. MF 视图，如图 7-11 所示。

2）对外提供用户验证接口包

（1）建立一个 Login 接口。

在 Customer 项目中建立一个 com.weiyong.service.Login 接口。

（2）设置要导出的对外提供服务的包（package）。Customer 的 Login 接口需要其他 Bundle 来实现，所以要把 Login 所在的包设置在 Exported Packages 中。

进入 Customer 的 MANIFEST. MF 编辑器，选择 Runtime 标签，在 Exported Packages 中单击 Add 按钮，在弹出的窗口中选择 Login 接口所在的 com.weiyong.service 包，如图 7-12 所示。

这步操作其实就是在 MANIFEST. MF 中添加了如下的一行代码：

Export-Package: com.weiyong.service

3）创建 Server Bundle

按照创建 Customer 相类似的方法创建其 Server，注意选择好每个 Bundle 的 Activator 实现类的位置 com.weiyong。

图 7-10　创建 Activator 类

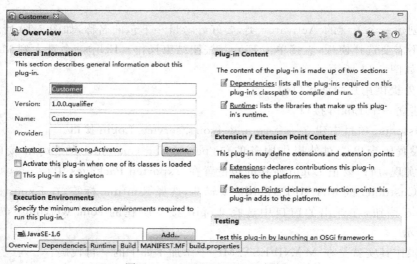

图 7-11　MANIFEST.MF 视图

（1）导入服务接口 package。创建好 Server 后，需要为它们导入 Customer 导出的包（package），以明示自己是 Login 接口的提供者，其实就是为编程指定依赖包。

在 Server 的 MANIFEST.MF 编辑器 Dependencies 的标签页中，在 Imported Packages 中

单击 Add 按钮,在弹出的窗口中选择 com.weiyong.service 包,如图 7-13 所示。

图 7-12　选择 Login 接口所在的包

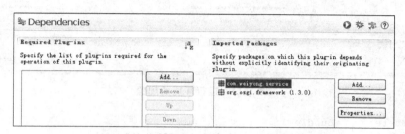

图 7-13　选择 com.weiyong.service 包

这步操作在 MANEFEST.MF 文件的 Import-Package 中除 org.osgi.framework; version="1.3.0" 以外又增加了 com.weiyong.service 项,表示该 Bundle 的依赖包。

(2) 编写实现 Login 接口的实现类。在 Server Bundle 中建立 Login 接口的实现类 com.weiyong.service.impl.ServerImpl.java 的代码。

(3) 实现 Bundle 的 BundleActivator 接口。Bundle 的 BundleActivator 实现是用来管理自身的生命周期和与框架交互的,所以需要在各自的 BundleActivator 中实现。当启动 Bundle 时,注册自己以让框架能查找到该 Bundle。停止 Bundle 时,把自己从框架中注销掉,以释放相关资源。

建立服务提供者 BundleActivator 的实现类 com.weiyong.Activator.java。

(4) 编写 Customer 的 Activator。

4) 运行并演示程序

下面介绍运行环境的配置。

在 Eclipse 的菜单 Run→Run Configurations→OSGi Framework 上右击,新建一个 Login 运行配置,在右边的 Bundles 中选上已经创建的 Bundle,可以分别设置它们的 Start Level 和 Auto-Start,例如这里设置 Server 和 Customer 的 Auto-Start 为 false。在该页右下角可以直接单击 Run 按钮运行程序,如图 7-14 所示。

程序启动后,出现 OSGi 控制台,列出 Server 和 Customer 启动的信息,并显示了登录窗口。按照下面的命令运行程序:

```
osgi>ss

Framework is launched.
```

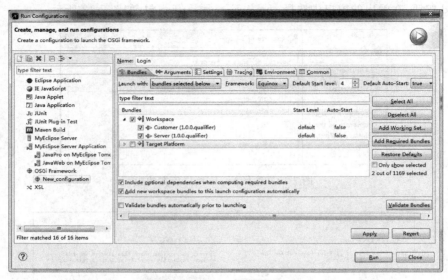

图 7-14 运行环境的配置

```
id      State       Bundle
0       ACTIVE      org.eclipse.osgi_3.7.0.v20110613
1       RESOLVED    Customer_1.0.0.qualifier
2       RESOLVED    Server_1.0.0.qualifier

osgi>start 2
开始登录...

osgi>start 1
开始 Customer...
请输入用户名：admin

请输入密码：123456
登录...
登录成功...

osgi>stop 1

osgi>stop 2
终止登录...

osgi>start 2
开始登录...

osgi>start 1
开始 Customer...
请输入用户名：admin

请输入密码：654321
登录...
登录失败...
```

osgi>

在 osgi>控制台执行这些操作来观察程序的运行状态,比如首先输入 ss 命令,看到加载了需要的 Bundle。如果是 RESOLVED 而不是 ACTIVE,表明未加载。其他相关命令如下。

- stop <id>:停止指定 id 的 Bundle,会触发该 Bundle 的 Activator 实现的 stop()方法。
- start <id>:启动指定 id 的 Bundle,会触发该 Bundle 的 Activator 实现的 start()方法。
- install <url>:安装一下 Bundle,指定 Bundle 的 jar 文件 url。
- uninstall <id>:卸载指定 id 的 Bundle,必须重新安装后才能使用。

在 osgi> 提示符下输入不认识的指令,系统会提示帮助信息。

5)发布基于 OSGi 的系统

写好程序后,剩下的事情就是发布了。

(1)导出 Bundle 项目为 jar 包。在 Eclipse 菜单中选择 File→Exports 命令,在弹出的窗口中选择 Deployable plug-ins and fragments,如图 7-15 所示。

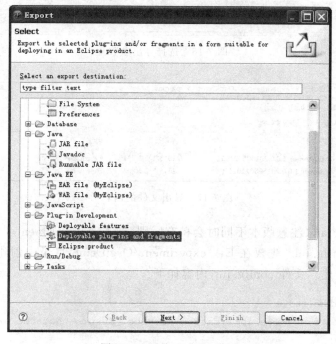

图 7-15 导出 Bundle 项目

单击 Next 按钮,再选择 Customer(1.0.0.qualifier)和 Server(1.0.0.qualifier),设置输出文件的目录为 E:/experiment/OsgiDemo,如图 7-16 所示,然后单击 Finish 按钮。

完成后,在 E:/experiment/OsgiDemo 文件夹中生成了一个 plugins 目录,里面就是刚刚导出的 Server_1.x.x.jar 和 Customer_1.x.x.jar 两个 Bundle,如图 7-17 所示。

(2)复制所需的支持包。从 Eclipse 的 plugins 目录中复制 org.eclipse.osgi_3.6.2.

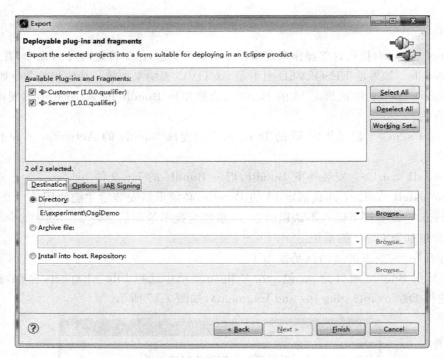

图 7-16 选择导出参数

图 7-17 导出文件的内容

R36x_v20110210.jar（注意版本不同时会稍有区别）到 E：/experiment/OsgiDemo 目录中。

（3）配置 config.ini。先要在 E：/experiment/OsgiDemo 目录中创建 configuration 子目录，然后在其中建立文件 config.ini，内容如下：

```
osgi.noShutdown=true
#避免"Unable to acquire application service. Ensure that the org.eclipse.core.runtime"错误
eclipse.ignoreApp=true
#因为使用了 swing,无该属性则报 java.lang.NoClassDefFoundError: javax/swing/JFrame
org.osgi.framework.bootdelegation=*
#这里有意没有加载 FileValidatorBundle,待以后安装
osgi.bundles=plugins/Server_1.0.0.jar@start,\
             plugins/Customer_1.0.0.jar@start
osgi.bundles.defaultStartLevel=4
```

(4) 建立批处理 run.bat。在 E:/experiment/OsgiDemo 中创建批处理文件 run.bat，内容如下：

```
@echo off
java -jar org.eclipse.osgi_3.4.3.R34x_v20081215-1030.jar -console
```

配置完后，E:/experiment/OsgiDemo 中的文件目录结构如下：

```
E:/experiment/OsgiDemo
│   org.eclipse.osgi_3.4.3.R34x_v20081215-1030.jar
│   run.bat
│
├──configuration
│       config.ini
│
└──plugins
        Server_1.0.0.jar
        Customer_1.0.0.jar
```

(5) 运行 run.bat。确保 Java 命令在命令环境(可用 set path 设置)中后，双击 run.bat 会出现 OSGi 控制台，如图 7-18 所示。

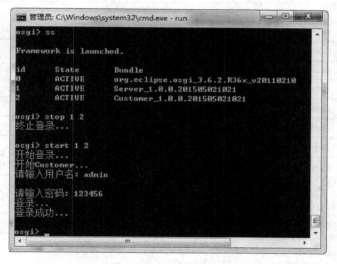

图 7-18　OSGi 控制台

使用"install <url>"命令可以随时安装任何地方的 Bundle jar 包。刚启动 run.bat 时没有加载 Customer，执行命令"osgi>install reference:file:plugins/Customer_1.0.0.jar"可以加载 Customer。接着用 start　1　2 启动 Server 和 Customer，然后输入用户名和密码测试程序的运行效果。

实际应用中一般不会有这种 osgi> 控制台。因为 Equinox 是纯 Java 语言实现的，所以能在 osgi> 控制台下执行的命令，一定可以在程序里进行控制，或者以一种对于后台人员更友好的管理方式出现。也可以去下载一个 Equinox 程序的 Launcher 来启动 OSGi 程序。

5. 技术分析

1) OSGi 控制台

通过 OSGi 控制台,可以对系统中所有的 Bundle 进行生命周期的管理,另外也可以进行查看系统环境,启动、停止整个框架,设置启动级别等操作。

表 7-2 列出了主要的控制台命令。

表 7-2　Equinox OSGi 主要的控制台命令

类别	命令	含义
控制框架	launch	启动框架
	shutdown	停止框架
	close	关闭、退出框架
	exit	立即退出,相当于 System.exit
	init	卸载所有 Bundle(前提是已经用过 shutdown 命令)
	setprop	设置属性,在运行时进行
控制 Bundle	install	安装
	uninstall	卸载
	start	启动
	stop	停止
	refresh	刷新
	update	更新
展示状态	status	展示安装的 Bundle 和注册的服务
	ss	展示所有 Bundle 的简单状态
	services	展示注册服务的详细信息
	packages	展示导入、导出包的状态
	bundles	展示所有已经安装的 Bundles 的状态
	headers	展示 Bundles 的头信息,即 MANIFEST.MF 中的内容
	log	展示 LOG 入口信息
其他	exec	在另外一个进程中执行一个命令(阻塞状态)
	fork	和 exec 命令不同的是不会引起阻塞
	gc	促使垃圾回收
	getprop	得到某个属性
控制启动级别	sl	得到某个 Bundle 或者整个框架的 start level 信息
	setfwsl	设置框架的 start level
	setbsl	设置 Bundle 的 start level
	setibsl	设置初始化 Bundle 的 start level

2) MANIFEST.MF

MANIFEST.MF 可能出现在任何包括主类信息的 Jar 包中,一般位于 META-INF 目录中,所以此文件并不是一个 OSGi 特有的东西,而仅仅是增加了一些属性,这样也正好保持了 OSGi 环境和普通 Java 环境的一致性,便于在旧的系统中部署。表 7-3 列出此文件中的重要属性及其含义。

表 7-3 MANIFEST.MF 文件的属性

属性名字	含义
Bundle-Activator	Bundle 的启动器
Bundle-SymbolicName	名称,一般使用类似于 Java 包路径的名字命名
Bundle-Version	版本,注意不同版本的同名 Bundle 可以同时上线部署
Export-Package	导出的 package 声明,其他的 Bundle 可以直接引用
Import-Package	导入的 package
Eclipse-LazyStart	只有被引用了才会启动
Require-Bundle	全依赖的 Bundle,不推荐
Bundle-ClassPath	本 Bundle 的类路径,可以包含其他一些资源路径
Bundle-RequiredExecutionEnvironment	本 Bundle 的执行环境,例如 JDK 版本声明

3) 重要的理论知识

(1) Bundle 的概念

编写一个很普通的 Hello world 应用,必须首先创建一个 plug-in 工程,然后编辑其 Activator 类的 start 方法,这样做的目的是为 OSGi 运行环境添加了一个 Bundle。一个 Bundle 必需的构成元素,说明如下。

MANIFEST.MF:描述了 Bundle 的所有特征,包括名字、输出的类或者包、导入的类或者包、版本号等。

代码:包括 Activator 类和其他一些接口以及实现,这点和普通的 Java 应用程序没有太大的区别。

资源:一个应用程序不可能没有资源文件,比如图片、properties 文件、XML 文件等,这些资源可以随 Bundle 一起存在,也可以以 fragment bundle 的方式加入。

启动级别的定义:可以在启动前使用命令行参数指定,也可以在运行中指定,具体的 start level 的解释,请参考后面的说明。

(2) Bundle 的状态变更

前面看到控制台可以通过 ss 命令查看所有装载的 Bundle 的状态,那么 Bundle 到底具有哪些状态,这些状态之间是如何变换呢?

首先了解一下一个 Bundle 到底有哪些状态,见表 7-4 所示。

表 7-4 Bundle 状态表

状态名字	含义
INSTALLED	表示这个 Bundle 已经被成功地安装了
RESOLVED	很常见的一个状态,表示这个 Bundle 已经成功地被解析(即所有依赖的类、资源都找到了),通常出现在启动前或者停止后
STARTING	正在启动但是还没有返回,所以 Activator 不要搞得太复杂
ACTIVE	活动的状态,通常表示这个 Bundle 已经启动成功,但是不意味着 Bundle 提供的服务也启动了
STOPPING	正在停止,还没有返回
UNINSTALLED	已经卸载,状态不能再发生变更了

图 7-19 是一张经典的 OSGi Bundle 变更状态图。

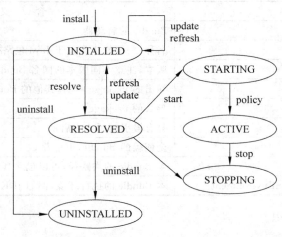

图 7-19　OSGi Bundle 变更状态图

(3) Bundle 导入及导出包

几乎所有的面向组件的框架都需要实现面向服务和封装。这一点在普通的 Java 应用是很难做到的,所有的类都暴露在类路径中,人们可以随意地查看程序的实现,甚至变更实现,这一点,对于希望发布组件的公司来说是致命的。

OSGi 很好地解决了这个问题,就像图 7-20 显示的,每个 Bundle 都可以有自己公共的部分和隐藏的部分,每个 Bundle 也只能看见自己的公共部分、隐藏部分和其他 Bundle 的公共部分。

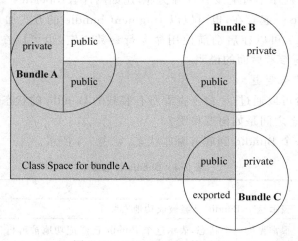

图 7-20　OSGi Bundle 的原理

Bundle 的 MANIFEST.MF 文件提供了 EXPORT/IMPORT package 关键字,这样可以仅仅导出希望别人看到的包,而隐藏实现的包。并且可以为它们编上版本号,这样可以同时发布不同版本的包。

(4) Bundle 的类路径

下面介绍一下 Bundle 中的类是如何查找的。

① 首先它会寻找 JRE,这个实际是在系统环境的 Java_HOME 中找到的,路径一般是 Java_HOME/lib/rt.jar、tools.jar、ext 目录和 endorsed 目录。

② 其次,它会找 system Bundle 导出的包。

③ 然后,它会找导入的包,这个实际包含两种:一种是直接通过 require-bundle 方式全部导入的;另一种就是通过 import package 方式导入的包。

④ 查找它的 fragment Bundle。

⑤ 如果还没有找到,则会找自己的 classpath 路径(每个 Bundle 都有自己的类路径)。

⑥ 最后它会尝试根据 DynamicImport-Package 属性查找引用。

4) 启动级别(start level)

Equinox 环境中配置 Hello world 应用的时候,将 framework start level 保持为 4,将 Hello world Bundle 的 start level 设置为 5。start level 值越大,表示启动的顺序越靠后。在实际的应用环境中,Bundle 互相有一定的依赖关系,所以在启动的顺序上要有所区别。

实际上,OSGi 框架最初的 start level 是 0,启动顺序如下:

(1) 将启动级别加一,如果发现有匹配的 Bundle(即 Bundle 的启动级别和目前的启动级别相等),则启动这个 Bundle。

(2) 继续步骤(1),直到发现已经启动了所有的 Bundle,且活动启动级别和最后启动 Bundle 的启动级别相同。

(3) 停止时,也是首先将系统的 start level 设置为 0。

(4) 由于系统当前活动的启动级别大于请求的 start level,所以系统首先停止当前活动启动级别的 bundle。

(5) 将活动启动级别减 1,继续步骤(1)的操作,直到发现活动启动级别和请求级别相等,且都是 0。

5) 开发 OSGi 应用

由于 OSGi 框架能够方便地隐藏实现类,所以对外提供接口是很自然的事情,OSGi 框架提供了服务的注册和查询功能。

开发一个 OSGi 的实际应用一般需要以下步骤:

(1) 定义一个服务接口,并且导出去供其他 Bundle 使用。

(2) 定义一个默认的服务实现,并且隐藏它的实现。

(3) Bundle 启动后,需要将服务注册到 Equinox 框架。

(4) 从框架查询这个服务,并且测试可用性。

为了达到上述要求,实际操作如下:

定义一个新的包 osgi.test.helloworld.service,用来存放接口。单独一个 package 的好处是,可以仅仅导出这个 package 给其他 Bundle 而隐藏所有的实现类。

在上述的包中新建接口 IHello,提供一个简单的字符串服务,代码如下:

```
package osgi.test.helloworld.service;
public interface IHello {
    /**
     * 得到 hello 信息的接口.
     * @return the hello string.
     */
```

```java
    String getHello();
}
```

再新建一个新的包 osgi.test.helloworld.impl，用来存放实现类。
在上述包中新建一个 DefaultHelloServiceImpl 类，实现上述接口：

```java
public class DefaultHelloServiceImpl implements IHello {

    @Override
    public String getHello() {
        return "Hello osgi,service";
    }
}
```

- 注册服务。

OSGi 框架提供了两种注册方式，都是通过 BundleContext 类实现的。

registerService(String, Object, Dictionary) 注册服务对象 object 到接口名 String 下，可以携带一个属性字典 Dictionary。

registerService(String[], Object, Dictionary) 注册服务对象 object 到接口名数组 String[] 下，可以携带一个属性字典 Dictionary，即一个服务对象可以按照多个接口名字注册，因为类可以实现多个接口。

这里使用第一种注册方式，修改 Activator 类的 start 方法，加入如下的注册代码：

```java
public void start(BundleContext context) throws Exception {
    System.out.println("hello world");
    context.registerService(
        IHello.class.getName(),
        new DefaultHelloServiceImpl(),
        null);
}
```

为了让服务能够被其他 Bundle 使用，必须在 MANIFEST.MF 中对其进行导出声明。双击 MANIFEST.MF，找到 runtime→exported packages→add 并选择 service 包即可。

另外新建一个类似于 Hello world 的 Bundle 为 osgi.test.helloworld2，用于测试 osgi.test.helloworld bundle 提供的服务的可用性。

添加 import package：在第二个 Bundle 的 MANIFEST.MF 文件中，找到 dependencies →Imported packages→Add，选择刚才导出去的 osgi.test.helloworld.service 包。

- 查询服务。

OSGi 框架提供了两种查询服务的引用 ServiceReference 的方法。

getServiceReference(String)：根据接口的名字得到服务的引用。

getServiceReferences(String, String)：根据接口名和另外一个过滤器名字对应的过滤器得到服务的引用。

这里使用第一种查询的方法，在 osgi.test.helloworld2 bundle 的 Activator 的 start 方法中加入查询和测试语句，代码如下：

```java
public void start(BundleContext context) throws Exception {
```

```
    System.out.println("hello world2");

    /**
     * Test hello service from bundle1.
     */
    IHello hello1=
        (IHello) context.getService(
        context.getServiceReference(IHello.class.getName()));
        System.out.println(hello1.getHello());
}
```

修改运行环境,因为增加了一个 Bundle,所以说也需要在运行配置中加入对新的 Bundle 的配置信息。

运行程序,得到如图 7-21 所示的结果。

图 7-21　Bundle 的运行结果

6) 使用事件管理服务 EventAdmin

OSGi 框架定义的事件管理服务类似于 JMS。

OSGi 整个框架都离不开这个服务,因为框架里面全都依靠事件机制进行通信,例如 Bundle 的启动、停止,框架的启动、停止,服务的注册、注销等都会发布事件给监听者,同时也在监听其他模块发来的自己关心的事件。OSGi 框架的事件机制的核心思想是:

(1) 程序员可以按照接口的特点定义自己的事件类型。

(2) 可以监听自己关心的事件或者所有事件。

(3) 可以将事件同步或者异步地提交给框架,由框架负责同步或者异步地分发给监听者。

说明:框架提供的事件服务、事件提供者、事件监听者之间的关系如图 7-22 所示。

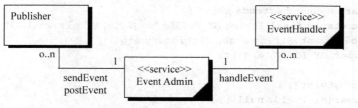

图 7-22　事件服务、事件提供者、事件监听者之间的关系

事件提供者 Publisher 可以获取 EventAdmin 服务,通过 sendEvent 同步(postEvent 异步)方式提交事件,EventAdmin 服务负责分发给相关的监听者 EventHandler,并调用它们的 handleEvent 方法。

这里要介绍一个新的概念 Topics,其实在 JMS 里面也有用。一个事件一般都有一个主题,这样事件接收者才能按照一定的主题进行过滤处理,例如只处理自己关心的主题的事件,一般情况下主题是用类似于 Java Package 的命名方式命名的。

同步提交(sendEvent)和异步提交(postEvent)事件的区别是,同步事件提交后,等框架分发事件给所有事件接收者之后才返回给事件提交者,而异步事件则一经提交就返回了,并分发在另外的线程进行处理。

下面的程序演示了事件的定义、事件的发布、事件的处理,同时还演示了同步和异步处理的效果,以及运行环境的配置。

【例 7-1】 设计 2 个 Bundle,其中 Bundle1 定义一个事件,启动后以异步方式提交这个事件。Bundle2 监听并处理这个事件。

约定 osgi.test.helloworld 为 Bundle1,osgi.test.helloworld2 为 Bundle2。Bundle1 和 Bundle2 通过 Equinox 管理事件,如图 7-23 所示。

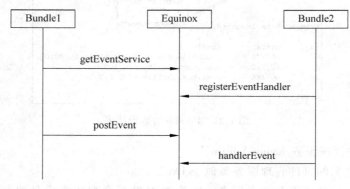

图 7-23 同步和异步处理的演示

在 Bundle1 中的 MANIFEST.MF 的 dependency 页面中引入新的包 org.osgi.service.event。

在 Bundle1 中的 osgi.test.helloworld.event 包中定义新的类 MyEvent,代码如下(注意其中的 topic 定义的命名方式):

```
import java.util.Dictionary;
import org.osgi.service.event.Event;

public class MyEvent extends Event {
    public static final String MY_TOPIC="osgi/test/helloworld/MyEvent";
    public MyEvent(String arg0, Dictionary arg1) {
        super(MY_TOPIC, arg1);
    }
    public MyEvent() {
        super(MY_TOPIC, null);
    }
}
```

```java
public String toString() {
    return "MyEvent";
}
```

在 Bundle1 的 DefaultHelloServiceHandler 类的 getHello() 方法中加入提交事件的部分，这样 Bundle2 在调用这个服务的时候将触发一个事件，由于采用了 Post 方式，应该是立刻返回的，所以在 postEvent 前后用打印语句进行验证。

getHello 方法的代码如下：

```java
import org.osgi.framework.BundleContext;
import org.osgi.framework.ServiceReference;
import org.osgi.service.event.EventAdmin;

@Override
public String getHello() {

    //post a event
    ServiceReference ref=
        context.getServiceReference(EventAdmin.class.getName());
    if(ref!=null) {
        eventAdmin= (EventAdmin)context.getService(ref);
        if(eventAdmin!=null) {
            System.out.println("post event started");
            eventAdmin.postEvent(new MyEvent());//异步提交
            System.out.println("post event returned");
        }
    }

    return "Hello osgi,service";
}
```

定义监听者，在 Bundle2 中也引入 OSGi 的事件包，然后定义一个新的类 MyEventHandler，用来处理事件。这里故意加入了一个延迟，其目的是为了测试异步事件的调用。代码如下：

```java
import org.osgi.service.event.Event;
import org.osgi.service.event.EventHandler;

public class MyEventHandler implements EventHandler {

    @Override
    public void handleEvent(Event event) {
        System.out.println("handle event started--"+event);
        try {
            Thread.currentThread().sleep(5 * 1000);
        } catch (InterruptedException e) {

        }
        System.out.println("handle event ok--"+event);
    }
```

}

有了事件处理器,还需要注册到监听器中,这里在 Bundle2 的 Activator 类中加入此监听器,也就是调用 context.registerService 方法注册这个监听服务,其与普通服务的区别是要带一个监听事件类型的 topic,这里列出 Activator 类的 start 方法。

start 方法的代码如下:

```java
import java.rmi.registry.LocateRegistry;
import java.rmi.registry.Registry;
import java.util.Hashtable;

import org.osgi.framework.BundleActivator;
import org.osgi.framework.BundleContext;
import org.osgi.service.event.EventConstants;
import org.osgi.service.event.EventHandler;

import osgi.test.helloworld.event.MyEvent;
import osgi.test.helloworld.service.IAppService;
import osgi.test.helloworld.service.IHello;

public void start(BundleContext context) throws Exception {

    System.out.println("hello world2");

    /**
     * 添加事件处理器.
     */
    String[] topics=new String[] {MyEvent.MY_TOPIC}; //事件的 topics
    Hashtable<String,String[]>ht=new Hashtable<String,String[]>();
    ht.put(EventConstants.EVENT_TOPIC, topics);
    EventHandler myHandler=new MyEventHandler();
    context.registerService(
        EventHandler.class.getName(),
        myHandler,
        ht);
    System.out.println("event handler registered");

    /**
     * Test hello service from bundle1.
     */
    IHello hello1=
        (IHello) context.getService(
        context.getServiceReference(IHello.class.getName()));
    System.out.println(hello1.getHello());
}
```

为了使用框架的事件服务,需要修改运行环境,加入两个系统级的 Bundle,分别是:

org.eclipse.osgi.services
org.eclipse.equinox.event

程序的执行结果如图 7-24 所示。

图 7-24　程序的运行结果

可以看到，post 事件后，不等事件真地被处理完成就返回了，事件处理在另外的线程中执行，最后才打印并处理完成的语句。然后用 ss 命令查看一下，目前已经有 5 个 Bundle 在运行了，如图 7-25 所示。

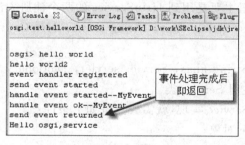

图 7-25　查看运行的 Bundle

修改代码以测试同步调用的情况，只需要把提交事件的代码由 postEvent 修改为 sendEvent 即可。其他不变。图 7-26 为同步调用测试的结果。

图 7-26　同步调用测试结果

6. 问题与思考

在本节案例的基础上，进一步实现文件验证方式的程序 FileService 和数据库验证方式的程序 DbService。用动态切换验证方式演示程序的运行过程。

> 提示

假设用户名和密码按下面的格式保存在 user.txt 文件中：

```
zhangli 23455
liuling 63454
malili 0jgfjsja
```

可用下面的程序读取用户名和密码：

```
BufferedReader br=new BufferedReader(new InputStreamReader(new FileInputStream
("D:\\workspace\\mypro\\src\\iodemo\\user.txt")));
String data=null;
while((data=br.readLine())!=null){
  String[] result=data.split("\\s");
    //result[0]是用户名,result[1]是密码
  System.out.println(result[0]+"  "+result[1]);
}
br.close();
```

7.3 使用 OSGi 的 HTTP 服务

下面通过一个例子，说明如何利用嵌入到 OSGi 框架中的 HTTP 服务器实现网页的发布。

【实例】 利用 OSGi 中的 HTTP 服务器发布网页。

1. 分析与设计

Eclipse 内嵌了一个 HttpService 的实现，它位于 org.osgi.service.http 包中，一旦这个服务所在的 OSGi Bundle 启动了，就会有一个内嵌的 HTTP 容器被启动，这个服务就会被注册，默认地址是 http://localhost，端口为 80。

可以通过指定参数 org.osgi.service.http.port 在运行的时候修改默认端口。

要想提供自己定义的 HTTP 服务，就需要将服务(Servlet 或者 HTML 页面)注册到这个 HttpService 中去，这里主要是用到 HttpService 的两个注册方法。

- registerResources(String alias, String name, HttpContext context)：用来注册 HTML 网页。
- registerServlet(String alias, Servlet servlet, Dictionary initparams, HttpContext context)：用来注册 Servlet 类。

所以要想提供 WebService 实现，就需要具备如下条件：

（1）取得 httpService 对象；
（2）提供 Servlet 和 Web Page 的实现；
（3）将 Servlet 和 Web Page 注册到 HttpService 服务中；
（4）访问页面。

2. 实现过程

1）网页资源注册

语句如下：

```
ServiceReference sr=context.getServiceReference(HttpService.class.getName());
HttpService hs=context.getService(sr);
HttpContext hc=hs.createDefaultHttpContext();
//设置别名,把浏览器地址栏中所有"/"映射到"/webroot"目录
hs.registerResources("/", "/webroot", hc);
```

分析：registreResources()方法用于设置别名，把浏览器地址栏中所有"/"映射到"/webroot"目录，这里 hc 也可以为 null。

2）网页资源注销

语句如下：

```
ServiceReference sr=context.getServiceReference(HttpService.class.getName());
HttpService hs=context.getService(sr);
hs.unregister("/");
```

分析：Bundle 结束时注销资源。

3. 源代码

1）helloworld.html

```
<html>
<h1>hello world!</h1>
</html>
```

2）com.weiyong.Activator.java

```java
package com.weiyong;

import org.osgi.framework.BundleActivator;
import org.osgi.framework.BundleContext;
import org.osgi.framework.ServiceReference;
import org.osgi.service.http.HttpContext;
import org.osgi.service.http.HttpService;

public class Activator implements BundleActivator {

    private static BundleContext context;

    static BundleContext getContext() {
        return context;
    }

    /*
     * (non-Javadoc)
     * @see org.osgi.framework.BundleActivator#start(org.osgi.framework.BundleContext)
     */
    public void start(BundleContext bundleContext) throws Exception {
        Activator.context=bundleContext;
        System.out.println("starting bundle...");

        ServiceReference sr=context.getServiceReference(HttpService.class.getName());
        HttpService hs=context.getService(sr);
        HttpContext hc=hs.createDefaultHttpContext();
        //设置别名，把浏览器地址栏中所有"/"映射到"/webroot"目录
```

```java
        hs.registerResources("/", "/webroot", hc);
    }
    
    /*
     * (non-Javadoc)
     * @see org.osgi.framework.BundleActivator#stop(org.osgi.framework.BundleContext)
     */
    public void stop(BundleContext bundleContext) throws Exception {
        Activator.context=bundleContext;
        System.out.println("stoping bundle...");
        ServiceReference sr=context.getServiceReference(HttpService.class.getName());
        HttpService hs=context.getService(sr);
        hs.unregister("/");
    }

}
```

4. 测试与运行

（1）建立 Plug-in Project 项目 osgihttp。

（2）加入支持 HTTP 服务的 Bundle。

OSGi 要使用 HTTP 服务，需要添加以下依赖包：

- javax.servlet
- javax.servlet.http
- org.osgi.service.http

如图 7-27 所示为 MANIFEST.MF 视图。

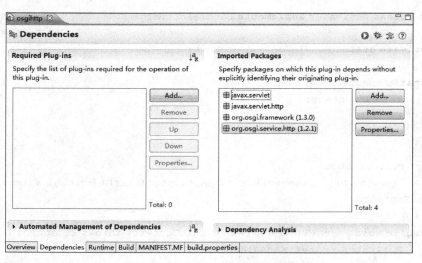

图 7-27　MANIFEST.MF 视图

（3）建立资源。在 osgihttp bundle 的 src 目录中建立一个名为 webroot 的包，用来存放 HTML 的资源文件，实例中的 helloworld.html 就放入该包内。

（4）启动程序。OSGi 是通过内嵌的 jetty 容器进行 HTTP 服务的。配置运行环境时，选择要启动的 Bundle，并单击 Add Required Bundles 按钮，发现 org. eclipse. equirnox. http. jetty 等包加入进来了，如图 7-28 所示。

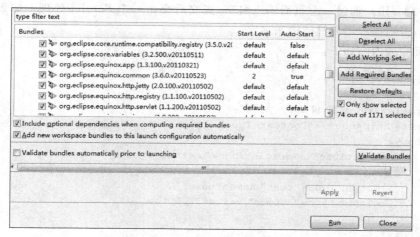

图 7-28　与 HTTP 相关的依赖包

其实只选中 org. eclipse. osgi 和 org. eclipse. equinox. http. jetty，然后单击 Add Required Bundles 按钮也可启动 Jetty。

默认的 Jetty 监听的端口为 80，可通过指定运行参数 org. osgi. service. http. port 来修改端口。例如，要想使用 8080 端口，可切换到 Arguments 页进行修改，如图 7-29 所示。

图 7-29　修改 Jetty 的端口

完成配置后，单击 Run 按钮，然后打开浏览器访问本机地址 http://localhost/helloworld.html，运行结果如图 7-30 所示。

5. 技术分析

目前为了实现在 Bundle 中支持 JSP、Servlet 等 Java Web 开发技术和规范，有两种主要的开发部署方式，即嵌入 Servlet 容器至 OSGi 框架方式和嵌入 OSGi 框架至 Servlet 容器方式。

图 7-30　程序的运行结果

1) 嵌入 Servlet 容器至 OSGi 框架

嵌入 Servlet 容器至 OSGi 框架又有服务注册方式和扩展点方式两种形式。

(1) 服务注册方式

这种方式使用 HttpService 的引用注册资源或者注册 Servlet。

- registerResources：注册资源，提供本地路径、虚拟访问路径和相关属性即可完成注册，客户可以通过"虚拟访问路径+资源名称"的方式访问到资源。
- registerServlet：注册 Servlet，提供标准 Servlet 实例、虚拟访问路径、相关属性以及 HttpContext（可以为 null）后即可完成注册，客户可以直接通过虚拟访问路径获取该 Servlet 的访问。

下面的例子演示如何注册一个 Servlet 并启动之。

【例 7-2】 用户通过一个页面输入名字,提交后交由一个 Servlet 处理。如果名字不为空,则打印;否则提示用户继续输入名字。

提交页面的内容如下:

```html
<!--submit.html -->
<html>
    <title>测试 OSGi 和 HTTP</title>
    <meta http-equiv="Content-Type" content="text/html; charset=utf-8" />
    <body>
        <form action="../servlet/show" method="get">
        请输入名字:
            <input type="text" name="name" />
            <input type="submit" value="提交" />
        </form>
    </body>
</html>
```

该文件保存在 src\webroot 目录下,文件名为 submit.html。读取名字并显示的 ShowName 类是一个 Servlet,代码如下:

```java
package com.weiwong.servlet;

import java.io.BufferedWriter;
import java.io.IOException;
import java.io.OutputStreamWriter;

import javax.servlet.ServletException;
import javax.servlet.http.HttpServlet;
import javax.servlet.http.HttpServletRequest;
import javax.servlet.http.HttpServletResponse;
import org.osgi.framework.BundleContext;
public class ShowName extends HttpServlet{
    private static final long serialVersionUID=-9080875068147052401L;
    //private BundleContext context;
        public ShowName(BundleContext context) {
            super();
        //this.context=context;
        }

        @Override
        protected void doPost(HttpServletRequest req, HttpServletResponse resp)
            throws ServletException, IOException {
            doGet(req, resp);
        }


        @Override
        protected void doGet(HttpServletRequest req, HttpServletResponse resp)
            throws ServletException, IOException{
```

```
        resp.setCharacterEncoding("UTF-8");
        String name=req.getParameter("name");
        System.out.println(name);
        String s="";
        if(name==null||"".equals(name.trim())){
            s="你没有输入名字";
        }else{
            s="你输入的名字是:"+name.trim();
        }
        StringBuilder sb=new StringBuilder();
        sb.append("<html><title>Response</title><meta http-equiv=\"Content-Type\" content=\"text/html; charset=utf-8\" />");
        sb.append("<body>");
        sb.append(s);
        sb.append("</body></html>");

        BufferedWriter bw=new BufferedWriter(new OutputStreamWriter(resp.getOutputStream(),"UTF-8"));
        bw.write(sb.toString());
        bw.flush();
        bw.close();
    }
}
```

下面通过 Bundle 的 Activator 将 submit.html 页面和 ShowName 类注册到 HttpService 中。见下面 Activator 类的代码：

```
package com.weiyong;

import org.osgi.framework.BundleActivator;
import org.osgi.framework.BundleContext;
import org.osgi.framework.ServiceReference;
import org.osgi.service.http.HttpContext;
import org.osgi.service.http.HttpService;

import com.weiyong.servlet.ShowName;

public class Activator implements BundleActivator {
    private static BundleContext context;
    private ServiceReference sr;
    private HttpService hs;
    private HttpContext hc;

    static BundleContext getContext() {
        return context;
    }

    /*
     * (non-Javadoc)
     * @see org.osgi.framework.BundleActivator#start(org.osgi.framework.BundleContext)
```

```java
     */
    public void start(BundleContext bundleContext) throws Exception {
        Activator.context=bundleContext;
        System.out.println("starting bundle...");
        
        sr=context.getServiceReference(HttpService.class.getName());
        hs=context.getService(sr);
        hc=hs.createDefaultHttpContext();
        //设置别名，把浏览器地址栏中所有"/"映射到"/webroot"目录
        hs.registerResources("/html", "/webroot", hc);
        //注册 Servlet
        hs.registerServlet("/servlet/show", new ShowName(context), null, hc);
    }
    
    /*
     * (non-Javadoc)
     * @see org.osgi.framework.BundleActivator#stop(org.osgi.framework.BundleContext)
     */
    public void stop(BundleContext bundleContext) throws Exception {
        System.out.println("stoping bundle...");
        hs.unregister("/html");
        hs.unregister("/servlet/show");
        Activator.context=null;
    }

}
```

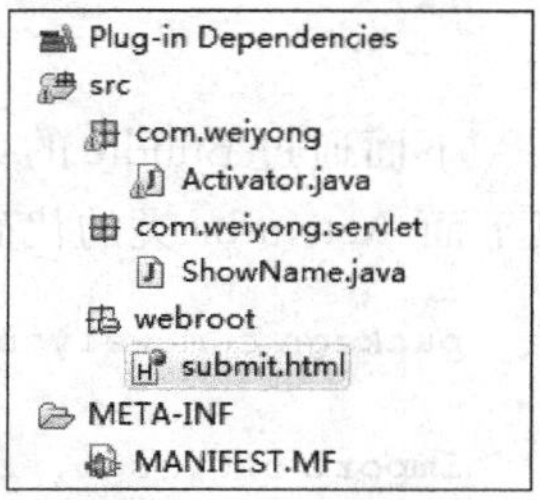

程序中用 HttpService 类的 registerResources()方法注册静态页面，registerServlet()方法注册 Servlet。Bundle 结束时用 unregister()方法注销。项目的目录结构如图 7-31 所示。

图 7-31　项目的目录结构

如果没有意外，访问 http://localhost/html/submit.html 时的显示如图 7-32 所示。

图 7-32　起始页面

如果能看到这个页面，输入名字"李清华"，提交后，结果如图 7-33 所示。

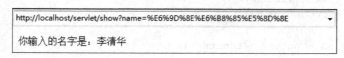

图 7-33　提交姓名后的结果

例 7-2 演示了如何注册静态页面和 Servlet。如果要注册 JSP，可用下面的代码：

```
Servlet jspServlet = new ContextPathServletAdaptor (new JspServlet (context.
getBundle(), "/web/"), "/jsp");
```

```
        hs.registerServlet("/jsp/*.jsp", jspServlet, null, hc);
```

这样注册 JSP 需要 org.eclipse.equinox.http.helper 包。该包还没有正式发布,只能从 Eclipse 的 CVS 里获取,请参考相关文献。

(2) 扩展点方式

扩展点方式是通过项目下的 plugin.xml 文件配置来实现。下面是一个包含静态资源、JSP 和 Servlet 的配置所对应的 plugin.xml 文件的内容:

```xml
<?xml version="1.0" encoding="UTF-8"?>
<?eclipse version="3.4"?>
<plugin>
<extension
    point="org.eclipse.equinox.http.registry.servlets">
    <servlet
        alias="/servlet/show"
        class="com.weiyong.servlet.ShowName">
    </servlet>
    <servlet
        alias="/jsp/*.jsp"
        class="org.eclipse.equinox.jsp.jasper.registry.JSPFactory:/WebRoot/jsp/">
    </servlet>
</extension>
<extension
    point="org.eclipse.equinox.http.registry.resources">
    <resource alias="/html" base-name="/WebRoot/html"/>
</extension>
</plugin>
```

这里使用了两个扩展点:一个是 Servlet,扩展了 org.eclipse.equinox.http.registry.servlets;另一个是资源,扩展了 org.eclipse.equinox.http.registry.resources。

submit.html 页面接收用户输入的名字后,请求执行 /servlet/show 中的后台程序,代码如下:

```html
<!--submit.html -->
<html>
    <title>测试 OSGI 和 HTTP</title>
    <meta http-equiv="Content-Type" content="text/html; charset=utf-8" />
    <body>
        <form action="/servlet/show" method="get">
        请输入名字:
         <input type="text" name="name" />
          <input type="submit" value="提交" />
        </form>
    </body>
</html>
```

Servlet 扩展点扩展了 2 个 Servlet,一个扩展为 /WebRoot/jsp;一个在得到 submit.html 的请求 /servlet/show 后执行 com.weiyong.servlet.ShowName 类,代码如下:

```java
package com.weiyong.servlet;
```

```java
//import java.io.BufferedWriter;
import java.io.IOException;
//import java.io.OutputStreamWriter;

import javax.servlet.RequestDispatcher;
import javax.servlet.ServletException;
import javax.servlet.http.HttpServlet;
import javax.servlet.http.HttpServletRequest;
import javax.servlet.http.HttpServletResponse;
import org.osgi.framework.BundleContext;
public class ShowName extends HttpServlet{
    private static final long serialVersionUID=-9080875068147052401L;
    private BundleContext context;
    public ShowName(BundleContext context) {
        super();
        this.context=context;
    }

    /**
     *
     */
    public void doGet(HttpServletRequest request, HttpServletResponse response)
            throws ServletException, IOException {
                doPost(request, response);
    }

    public void doPost(HttpServletRequest request, HttpServletResponse response)
            throws ServletException, IOException {
                String name=request.getParameter("name");
                //String password=request.getParameter("password");
                if(name==null||"".equals(name.trim())) {
                    request.setAttribute("message", "hello "+name);
                    RequestDispatcher dispatcher=
getServletContext().getRequestDispatcher("/jsp/welcome.jsp");
                    dispatcher.forward(request, response);
                } else {
                    RequestDispatcher dispatcher=
getServletContext().getRequestDispatcher("/html/submit.html");
                    dispatcher.forward(request, response);
                }
            }
}
```

当接收的名字为空时,继续由 submint.html 获取名字;当不为空时,则由 welcome.jsp 显示名字,代码如下:

```
<!--welcome.jsp -->
<%@page language="java" contentType="text/html; charset=UTF-8" pageEncoding="UTF-8"%>
<!DOCTYPE html PUBLIC "-//W3C//DTD HTML 4.01 Transitional//EN" "http://www.w3.
```

```
org/TR/html4/loose.dtd">
<html>
<head>
<meta http-equiv="Content-Type" content="text/html; charset=utf-8" />
<title>hello</title>
</head>
<body>
<h2><%=erequest.getAttribute(&quot;message&quot;) %></h2>
</body>
</html>
```

项目中的 Activator 不需再作任何注册工作,整个项目结构如图 7-34 所示。

项目所依赖的包主要有:
- javax.servlet
- javax.servlet.jsp
- org.eclipse.osgi.services
- org.eclipse.equinox.http.jetty
- org.eclipse.equinox.http.servlet
- org.eclipse.equinox.http.registry
- org.eclipse.equinox.jsp.jasper
- org.eclipse.equinox.jsp.jasper.registry
- org.mortbay.jetty
- org.apache.jasper
- org.apache.commons.el
- org.apache.commons.logging

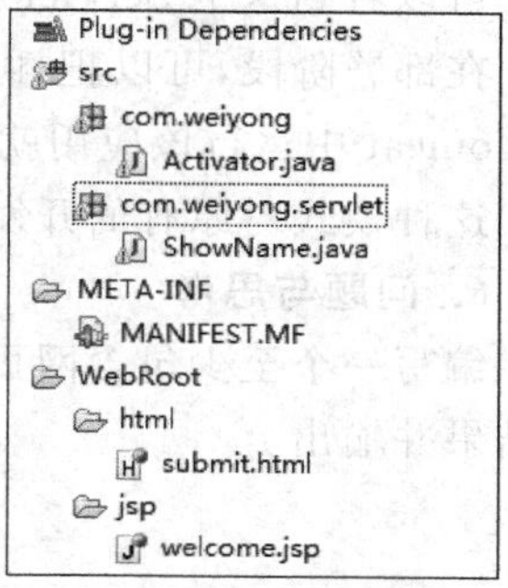

图 7-34 扩展点方式的项目结构

2) 嵌入 OSGi 框架至 Servlet 容器中

在这种模式中,会将 OSGi 和开发的插件都打成一个标准的 war 包的格式,因此可以运行在任意支持 Servlet 的容器中。OSGi 生命周期通过 Servlet 来控制。

Equinox 官方提供了该模式的实现。下面是这种模式下的一个典型的 web.xml 配置:

```xml
<servlet id="bridge">
    <servlet-name>equinoxbridgeservlet</servlet-name>
    <display-name>Equinox Bridge Servlet</display-name>
    <description>Equinox Bridge Servlet</description>
    <servlet-class>org.eclipse.equinox.servletbridge.BridgeServlet</servlet-class>
    <init-param>
        <param-name>commandline</param-name>
        <param-value>-console</param-value>
    </init-param>
    <init-param>
        <param-name>enableFrameworkControls</param-name>
        <param-value>true</param-value>
    </init-param>
    <init-param>
        <param-name>extendedFrameworkExports</param-name>
        <param-value></param-value>
```

```xml
        </init-param>
        <load-on-startup>1</load-on-startup>
    </servlet>
    <servlet-mapping>
        <servlet-name>equinoxbridgeservlet</servlet-name>
        <url-pattern>/*</url-pattern>
    </servlet-mapping>
    <servlet-mapping>
        <servlet-name>equinoxbridgeservlet</servlet-name>
        <url-pattern>*.jsp</url-pattern>
    </servlet-mapping>
```

可以看到这个 Servlet 拦截了所有的请求，由该 Servlet 代理所有的请求。

在部署阶段，可以把插件打包成 jar 包，放到 /WEB-INF/eclipse/plugins 目录下，然后在 Tomcat 中运行该应用就可以看到编写的 JSP 等页面了。

这种模式对原有的开发和部署模式冲击较小而且支持所有的应用服务器。

6. 问题与思考

编写一个至少包含网页和 Servlet 的 Bundle，用户通过网页输入 2 个整数后，Servlet 计算结果并输出。

参 考 文 献

[1] DEITEL M,DEITEL P J. Java 程序设计教程[M]. 袁兆山,刘宗田,苗沛荣,等,译. 北京:机械工业出版社,2005.

[2] JAWORSKI J. Java 安全手册[M]. 邱仲潘,等,译. 北京:电子工业出版社,2001.

[3] GOODWILL J. 深入学习:Java Servlet 开发与实例[M]. 刑国庆,等,译. 电子工业出版社,2001.

[4] POTTS S. Java 2 技术内幕[M]. 马朝晖,等,译. 北京:机械工业出版社,2003.

[5] TYMANN P T,SCHNEIDER G M. Java 现代软件开发技术[M]. 吴越胜,孙岩,等,译. 北京:清华大学出版社,2005.

[6] 经乾,郭镇,赵伟. 如何在 Java 中实现远程方法调用[EB/OL]. (2001-01-22). http://tech.china.com/zh_cn/netschool/homepage/java/604/20010122/22190.html.

[7] 王辉. 亲身体验 CORBA:使用 Java 和 C++ 混合编程[EB/OL]. (2002-08-27). http://www.chinaitlab.com/www/news/article_show.asp?id=1912.

[8] HORSTMANN G S,CORNELL G. Java 2 核心技术(卷Ⅱ):高级特性[M]. 朱志,王怀,赵伟,等,译. 北京:机械工业出版社,2001.

[9] 佚名. Java 的 class 文件转为 EXE 文件的八种方法[EB/OL]. (2007-06-01). http://www.enet.com.cn/article/2007/0628/A20070628693904.shtml.

[10] 佚名. 共有 11 款 Java 浏览器开源软件[EB/OL]. (2015-05-01). http://www.oschina.net/project/tag/91/browser?lang=19&os=0&sort=view.

[11] 佚名. 超漂亮的纯 Java 浏览器[EB/OL]. (2011-11-18). http://download.csdn.net/detail/lxf9601/3808104.

[12] 佚名. 关于纯 Java 浏览器的源码说明[EB/OL]. (2011-11-18). http://blog.csdn.net/lxf9601/article/details/6985848.

[13] 王凯迪. Java 网页浏览器组件介绍[EB/OL]. (2010-04-12). http://www.ibm.com/developerworks/cn/java/j-lo-browser/.

[14] 佚名. Java 类装载器 classloader 和命名空间 namespace[EB/OL]. (2010-05-06). http://blog.csdn.net/sureyonder/article/details/5564181.

[15] 王志强. OSGi 全面总结与 WebSphere 应用范例[EB/OL]. (2009-12-21). http://developer.51cto.com/art/200912/171299.htm.

[16] 佚名. OSGi 体系结构及 Bundle 简介[EB/OL]. (2011-03-14). http://blog.csdn.net/immcss/article/details/6248281.

[17] 林昊,曾宪杰. OSGi 原理与最佳实践[M]. 北京:电子工业出版社,2009.

[18] 隔叶黄莺 Unmi Blog. 亲历基本 OSGi 实例,进入另番思维领域[EB/OL]. (2010-03-30). http://unmi.cc/osgi-sample-e/.

[19] 佚名. Bundle 通信——Event 方式[EB/OL]. (2012-08-04). http://blog.csdn.net/saloon_yuan/article/details/7829578.

[20] 末信. 利用 R-OSGi 实现分布式 OSGi 应用[EB/OL]. (2012-06-19). http://www.ithov.com/linux/117450.shtml.